専門課程

物理学実験

高野良紀　　浅井朋彦　　B. Zulkoskey

編

（改訂版）

裳　華　房

PHYSICS LABORATORIES
FOR
ADVANCED STUDENTS

edited by

Yoshiki TAKANO, DR. ENG.
Tomohiko ASAI, DR. ENG.
Brian ZULKOSKEY, MS. SC.

2nd edition

SHOKABO
TOKYO

改訂にあたって

本書は，1996年に出版された「物理学実験」をその前身とし，今回で3回目の増補改訂となります．初版からの編集方針として，具体的な実験結果を盛り込み，実験結果の示し方やその精度などについて意識させるよう心がけており，今回の改訂では，「コンピュータによる物理計測」など，特に実験機器等の進歩によりその内容が大きく変わったテーマを中心に，追加や修正を行いました．

現在，日本大学理工学部物理学科では，実験技術の獲得と同時に，講義によって学んだ内容の理解と定着を図るため，専門課程（学部2，3年次）の各セメスターに1科目ずつ，計4つの実験科目を設置しています．この内，本書が対象とするのは，2年次に設置された必修科目である物理学実験Ⅰ・Ⅱと，3年次に設置された物理学実験Ⅲの3つです．物理学実験Ⅰでは，力学，電磁気学，熱力学などで学ぶ基礎的な現象を，また物理学実験Ⅱでは，物理学の重要な応用分野の1つである「情報科学」に関連した課題を中心に構成され，当学科で取得可能な教員免許のうち，それぞれ「理科」と「情報」の選択科目にもなっています．また，3年次前期には，より発展的なテーマを対象とする物理学実験Ⅲが設置されています．

学部の専門課程における物理学実験は，担当教員の専門などによるところが強く，良くも悪くも大学ごとの独自性が強くなります．そこで，指導内容について海外の連携先の大学と一部テーマを相互に共有し，また装置や課題について連携して検討しているのも特徴で，現在のテーマ構成は，1996年に，海外学術交流提携校であるミネソタ大学物理・天文学科と連携し，実験内容を相互に検討することで構築したものがその基礎となっています．その後，2010年に新たに学科間の研究教育連携の覚書を取り交わしたサスカチュワン大学物理・物理工学科の実験担当教員 B. Zulkoskey と連携し，実験テーマなどを追補したものが本書の初版です．サスカチュワン大学とはその後も連携して専門課程における実験教育について検討しており，今回も関連テーマについて内容の追加，修正を行いました．まだ不十分な点は多々あるかと思いますが，今後も読者の方々のご意見やご批判を参考に継続的に改訂を行い，本書をより良いものにしていきたいと考えております．

最後に，本学科の実験科目の構築や一連の教科書の編纂にご尽力された故 植松英穂先生に深く感謝の意を表します．

2018 年 8 月

改訂版 編集代表　浅 井 朋 彦

旧版　はじめに

実証科学である物理学は，実験と理論が密接に関連しており，実験なしではその発展は望めません．日本大学理工学部物理学科においても，物理学実験はカリキュラムの中でも重要な位置を占めています．これまでに本学物理学科に所属していた多くの教員の努力により，様々な実験テーマが考案され育まれてきました．

このような中で，1990 年に日本大学理工学部と米国ミネソタ大学工学部との学術交流協定が結ばれ，物理学科の 2,3 年生に対する物理学実験の内容についての相互交流が最初のプロジェクトとして取り上げられました．そして，わかりやすい実験指導書の編纂が計画され，本書の前身である「物理学実験」が 1996 年に，それに改訂を加えた「理工系のための物理学実験」が 2005 年に出版されました．両書についての共通の編集方針は，まず，実験で必要となる原理の説明をできるだけ平易になるように心掛けたことであり，また，学生が自分たちの行う実験に対する興味が持てるように，実験テーマに関連する歴史的な出来事を盛り込んだことです．さらに，実験において要となるような結果を図示することにより，実験の精度や実験値と理論値との違いに目が向くように配慮しました．

しかし，この改訂版も，その出版から 7 年も過ぎると実験器械の進歩とそれにともなう実験内容の変更等により，新たな改訂への要望が出てきました．このようなとき，2010 年に本学物理学科とカナダ・サスカチュワン大学物理・応用物理学科の間で学術交流協定が結ばれました．そこで，物理学実験の指導書の改訂に当たっては，サスカチュワン大学との学術交流を生かしていくこととし，本学からは浅井と高野が，サスカチュワン大学からは Brian Zulkoskey が相互に訪問し，議論を進めてきました．その議論も踏まえて，現在，物理学実験の指導に携わっている教員が，各自の指導経験をもとにして原稿を作成あるいは見直した上で，編集委員会が初版からの編集方針を生かすように各教員と議論を重ねてきました．また，学生の科学英語の力を養うために，初版の精神に戻り，2つの実験テーマを英文としました．まだ不十分のところが多々あるかと思いますが，読者の方々のご意見・ご批判により，本書を一層充実させていきたいと考えています．

各実験の終りに示した参考書は実験内容をより深く理解したいと考えている学生に勧める本です．これらの中には執筆に際して参考にさせていただいた本も多く含まれていますので，著者にお礼を申し上げたいと思います．

最後に，学術交流の締結から，本書の出版に至るまでに大きなご支援をいただいたサスカチュワン大学の Professor Chary Rangacharyulu に感謝いたします．

2012 年 8 月

編集代表　高 野 良 紀

Preface

Experimentation plays an essential role in the development of our understanding of the physical world.

Throughout the history of science, there are numerous examples of major advances in our understanding that have come from experimentation : Galileo's experiments refuted the Aristotelian hypothesis that objects "naturally" slow down and led the way for Newton's laws of motion ; explaining the spectra emitted by hot objects led to Planck's quantum theory ; studying the scattering of alpha particles from gold foil led to the Rutherford nuclear model.

Experimentation is also used to confirm concepts that are contrary to our everyday experience, such as the wave nature of matter and the special theory of relativity.

Recently (September 2011), experimental results suggested that neutrinos could travel faster than the speed of light. These results, if true, would have overturned theories that were thought to have been well-established. The fact that these experimental results have now been shown to be erroneous emphasizes the importance of care in the design and testing of experimental equipment and in the acquisition and analysis of data.

Given the importance of experimentation, it is essential that laboratory work be part of a science or engineering student's education. To fully appreciate the intimate relationship between theory and experiment, students must have the opportunity to perform experiments themselves. By performing experiments, students gain first-hand experience with the use of scientific equipment, the design of measurement protocols, the estimation of experimental uncertainty, the analysis of measurements, and the reporting of results.

The experiments contained in this book cover a wide range of topics, including mechanics, thermodynamics, electricity and magnetism, atomic physics, and nuclear physics. In addition to describing the experiment in detail, each chapter also includes a thorough description of the appropriate theory, thus reinforcing the idea that both theory and experiment are needed for a proper understanding of physical phenomena. A student who completes these experiments will be well-prepared for more advanced scientific work.

It has been my pleasure to have been involved in the production of this edition of this book.

Brian Zulkoskey
Saskatoon SK Canada
August 2018

目　　次

1. 連　成　振　動
(Coupled Oscillators)

Both mechanical and electrical oscillators are studied in order to understand coupling phenomena. The first oscillator system is two pendulums, the strings of which are connected together by a light bar. The second oscillator system is two *LC* circuits which are either electrostatically or magnetically coupled. The observed beat frequencies are compared with the theoretical predictions.

§1. はじめに

ガリレイ（Galilei）は振り子の周期がおもりの重さや振幅にほとんど依存しないことを1638年に見いだした．この性質を利用してホイヘンス（Huygens）は振り子時計を1657年に発明するとともに，振り子の理論を1673年に論じた．ニュートン（Newton）は1687年に力学の基礎を形成したが，幾何学を使って書かれていたために計算が煩雑であった．18世紀に発展した解析学をニュートン力学に適用する研究がオイラー（Euler），ダランベール（d'Alembert），ラグランジュ（Lagrange）たちにより行われ，ラグランジュは，1788年に解析力学を完成した．

2つの振動子（図1(a)）が相互作用すると，振動子は独立に運動することができなくなり，振動周期は変調を受ける．このような振動を連成振動とよぶ（図1(b)）．この実験では，独立な振動子の運動と連成振動を観察する．そして，連成振り子のうなり振動と電気回路に励起されるうなり振動が，類似の数学的取扱いによって説明できることを理解する．

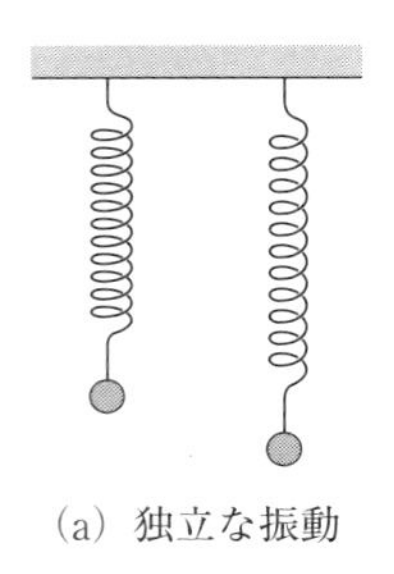

(a) 独立な振動

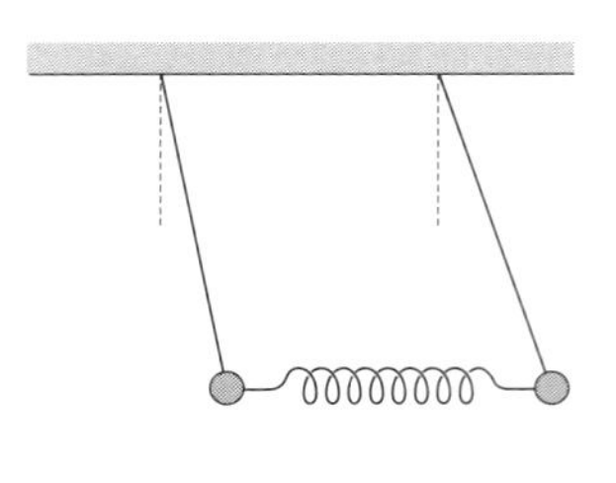

(b) 連成振動

図1　振動の例

§2. 原　理

2-1　連成振り子

長さ l の糸（質量は無視）の先に質量 m のおもりを付けた単振り子（図2(a)）のおもりの運動方程式を作るために，ラグランジアン L を計算する．L は運動エネルギー T とポテンシャルエネルギー U により

$$L = T - U \tag{1}$$

と定義されている．糸の鉛直からの角度を θ とすると

$$T = \frac{1}{2}mv_\theta{}^2, \qquad U = mgl(1 - \cos\theta) \tag{2}$$

である．ただし，$v_\theta = l(d\theta/dt)$ である．ラグランジアン L は

$$L = \frac{1}{2}ml^2\left(\frac{d\theta}{dt}\right)^2 - mgl(1 - \cos\theta) \tag{3}$$

となる．一般化座標を θ にとり，ラグランジュ方程式

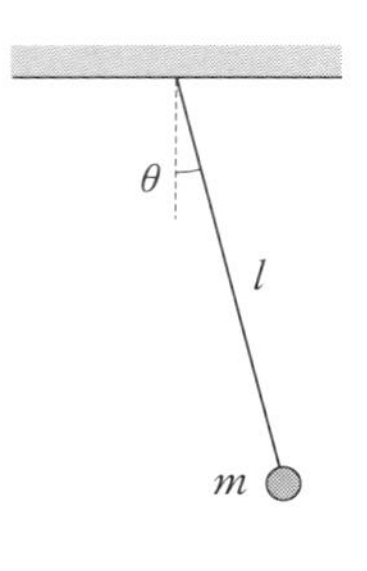

(a) 単振り子

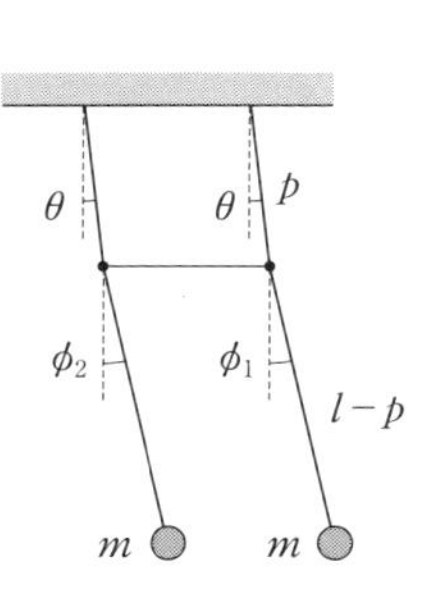

(b) 連成振り子

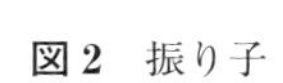

図2　振り子

$$\frac{d}{dt}\left(\frac{\partial L}{\partial \dot{\theta}}\right) - \frac{\partial L}{\partial \theta} = 0 \tag{4}$$

に代入すると，次の運動方程式が得られる．

$$\frac{d^2\theta}{dt^2} + \frac{g}{l}\sin\theta = 0 \tag{5}$$

微小振幅の運動に限れば，$\sin\theta \approx \theta$ の関係により，この方程式は解析的に解かれ，

$$\theta = \theta_0 \sin(\omega t + \delta) \tag{6}$$

が得られる．ただし，θ_0 は振動の最大角，δ は初期位相，$\omega = \sqrt{g/l}$ である．おもりの角振動数 ω は糸の長さに依存するが，質量や振幅に依存しないことがわかる．

次に図 2(b)に示すように，2 つの単振り子が支点から等距離 p の点で質量のない棒で連結されている力学系の微小振動の様子を考察する．この振り子の運動エネルギー T およびポテンシャルエネルギー U は

$$T \simeq \frac{1}{2}m\left\{p\frac{d\theta}{dt} + (l-p)\frac{d\phi_1}{dt}\right\}^2 + \frac{1}{2}m\left\{p\frac{d\theta}{dt} + (l-p)\frac{d\phi_2}{dt}\right\}^2 \tag{7}$$

$$\begin{aligned} U &= mg\{2l - 2p\cos\theta - (l-p)(\cos\phi_1 + \cos\phi_2)\} \\ &\simeq mg\left\{p\theta^2 + \frac{l-p}{2}({\phi_1}^2 + {\phi_2}^2)\right\} \end{aligned} \tag{8}$$

となる．ここで，$\cos\phi \approx 1 - \phi^2/2$ の関係を使った．これらを（4）式に代入すると，θ についての運動方程式が得られる．

$$2p\frac{d^2\theta}{dt^2} + (l-p)\left(\frac{d^2\phi_1}{dt^2} + \frac{d^2\phi_2}{dt^2}\right) + 2g\theta = 0 \tag{9}$$

また，一般化座標を ϕ_1，ϕ_2 とするラグランジュ方程式に（7），（8）式を代入すると

$$p\frac{d^2\theta}{dt^2} + (l-p)\frac{d^2\phi_1}{dt^2} + g\phi_1 = 0 \tag{10}$$

$$p\frac{d^2\theta}{dt^2}+(l-p)\frac{d^2\phi_2}{dt^2}+g\phi_2=0 \tag{11}$$

が得られる．(9)式に(10)，(11)式を代入すると，位相の間に

$$\phi_1+\phi_2=2\theta \tag{12}$$

の関係があることがわかる．この関係を(10)，(11)式に代入してθを消去すれば，ϕ_1とϕ_2のみを含んだ運動方程式が得られる．

次に，最も基本となる振動解として，ϕ_1とϕ_2が同じ角振動数ωをもつ解を想定する．すなわち，$d^2\phi_1/dt^2=-\omega^2\phi_1$，$d^2\phi_2/dt^2=-\omega^2\phi_2$の関係を$\theta$を消去した式に代入すると，次式が得られる．

$$\left\{\left(l-\frac{p}{2}\right)\omega^2-g\right\}\phi_1+\frac{p}{2}\omega^2\phi_2=0 \tag{13}$$

$$\frac{p}{2}\omega^2\phi_1+\left\{\left(l-\frac{p}{2}\right)\omega^2-g\right\}\phi_2=0 \tag{14}$$

ϕ_1とϕ_2がゼロ以外の解をもつためには，係数の行列式がゼロでなければならない．すなわち，

$$\begin{vmatrix}\left(l-\frac{p}{2}\right)\omega^2-g & \frac{p}{2}\omega^2 \\ \frac{p}{2}\omega^2 & \left(l-\frac{p}{2}\right)\omega^2-g\end{vmatrix}=0 \tag{15}$$

である．この行列式の解から2つの角振動数

$$\omega_\mathrm{a}=\sqrt{\frac{g}{l}},\qquad \omega_\mathrm{b}=\sqrt{\frac{g}{l-p}} \tag{16}$$

が得られる．

ここで，振り子の振動の位相に着目する．図3(a)に示すように2つの振り子の位相が同じ場合は，$\phi_1=\phi_2=\phi$である．(12)式より$\phi=\theta$となり，(10)，(11)式は

$$l\frac{d^2\phi}{dt^2}+g\phi=0 \tag{17}$$

となる．この方程式の解は(16)式のω_aに対応する．すなわち，同位相の振

動は，連結棒があってもその影響が現れない運動である．他方，逆位相の場合は，$\phi_1 = -\phi_2$ であり $\theta = 0$ となる．この振動は図 3(b) に示すように，糸の長さが $l - p$ と短くなった振り子と考えられる．したがって, 角振動数は (16) 式の ω_b となる．

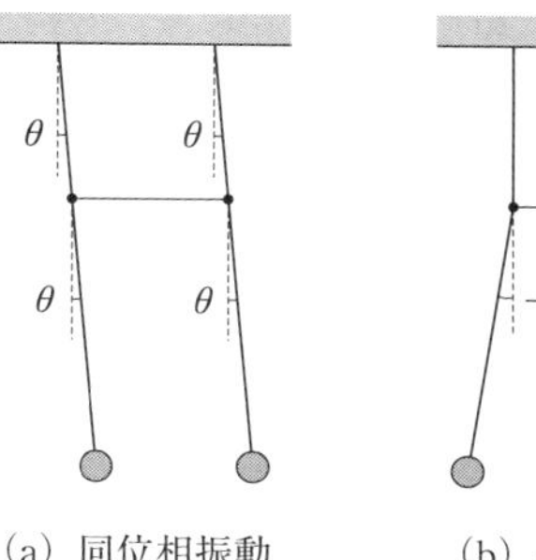

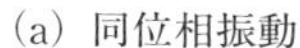

(a) 同位相振動

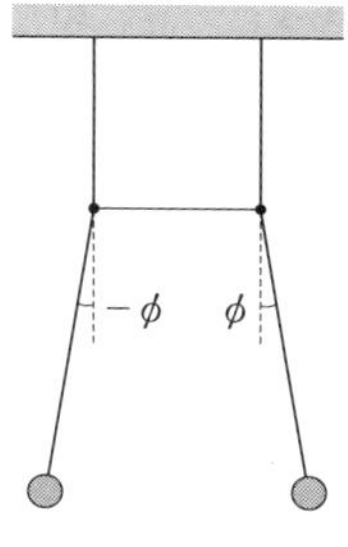

(b) 逆位相振動

図 3　2 つの基準振動

位相の関係から導かれた 2 つの基準振動は，一般的には重ね合せとなる．振幅の最大角 A が同じで，初期位相が δ_a，δ_b の 2 つの基準振動の重ね合せは

$$\begin{aligned}\phi &= A\{\sin(\omega_a t + \delta_a) + \sin(\omega_b t + \delta_b)\} \\ &= 2A\cos\left(\frac{\omega_a - \omega_b}{2}t + \frac{\delta_a - \delta_b}{2}\right)\sin\left(\frac{\omega_a + \omega_b}{2}t + \frac{\delta_a + \delta_b}{2}\right)\end{aligned} \tag{18}$$

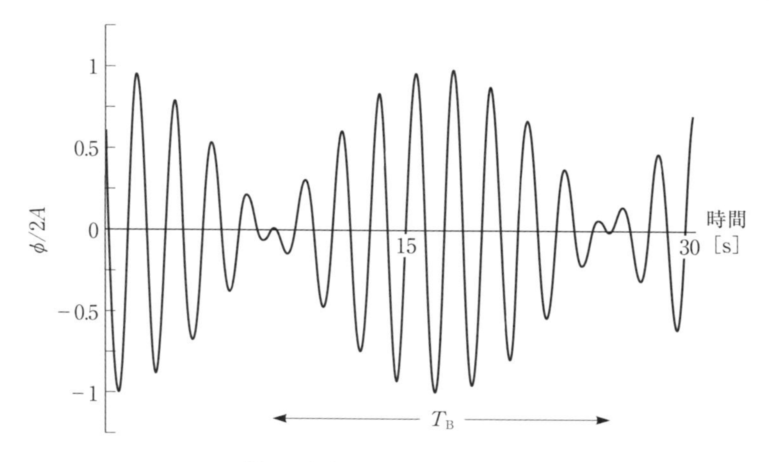

図 4　連成振り子のうなり振動

となる．このように，ω_a と ω_b の差が小さい場合は，振幅がゆっくり変化する“うなり”になる（図4）．うなりの周期は

$$
\begin{aligned}
T_B(p) &= \frac{2\pi}{\omega_b - \omega_a} \\
&= \frac{2\pi\sqrt{l(l-p)}}{\sqrt{g}(\sqrt{l} - \sqrt{l-p})}
\end{aligned}
\tag{19}
$$

である．

2-2　*LC* 共振回路のコンデンサー結合

コンデンサーとインダクタンスが図5(a)のように接続された2つの電気回路がある．インダクタンス L_1，L_2 が十分離れていて相互作用がないと，それぞれの回路に励起される電流は独立に扱うことができる．しかし，図5(b)のようにコンデンサー C_3 で2つの回路を結合すると，連成振り子と同

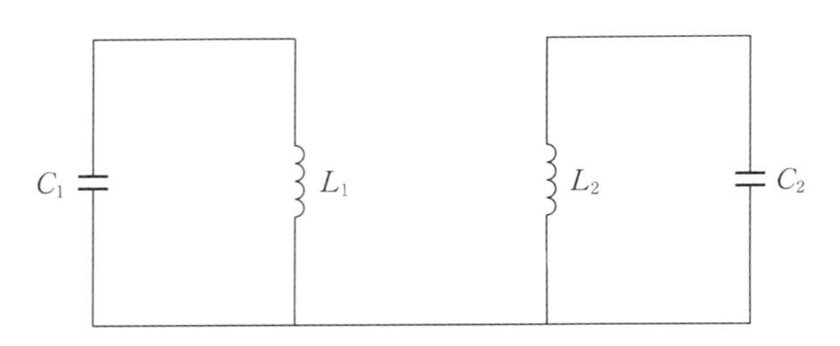

(a) 独立な2つの回路

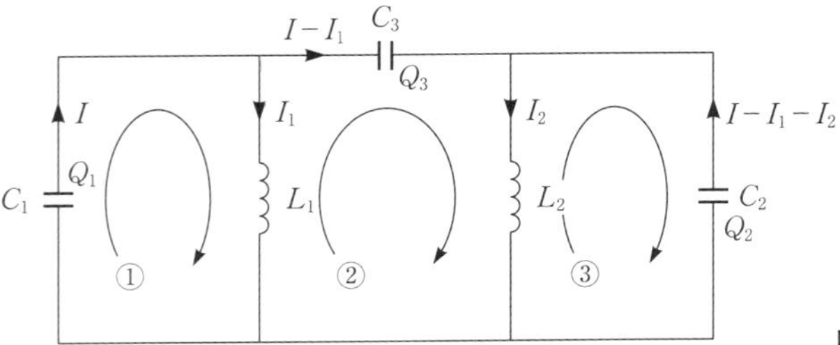

(b) コンデンサー結合回路

図5　*LC* 回路

じようなうなり振動が発生する．

電気容量 C_1，C_2，C_3 のコンデンサーに蓄えられている電荷量をそれぞれ Q_1，Q_2，Q_3 として，3つの閉回路①，②，③にキルヒホッフの法則を使うと，次の回路方程式が得られる．

$$\frac{Q_1}{C_1} = L_1\frac{dI_1}{dt} \tag{20}$$

$$\frac{Q_3}{C_3} = -L_1\frac{dI_1}{dt} + L_2\frac{dI_2}{dt} \tag{21}$$

$$\frac{Q_2}{C_2} = -L_2\frac{dI_2}{dt} \tag{22}$$

ただし，$I = -dQ_1/dt$，$I - I_1 = -dQ_3/dt$，$I - I_1 - I_2 = -dQ_2/dt$ である．この電流と電荷量の関係を整理すると，

$$I_1 = -\frac{dQ_1}{dt} + \frac{dQ_3}{dt}, \qquad I_2 = \frac{dQ_2}{dt} - \frac{dQ_3}{dt} \tag{23}$$

となる．これらの関係を (20) ～ (22) 式に代入すると，回路方程式は電荷量に関する方程式となる．すなわち，

$$\frac{Q_1}{C_1} + L_1\left(\frac{d^2Q_1}{dt^2} - \frac{d^2Q_3}{dt^2}\right) = 0 \tag{24}$$

$$\frac{Q_2}{C_2} + L_2\left(\frac{d^2Q_2}{dt^2} - \frac{d^2Q_3}{dt^2}\right) = 0 \tag{25}$$

$$\frac{Q_1}{C_1} + \frac{Q_2}{C_2} + \frac{Q_3}{C_3} = 0 \tag{26}$$

となる．

$C_1 = C_2 = C$，$L_1 = L_2 = L$ の場合は，これらの回路方程式は簡単化される．Q_3 を消去すると

$$\left(1 + \frac{C_3}{C}\right)\frac{d^2Q_1}{dt^2} + \frac{Q_1}{LC} + \frac{C_3}{C}\frac{d^2Q_2}{dt^2} = 0 \tag{27}$$

$$\frac{C_3}{C}\frac{d^2Q_1}{dt^2} + \left(1 + \frac{C_3}{C}\right)\frac{d^2Q_2}{dt^2} + \frac{Q_2}{LC} = 0 \tag{28}$$

となる．ここで，回路内に励起される基準振動を知るために，$d^2Q_1/dt^2 = -\omega^2 Q_1$，$d^2Q_2/dt^2 = -\omega^2 Q_2$ とおく．Q_1 と Q_2 がゼロ以外の解をもつためには，係数の行列式がゼロでなければならない．すなわち，

$$\begin{vmatrix} -\left(1+\dfrac{C_3}{C}\right)\omega^2 + \dfrac{1}{LC} & -\dfrac{C_3}{C}\omega^2 \\ -\dfrac{C_3}{C}\omega^2 & -\left(1+\dfrac{C_3}{C}\right)\omega^2 + \dfrac{1}{LC} \end{vmatrix} = 0 \tag{29}$$

であり，この行列式の解から，次の２つの基準振動に対応する角振動数が求まる．

$$\omega_a = \frac{1}{\sqrt{L(C+2C_3)}}, \qquad \omega_b = \frac{1}{\sqrt{LC}} \tag{30}$$

連成振り子の (18) 式と同じように，電気回路内部にもこれらの合成振動が励起される．その結果，振動周期

$$T_B(C) = \frac{2\pi}{\omega_b - \omega_a} = \frac{2\pi\sqrt{LC(C+2C_3)}}{\sqrt{C+2C_3}-\sqrt{C}} \tag{31}$$

のうなりが現れる．

2-3　*LC* 共振回路のインダクタンス結合

図５の結合コンデンサー C_3 を取り去ると，L_1C_1 の回路と L_2C_2 の回路は独立となる．しかし，L_1 と L_2 を近づけていくと，次第に相互作用が現れてくる．その理由は，図６に示すように，インダクタンスが作る磁場の誘導起電力が隣り合う回路に発生するからである．①の回路には $M(dI_2/dt)$，②には $M(dI_1/dt)$ の誘導起電力が発生する．ここで M は相互インダクタンスとよばれ，L_1 と L_2 の幾何学的な形状や距離の関数である．したがって，

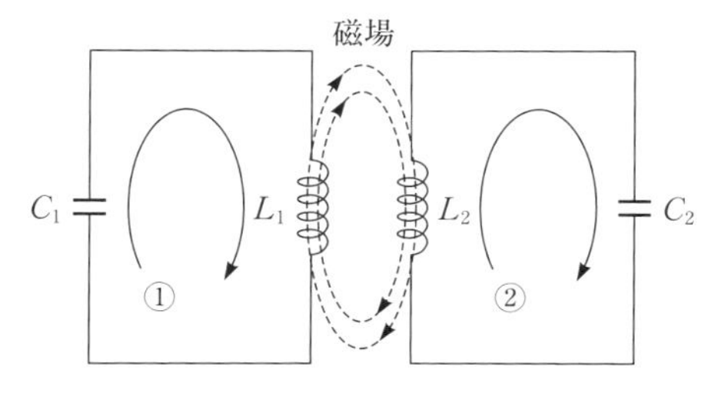

図６　インダクタンス結合回路

①，②の閉回路についての回路方程式はそれぞれ

$$\frac{Q_1}{C_1} = L_1\frac{dI_1}{dt} + M\frac{dI_2}{dt} \qquad \left(I_1 = -\frac{dQ_1}{dt}\right) \tag{32}$$

$$\frac{Q_2}{C_2} = L_2\frac{dI_2}{dt} + M\frac{dI_1}{dt} \qquad \left(I_2 = -\frac{dQ_2}{dt}\right) \tag{33}$$

となり，I_1，I_2 を消去すると

$$L_1\frac{d^2Q_1}{dt^2} + \frac{Q_1}{C_1} + M\frac{d^2Q_2}{dt^2} = 0 \tag{34}$$

$$M\frac{d^2Q_1}{dt^2} + L_2\frac{d^2Q_2}{dt^2} + \frac{Q_2}{C_2} = 0 \tag{35}$$

が得られる．

$C_1 = C_2 = C, L_1 = L_2 = L$ の場合には，基準振動の角振動数 ω は行列式

$$\begin{vmatrix} -L\omega^2 + \dfrac{1}{C} & -M\omega^2 \\ -M\omega^2 & -L\omega^2 + \dfrac{1}{C} \end{vmatrix} = 0 \tag{36}$$

の解から求まる．上式より

$$\omega_{\mathrm{a}} = \frac{1}{\sqrt{C(L+M)}}, \qquad \omega_{\mathrm{b}} = \frac{1}{\sqrt{C(L-M)}} \tag{37}$$

が得られる．したがって，コンデンサー結合回路と同じようにして振動周期

$$T_{\mathrm{B}}(L) = \frac{2\pi\sqrt{C(L^2-M^2)}}{\sqrt{L+M}-\sqrt{L-M}} \tag{38}$$

のうなりが現れる．この式を M^2 について解くと

$$M^2 = \frac{T_{\mathrm{B}}(L)^4}{8\pi^4C^2}\left(\sqrt{1+\frac{8\pi^2LC}{T_{\mathrm{B}}(L)^2}} - 1 - \frac{4\pi^2LC}{T_{\mathrm{B}}(L)^2} + \frac{8\pi^4L^2C^2}{T_{\mathrm{B}}(L)^4}\right) \tag{39}$$

となる．これはやや複雑な式であるが，$8\pi^2LC/T_{\mathrm{B}}(L)^2 \ll 1$ の場合は

$$M \simeq \frac{2\pi\sqrt{6L^3C}}{T_{\mathrm{B}}(L)} \tag{40}$$

$$\frac{M}{L} \simeq \frac{2\pi\sqrt{6LC}}{T_{\mathrm{B}}(L)} \tag{41}$$

と簡単になる．M/L はインダクタンス相互の結合の強さを意味している．この値は，結合が強いと 1 に近いが，弱いとゼロに近づく．

相互インダクタンス M を理論的に導出するのは困難な場合が多い．しかし，これらの式に実験値の $T_{\mathrm{B}}(L)$，L，C を代入すれば，M を求めることが可能となる．

§3. 実　験

3-1　実験装置および器具

連成振り子，ストップウォッチ，LC 共振回路盤，発振器，デジタルオシロスコープ

連成振り子は，長さ 1 m の 2 本の糸が 30 cm の間隔で水平な支持棒に固定されて作られている（図 2）．それぞれの糸の先には，300 g のおもりが取り付けられている．細いエポキシ棒を 2 本の糸の間に取り付けて，連成振動を励起する．LC 共振回路盤は，図 7 のように 2 つの LC 回路が組み合わされている．$C_1 \simeq C_2 \simeq 0.005\,\mu$F のコンデンサーが使われており，$L_1$，$L_2$ は内径 8 cm，幅 1 cm のボビンに太さ 0.4 mm の銅線を 600 回巻いて作られた

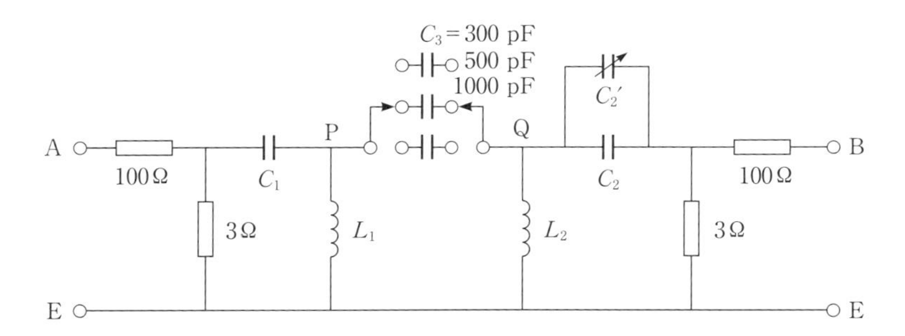

図 7　LC 共振回路盤

コイルである．インダクタンスは，約 40 mH である．コンデンサー結合の連成振動実験をする場合は，C_3 を接続する．インダクタンス結合の実験をする場合は，2つのコイルの距離を近づける．

3-2　実験方法

(1)　連成振り子

(ⅰ)　振り子の糸の支点からおもりの中心までの距離を測定する．この距離が振り子の糸の実効的な長さである．

(ⅱ)　片側の振り子を微小振動させて，振動周期をストップウォッチにより測定する．おもりの位置を目測してストップウォッチを手で押すため，誤差が大きくなりやすい．そこで誤差を少なくするために，N 回の振動時間をまとめて測定し，N で割って周期を算出する．例えば N は，1，5，10，20，30 である．N が同じ場合の周期測定を5回行う．

(ⅲ)　2本の振り子の糸を，軽いエポキシ棒で図 2(b)のようにつなぐ．支点からの距離は 30 cm とする．2つのおもりを同じ方向にずらした後で手を離すと，図 3(a)の基準振動が励起される．2つのおもりを互いに反対方向にずらすと，図 3(b)の基準振動が励起される．それぞれの振動周期を，3～5回繰り返して測定する．エポキシ棒の位置を変えて，同様の測定を繰り返す．

(ⅳ)　エポキシ棒を支点から 50 cm の位置に固定する．一方のおもりを垂直に静止させ，他方のおもりをずらして手を離す．しばらくすると，振動の振幅はゆっくり変動して“うなり”となる．また，2つのおもりのうなり現象は逆位相（例えば，一方のおもりのうなりの振動が最大のとき，他方のおもりのうなりの振幅はゼロ）となることを観察する．このうなりの周期 $T_B(p)$ を測定する．そして，エポキシ棒の位置を変えて，$T_B(p)$ の測定を繰り返す．

(2) LC 共振回路

(i) LC 共振回路盤の L_1, L_2 用コイル間の相互インダクタンスを最小にするため，できるだけ離す．また，コイルの中心軸を図 8(a)のように直交させる．C_3 は接続しない．

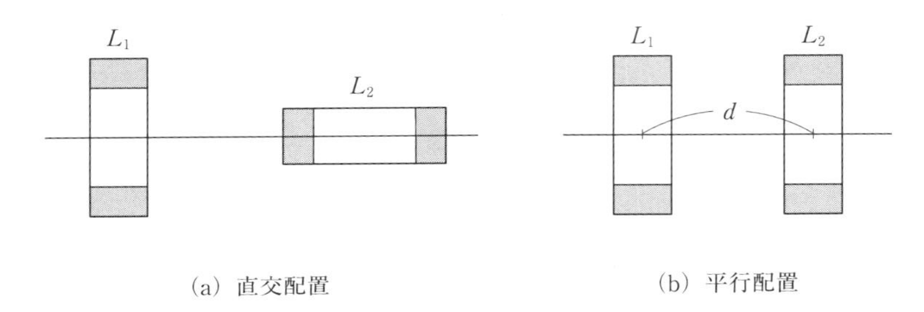

図 8　2つのコイルの位置関係

(ii) LC 発振器から 100 Hz の矩形波を LC 共振回路盤の端子 A, B に入力し，端子 P, Q にオシロスコープを接続して共振波形を観測する(図 7)．左右の LC 回路の共振周波数は L や C が全く同じというわけではないので，わずかにずれている．C_2' を調整して共振周波数を一致させた後，その周波数を測定する．典型的な共振波形（図 9）を記録する．

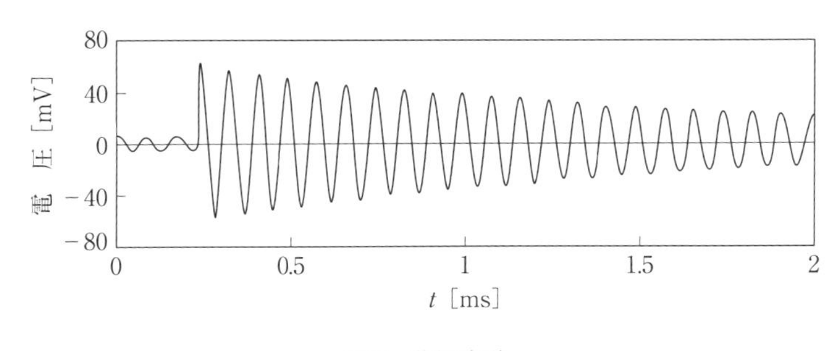

図 9　共振波形

(iii) 矩形波入力を端子 A のみとし，300 pF の C_3 を接続する．端子 P, Q に図 10 のようなうなり波形が現れる．共振回路に抵抗分があるため，

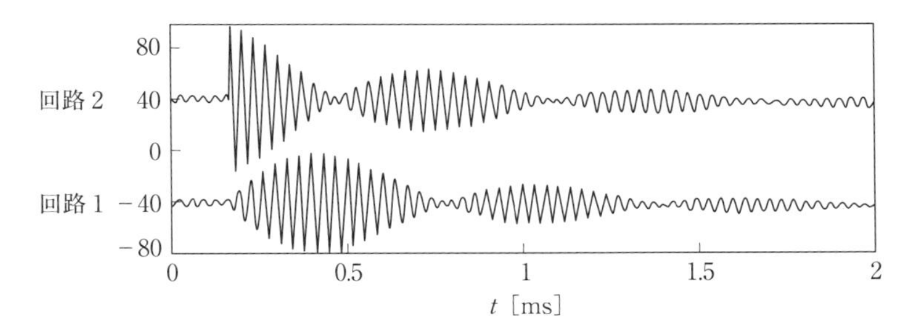

図 10　コンデンサー結合回路のうなり振動

うなりの振幅は時間とともに減衰する．左右のうなり波形の位相関係を調べ，うなりの周期 $T_B(C)$ を測定する．典型的なうなりの波形を記録媒体に保存する．

（iv）　C_3 を変化させ，$T_B(C)$ の C_3 依存性を測定する．

（v）　C_3 を取り外し，L_1，L_2 のコイルの中心軸を図 8(b)のように一致させる．コイルの間隔 d を 5 cm 程度にすると，インダクタンス結合によるうなりが現れる．コイル間隔（$d=2 \sim 10$ cm）とうなりの周期 $T_B(L)$ の関係を求める．うなりの波形を記録して，その波形からうなりの周期を読みとる．

§4.　課　題

（1）　単振り子の測定周期を，横軸が振動回数 N，縦軸が平均周期 $\bar{T} = \sum_{i=1}^{N} T_i/N$ の図に示せ（次頁の図 11）．実験から得られた振動周期と (6) 式の理論値 ($T = 2\pi/\omega = 2\pi\sqrt{l/g}$) を比較し，誤差の原因を考察せよ．

（2）　連成振り子の逆位相振動実験で求めた周期の p 依存性を，(16) 式から得られる理論値とともに図示せよ．また，うなりの実験についても同様な図を作り，(19) 式と比較せよ．

（3）　LC 共振回路に使われているコイルのインダクタンス L を，実験

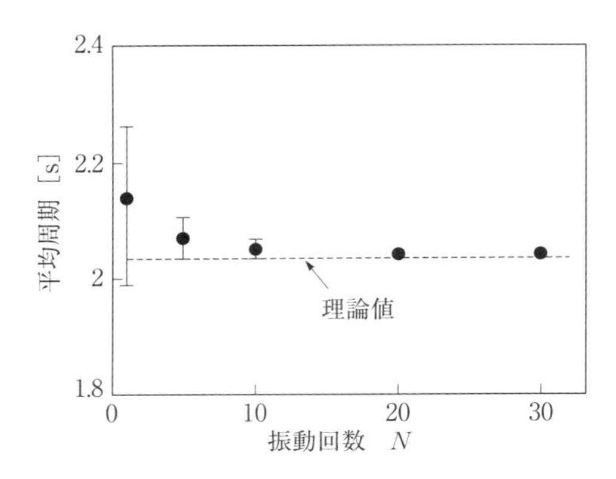

図 11　単振り子の周期 ($l = 1.02$ m). 縦線は測定値のばらつきの範囲を示し，点線は理論値 $T = 2.03$ s である.

（2）の（ii）で測定した周波数を (30) 式の理論値（$C_3 = 0$ とする）に代入して求めよ．ただし，$C = 0.005\,\mu$F とせよ．また，振動周期 $T = 2\pi\sqrt{LC}$ である.

（4）　LC 共振回路のコンデンサー結合実験で観測されたうなりの周期 $T_B(C)$ と (31) 式から計算される理論値を比較した表を作れ.

（5）　インダクタンス結合実験におけるうなりの周期 $T_B(L)$ を (41) 式に代入して，相互インダクタンス M とコイルのインダクタンス L の比を導出せよ．また，M/L のコイル間隔依存性を図示せよ（図 12).

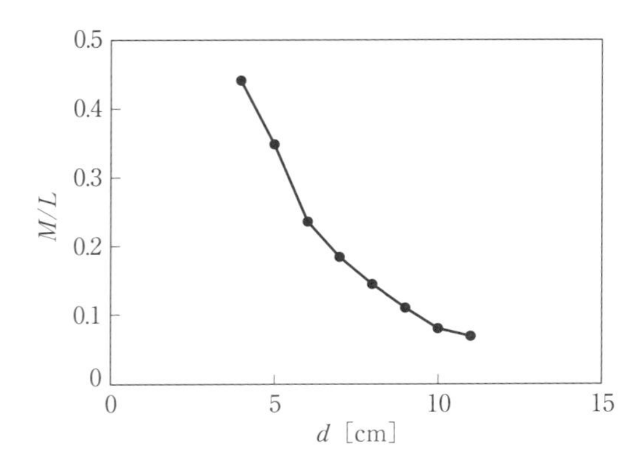

図 12　相互インダクタンスのコイル間隔依存性

§5. 参 考 書

1） 戸田盛和：「物理入門コース　力学」（岩波書店）

2） 原島　鮮：「力学（三訂版）」（裳華房）

3） 戸田盛和：「振動論」（培風館）

4） 長岡洋介：「物理入門コース　電磁気学Ⅱ」（岩波書店）

2. 熱　伝　導　率

(Thermal Conductivity)

There are three mechanisms on heat flow, which are convection, thermal conduction and radiation. We study here the second one. Two experimental systems are assembled to study the steady state heat flow in different materials. The equipment produces both planar and radial heat flow. The thermal conductivity of samples of aluminum, cupper and stainless steel are measured experimentally.

§1. はじめに

フーリエ（Fourier）は1822年にフーリエ級数等の手法を導入して熱伝導現象を数理的に研究した．ウィーデマン（Wiedemann）はフランツ（Franz）とともに，金属の熱伝導率と電気伝導率の比が温度のみに依存し，金属の種類にはよらないことを1853年に実験で示した．この比の値は1896年に，ローレンツ（Lorentz）により理論的に導かれ，ローレンツ数として現在知られている．

この実験では熱伝導の物理的な機構を理解し，3種類の金属の熱伝導率および電気抵抗率を測定し，ウィーデマン-フランツ則を検証する．

§2. 原　理

熱は対流，伝導，放射の3つの機構により高温領域から低温領域へ運ばれる．対流における熱伝達は高温流体自身の低温領域への移動によるが，熱伝導では物質を構成している原子や分子の熱振動の拡散および伝導電子の運動により熱が運ばれる．そして放射では，種々の波長の電磁波が真空中や媒質中を伝播して熱を移送する．

2-1　格子熱伝導と電子熱伝導

物質内部の熱の伝わりやすさの指標として熱伝導率が使われる．図1(a)に示すように，物質のある2ヵ所の温度 T_h と T_l が定常状態に達し，温度勾配 $dT(z)/dz$ が存在するとき，z 方向に垂直な単位面積を通して単位時間に流れる熱量を q とすると，熱伝導率 κ は次式の比例係数で定義される．

$$q = -\kappa \frac{dT(z)}{dz} \tag{1}$$

ここで，係数の前の負号は，熱は必ず高温から低温に移動することに起因する．熱伝導率の単位について考えるために，任意の時間 τ の間，面積 S の物質に熱流があるときの熱伝導率を（1）式より求めてみると

$$\kappa = -\frac{q}{\tau S}\frac{dz}{dT} \tag{2}$$

となるので，熱伝導率の次元は

$$\frac{[\mathrm{J}][\mathrm{m}]}{[\mathrm{sec}][\mathrm{m}^2][\mathrm{K}]} = \frac{[\mathrm{J}]}{[\mathrm{sec}][\mathrm{m}][\mathrm{K}]} = \frac{[\mathrm{W}]}{[\mathrm{m}][\mathrm{K}]} \tag{3}$$

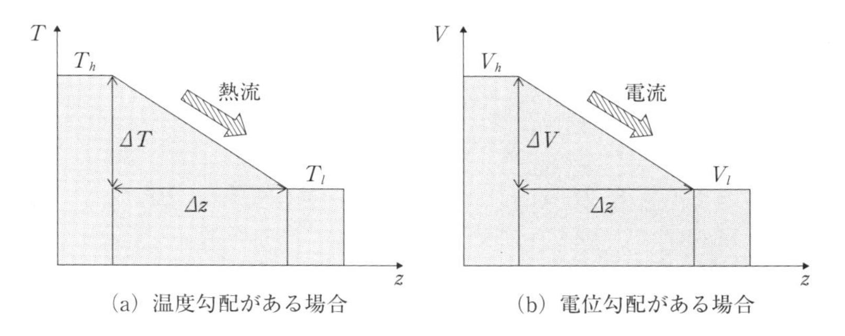

(a) 温度勾配がある場合　　(b) 電位勾配がある場合

図1　エネルギー勾配と“流れ”の関係

のように解析される．一方，物質中に存在するエネルギー勾配が電位勾配 $dV(z)/dz$ の場合，図1(b)に示すように，物質中の自由電子が電位勾配から力を受けて移動することになり，その結果として，電流が流れることになる．すなわち，物質中のエネルギー勾配の種類が温度の場合，そこに流れるものを熱流とよび，電位に勾配がある場合は電流とよぶ．

固体中において熱は，その中を自由に動き回ることのできる伝導電子や，物質を構成している原子・分子の熱振動を量子化した「フォノン（音子）」によって高温側から低温側に伝えられる．これらの粒子間に相互作用がない場合，熱伝導率は気体分子運動論から導出することができる．

物質中において，温度 $T+\Delta T$ の z_1 から温度 T の z_2 へ粒子1個が移動するとき，放出される熱 q_u は，粒子1個の比熱を c として

$$q_u = -c\,\Delta T \tag{4}$$

と表せる．したがって，単位面積，単位時間当りに移動する熱 q は，粒子の密度を n，z 方向の速度の平均値を $\langle v_z \rangle$ として

$$q = -cn\,\Delta T \langle v_z \rangle \tag{5}$$

と求められる．ここで，温度差 ΔT は，粒子の平均自由行程 l_z，平均自由時間 τ を用いると

$$\Delta T = \frac{dT}{dz} l_z = \frac{dT}{dz} \langle v_z \rangle \tau \tag{6}$$

であるから，熱 q は

$$q = -cn\langle v_z^2 \rangle \tau = -\frac{1}{3} cn \langle v^2 \rangle \tau \frac{dT}{dz} \tag{7}$$

である．ただし，

$$\langle v_x^2 \rangle = \langle v_y^2 \rangle = \langle v_z^2 \rangle = \frac{1}{3}\langle v^2 \rangle$$

の関係（エネルギー等分配則）を用いた．

さらに，$C = cn$，速度 $v =$ 一定とすると，熱 q は

$$q = -\frac{1}{3}Cvl\frac{dT}{dz} \tag{8}$$

と表すことができ，（1）式との比較により，熱伝導率 κ は，

$$\kappa = \frac{1}{3}Cvl \tag{9}$$

で与えられることがわかる．

熱を伝達する物質が絶縁体の場合，先に述べたように，熱はその物質を構成する原子や分子の格子振動，すなわちフォノンによって運ばれる．このとき，絶縁体の熱伝導率 κ_{L} は，（9）式を格子比熱 C_{L}，フォノンの速度 v_{L}，フォノンの平均自由行程 l_{L} を用いて書き直した形である

$$\kappa_{\mathrm{L}} = \frac{1}{3}C_{\mathrm{L}}v_{\mathrm{L}}l_{\mathrm{L}} \tag{10}$$

で与えられる．

金属内を伝わる熱流には，上で述べたフォノンの熱振動エネルギーに加えて，伝導電子により運ばれるエネルギーがある．通常，伝導電子の方がフォノンに比べて伝播速度が非常に速いので，数多くの伝導電子が存在する金属などでは，フォノンによる寄与を無視することができ，主な熱伝導の担い手は伝導電子となる．半導体では金属に比べて伝導電子の数が少ないため，格子熱伝導を無視することができなくなり，熱伝導率は両者の和となる．伝導電子の熱伝導率 κ_{e} はフォノンの場合と同様の考察から

$$\kappa_{\mathrm{e}} = \frac{1}{3}C_{\mathrm{e}}v_{\mathrm{F}}l_{\mathrm{e}} \tag{11}$$

となる．ここで，$C_{\mathrm{e}}, v_{\mathrm{F}}, l_{\mathrm{e}}$ は，伝導電子の性質を示す物理量で，それぞれ電子比熱，フェルミ速度，電子の平均自由行程である．

金属の電子論によると，電子比熱 C_{e} は

$$C_{\mathrm{e}} = \frac{\pi^2 k_{\mathrm{B}}^2 n_{\mathrm{e}} T}{m_{\mathrm{e}} v_{\mathrm{F}}^2} \tag{12}$$

で与えられ，$k_{\mathrm{B}}, n_{\mathrm{e}}, m_{\mathrm{e}}$ はそれぞれボルツマン定数，伝導電子の密度，電子

質量である．また，熱を運ぶ伝導電子は電荷を運ぶ担い手でもあり，電気伝導率 σ は，オーム（Ohm）の法則（$J=\sigma E$）における電場 E の係数

$$\sigma = \frac{n_{\mathrm{e}}e^2 l_{\mathrm{e}}}{m_{\mathrm{e}}v_{\mathrm{F}}} \tag{13}$$

として与えられる．なお，電気抵抗率 ρ と電気伝導率 σ は互いに逆数の関係であり，電気抵抗 R と電気抵抗率 ρ との関係は，物質の断面積を S，長さを l として，

$$\rho = R\frac{S}{l} = \frac{1}{\sigma} \tag{14}$$

である．

(11)～(13) 式を使うと，熱伝導率を電気伝導率と温度の積で割った値 L_0（ローレンツ数）は

$$L_0 \equiv \frac{\kappa}{\sigma T} = \frac{\pi^2 k_{\mathrm{B}}^2}{3e^2} = 2.45\times 10^{-8} \quad [\mathrm{W}\cdot\Omega/\mathrm{K}^2] \tag{15}$$

という物質によらない定数となる．この関係式をウィーデマン-フランツ則とよぶ．ここで，T は物質の絶対温度である．

2-2 熱伝導率の測定法

断面積 S の円筒状試料の両端に温度差を与えて，図 2(a)に示すような平面熱流の定常状態を作る．観測時間 τ の間に高温側から低温側に運ばれる熱量 Q は (1) 式により

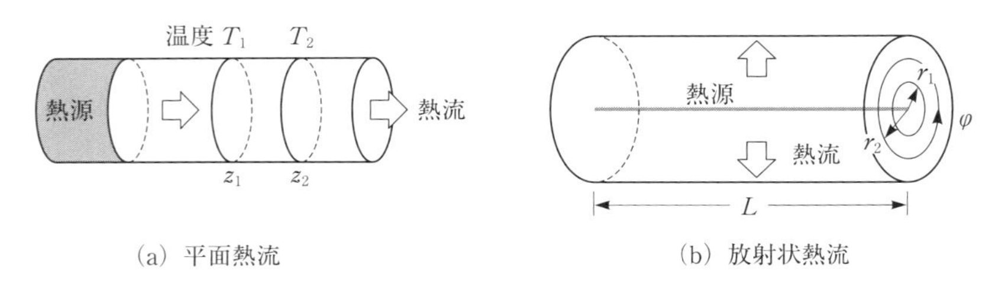

図 2 物質中の熱流

$$Q = \iint q\, dt\, dS$$
$$= -\kappa \int_0^{\tau} dt \int_S \frac{dT}{dz} dS$$
$$= -\kappa\tau S \frac{dT}{dz} \tag{16}$$

となるので，熱伝導率 κ は

$$\kappa = -\frac{Q}{\tau S}\frac{1}{\dfrac{dT}{dz}} = -\frac{Q}{\tau S}\frac{dz}{dT}$$
$$= -\frac{Q}{\tau S}\frac{z_2 - z_1}{T_2 - T_1} \tag{17}$$

により求めることができる．ここで，位置 z_1，z_2 の温度をそれぞれ T_1，T_2 とした．

また，長さ L の熱源により作られる図 2(b)のような放射状熱流の場合，温度勾配は径の方向に作られるので，そこを流れる単位時間，単位面積当りの熱量 q は，

$$q = -\kappa \frac{dT}{dr} \tag{18}$$

で定義され，全体の熱量 Q は

$$Q = -\kappa \int_0^{\tau} dt \int_0^{L} dz \int_0^{2\pi} r\, d\varphi \frac{dT}{dr}$$
$$= -2\kappa\pi\tau L r \frac{dT}{dr} \tag{19}$$

となる．これを r について積分すると，熱伝導率は径方向の 2 点の温度から求められることがわかる．つまり，(19) 式は

$$Q\int_{r_1}^{r_2} \frac{1}{r} dr = -2\pi\kappa\tau L \int_{r_1}^{r_2} \frac{dT}{dr} dr = -2\pi\kappa\tau L \int_{T_1}^{T_2} dT$$

のように変形され，

$$Q \log_e \frac{r_2}{r_1} = -2\pi\kappa\tau L (T_2 - T_1)$$

となるので，熱伝導率 κ は以下のようになる．

$$\kappa = \frac{Q \log_e \dfrac{r_2}{r_1}}{2\pi\tau L(T_1 - T_2)} \tag{20}$$

§3. 実　験

3-1　実験装置および器具

熱伝導率実験装置，金属試料（Cu（銅），Al（アルミニウム），ステンレス鋼），金属線（Cu，Al，ステンレス鋼），水槽，クロメル-アルメル熱電対，冷接点，デジタルボルトメーター，交流電圧計，交流電流計，秤，ビーカー，断熱テープ，X-t レコーダー

熱伝導が良い金属の熱伝導率は，棒状試料の一端を加熱して作られる平面熱流により測定される（図 3）．熱量 Q は，低温側にある水箱の水温上昇率から求められる．熱伝導があまりよくないステンレス鋼の熱伝導率は，円柱

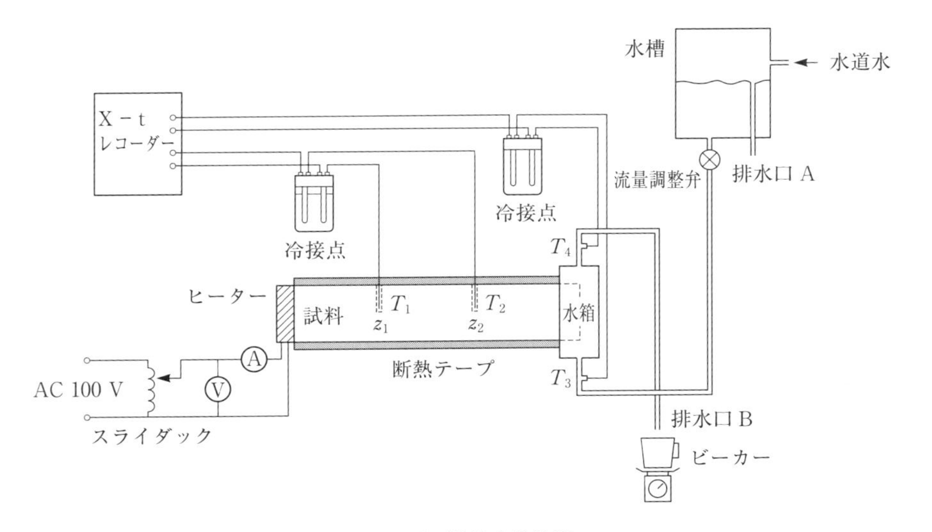

図 3　平面熱流実験装置

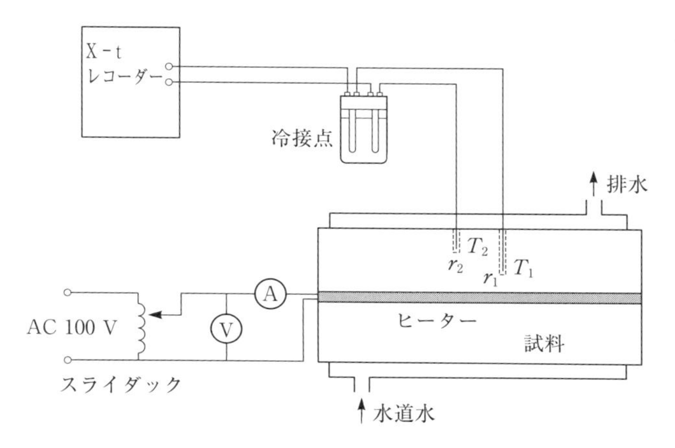

図 4　放射状熱流実験装置

状試料による放射状熱流により測定される（図 4）．この場合の熱量 Q はヒーターの発熱量から求められる．ウィーデマン-フランツ則を検証するために，それぞれの試料の金属線が用意されている．

3-2　実験方法

（1）　Cu，Al の熱伝導率測定

（i）　Cu 試料の温度測定点 z_1，z_2 を記録し，熱電対を取り付ける．その後，試料の周りに断熱テープを巻く．

（ii）　水道栓を調節して，水槽への給水量と排水口 A からの流出量を等しくして水槽の液面を一定にする．

（iii）　Cu 試料の加熱側にあるヒーターに交流電圧を加える．熱伝達が進むにつれて，水箱の水温が上昇してくるが，上昇分 $\Delta T = T_4 - T_3$ が約 5 ℃になるように水槽の流量調整弁およびスライダック電圧を調節する．

（iv）　$T_1 \sim T_4$ の温度が一定（定常状態）になったら各点の温度を記録する．

（v）　すばやく水槽の排水口 B にビーカーを置き，5 分間 ($\tau = 300$ s)

の排水を集め，重さ M を測定する．

（vi） 銅線の抵抗 R を測定する．また，銅線の太さと長さを記録する．

（vii） Al 試料について，同様の測定を行う．

（2） ステンレス鋼の熱伝導率測定

（i） ステンレス鋼試料の長さ L および温度測定点の位置 r_1，r_2 を記録し，熱電対を取り付ける．

（ii） 試料の外壁を冷却するための水道水を流した後，スライダックを調整して適当な電圧をヒーターに印加し，直ちに r_1，r_2 の温度変化の記録を開始する．

（iii） r_1，r_2 の温度が一定になったら，熱電対の熱起電力，ヒーターの入力電圧 V および電流 I を記録する．

（iv） ステンレス鋼線の抵抗 R を測定する．また，ステンレス鋼線の太さと長さを記録する．

§4. 課 題

（1） Cu および Al 試料の熱流を $Q = CM(T_4 - T_3)$ により見積り，それぞれの熱伝導率を求めよ．C は水の比熱 $(4.2 \times 10^3\ \mathrm{J/(kg \cdot K)})$ である．

（2） ステンレス鋼の温度上昇を図示し（図 5），定常になった時間の

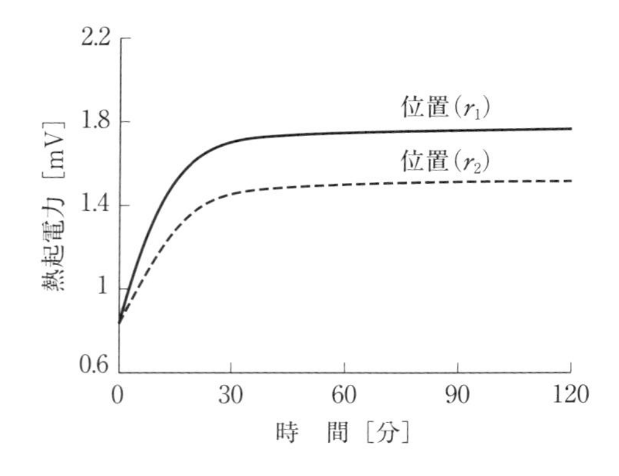

図 5 ステンレス鋼試料の温度上昇

温度を使って熱伝導率を求めよ．熱流はヒーターの単位時間当りの放出エネルギー $Q/\tau = IV$ より見積る．

（3） 実験で求めた各種試料の熱伝導率 κ と理科年表に示されている値を一覧表にまとめ，比較検討せよ．

（4） 各種試料の電気伝導度 σ を電気抵抗 R から求めよ．この σ と（3）で求めた κ を $L_0 = \kappa/\sigma T$ に代入して，ローレンツ数 L_0 の実験値を計算せよ．また，L_0 の実験値と (15) 式の理論値を比較検討せよ．

§5. 参 考 書

1） C. キッテル 著, 宇野良清, 他 訳：「固体物理学入門（上）」（丸善出版）
2） 黒沢達美 著：「基礎物理学選書　物性論（改訂版）」（裳華房）

3. スターリングサイクル
(The Stirling Cycle)

The thermal efficiency of a Stirling engine is estimated by measuring the PV curve of the engine. A heat pump and a refrigerator both utilizing the Stirling cycle are constructed, and their thermal efficiencies are measured.

§1. はじめに

最初の蒸気機関はニューコメン（Newcomen）により1712年に作られたが，効率が悪かったため，ワット（Watt）は効率の良い実用的な蒸気機関を1769年に作った．その後，効率の向上を目指した高圧の蒸気を使った蒸気機関が作られたが，爆発事故が頻発した．そこでスターリング（Stirling）は，安全で効率の良いエンジンを作る研究を行い，1816年に現在スターリングエンジンとよばれる，エンジンの外部に熱源がある外燃機関を作った．このエンジンは理論的には最も効率が高いが，体積が大きい割には出力が低かったので，1885年にオット（Otto）によるガソリンエンジンが開発されたことにより注目されなくなった．しかし，近年省エネルギーが重要視されるようになり，このエンジンは再び注目されるようになった．また，このエンジンは冷凍機やヒートポンプとしても利用できる特徴をもっている．

高熱源から低熱源へ移動する熱エネルギーを，機械的エネルギーとして取り出すことができる機関を熱機関という．この実験では，熱機関としてスターリングサイクルで動くエンジンを用いる．このエンジンは，動作条件を変えて外部から仕事を加えると，低熱源から高熱源に熱エネルギーを汲み上げる装置，すなわち冷凍機やヒートポンプにもなる特色をもっている．

§2. 原　理

2-1　スターリングエンジン

この実験で用いるスターリングエンジンは図1左のような基本構造をもっている．ピストンPとディスプレーサーDはクランク機構によって調和的に往復運動をしている．図右上の灰色部分はディスプレーサーの動きを示し，その下の線がピストンの動きを示している．ディスプレーサーより上の可変容積を V_e，ディスプレーサーとピストンとで囲まれた可変容積を V_0 とする．図下の曲線は V_0 の変化を示している．この図では V_e の最大値に対する V_0 の最大値の遅れ角 ϕ が135度付近にある．また，両容積内のガスはそれぞれの熱交換器 EX_e，EX_0 と蓄熱器Zを介して流動できるようになっている．ここで熱交換器 EX_e は高温 T_e の熱浴から系内へ熱量 Q_e を取り入れ，EX_0 は系外にある室温（冷却水温度）T_0 の熱浴へ熱量 Q_0 を放出させる

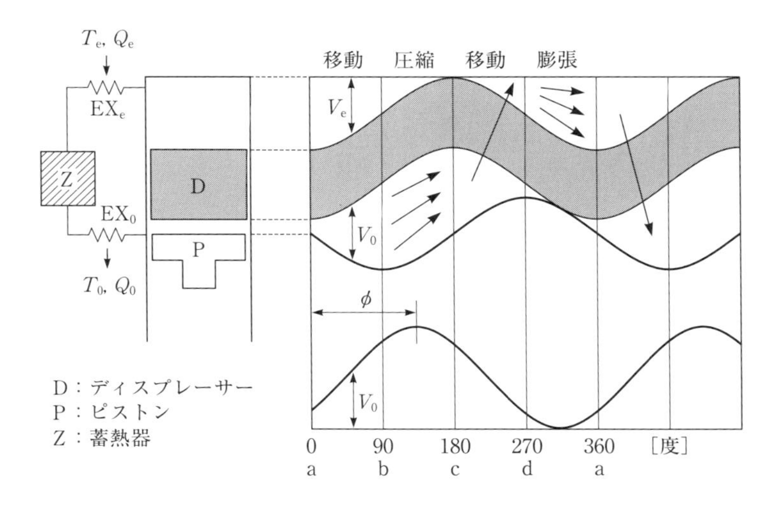

図1　スターリングエンジンおよび冷凍機の基本動作

ための装置である．蓄熱器 Z は，そこを通過する系内のガスが固体壁（蓄熱材）と熱のやりとりをするための装置である．

系内に一定量のガスが封入されていれば，系内圧力はピストンの動きによって変化する．図 1 の点 a 付近ではほとんどのガスが V_e にあるが，ディスプレーサーの動きによって V_e 内のガスは V_0 に移動する．点 b 付近からは全体の容積が減少していくため，ほとんどのガスは V_0 内で圧縮される．点 c を過ぎると，ガスは高圧の状態で V_0 から V_e に流入する．点 d 付近からはほとんどのガスが V_e 内で膨張して低圧となり，点 a の状態に戻る．

ここで，$T_e > T_0$ の場合のガスの状態変化を図 2 の PV 線図を使って考察する．V は全体の容積 $V_0 + V_e$ とする．実際のエンジンでは実線のような連続変化を示すが，ここでは理解を容易にするために破線で近似して説明する．

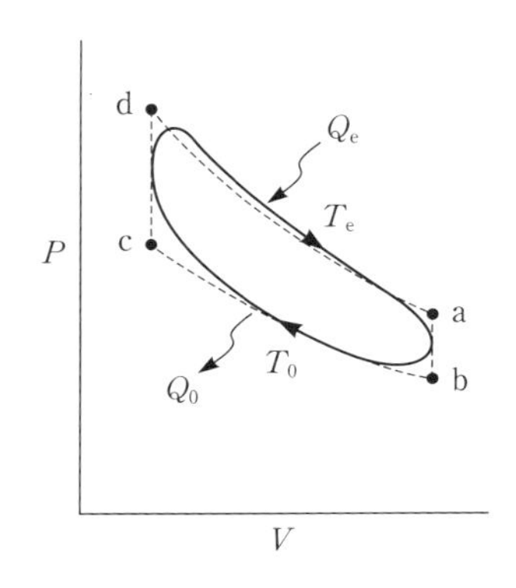

図 2 エンジンの PV 線図と仕事

点 a から b まではほぼ最大容積の状態でディスプレーサーが移動することにより，ガス温度が T_e から T_0 に低下する．点 b から c までは容積は減少するが，ほとんどのガスは V_0 にあるので温度は T_0 を保っている．点 c から d まではほぼ最小容積で圧力上昇しながら，温度が T_e に変化する．点 d から a までは V_e 内のガスは，温度 T_e で膨張にともなう圧力降下と容積の増大を経験する．以上の 1 サイクルで，気体は PV 線図上で時計回りに回転している．

膨張過程（点 d から a）の気体は，V_e 内で膨張により温度が降下しようとする．温度 T_e を一定に保つには，これに逆らって熱量 Q_e を加えなければならない．理想気体を仮定すれば，1 モルの気体がディスプレーサーにする膨張仕事 W_e は

$$W_e = \int_d^a P\,dV = RT_e \log_e \frac{V_a}{V_d} \qquad (1)$$

となる．R は気体定数である．ここで理想的な蓄熱器を仮定し，さらに熱伝導や熱放射等の熱損失のない理想状態を仮定すれば，この等温過程では内部エネルギー U が変化しないので，系に加えられた熱量 Q と仕事 W との関係は，熱力学第 1 法則により

$$dU = \delta Q + \delta W = 0 \qquad (2)$$

である．したがって，この過程では系に負の仕事（$-W_e$）が加えられたことになるから

$$Q_e = W_e \qquad (3)$$

に相当する熱量を系外から加える必要がある．

圧縮過程（点 b から c）では気体は V_0 内で圧縮により温度が上昇しようとするので，温度 T_0 を一定に保つには，V_0 では熱量 Q_0 を系外に放出しなければならない．したがって，この系では V_e から蓄熱器を介して V_0 に向かう熱流が必要であることがわかっている．圧縮仕事 W_0 は

$$W_0 = -\int_b^c P\,dV = -RT_0 \log_e \frac{V_c}{V_b} \qquad (4)$$

であり，同様に

$$Q_0 = -W_0 \qquad (5)$$

に相当する熱量を系外に放出すればよい．

圧縮は T_0 で，膨張は T_e で行われるため，図 2 からも明らかなように，膨張仕事は圧縮仕事より大きい．すなわち，この系は，上述の熱流が仕事に変換されて系外に取り出せる熱機関として動作していることになる．ここで，W_e は V_e 内での仕事であるが，ディスプレーサーを介して V_0 内のガスに伝えられる．したがって，ピストンから系外に取り出せる仕事 W_{net} は

$$W_{net} = W_e - W_0 \qquad (6)$$

となる．

以上は，サイクルが可逆的に行われた場合の関係であるから，スターリングエンジンの理想的な効率 η_{rev}，すなわち加えた熱量に対する得られた仕事の割合は

$$\eta_{\mathrm{rev}} = \frac{W_{\mathrm{net}}}{Q_{\mathrm{e}}} = \frac{T_{\mathrm{e}} - T_0}{T_{\mathrm{e}}} \tag{7}$$

となり，カルノー（Carnot）効率に一致する．なお，実際のエンジン効率には，以下の定義式が用いられる．

$$\eta_{PV} = \frac{W_{PV}}{Q_{\mathrm{e}}} \tag{8}$$

$$\eta_{\mathrm{out}} = \frac{W_{\mathrm{out}}}{W_{PV}} \tag{9}$$

ただし，W_{PV} は実測された PV 線図から得られる PV 仕事，W_{out} は実際に系外に取り出せた仕事である．

このエンジンの熱力学的な効率 ε_1 は，W_{out} の W_{net} に対する割合として定義されるから（8）式および（9）式を用いて

$$\varepsilon_1 = \frac{W_{\mathrm{out}}}{W_{\mathrm{net}}} = \frac{\eta_{PV}\,\eta_{\mathrm{out}}}{\eta_{\mathrm{rev}}} \tag{10}$$

で与えられる．

2-2　冷凍機

次に，図1において $T_0 > T_{\mathrm{e}}$ の場合を考察する．この場合，PV 線図上でのガスの状態変化は図3のように反時計回りとなり，この系では外部からの仕事を必要としている．

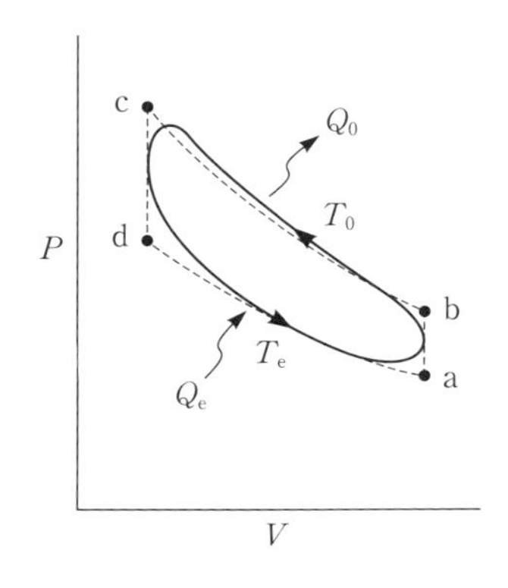

図3　冷凍機の PV 線図と仕事

一方，熱流の向きはエンジンと同様に V_{e} から V_0 に向かっているが，ここでは $T_0 > T_{\mathrm{e}}$ なので，低温から高温に熱を汲み上げていることになる．すなわち，この系は外

部からの仕事

$$W_{net} = W_0 - W_e \tag{11}$$

によって室温よりも低い温度を得ることのできる冷凍機として動作していることになる．

冷凍機の理論的な最大効率は，すべての過程が可逆的に行われたときに得られ，$(COP)_{rev}$（成績係数：Coefficient of Performance）で評価できる．

$$(COP)_{rev} = \frac{Q_e}{W_{net}} = \frac{T_e}{T_0 - T_e} \tag{12}$$

実際の冷凍機では

$$(COP) = \frac{Q_{in}}{W_{in}} \tag{13}$$

となる．ただし，Q_{in} は温度 T_e での冷凍能力，W_{in} はモーター等によって系に実際に加えられる仕事である．この冷凍機の熱力学的な効率 ε_2 は

$$\varepsilon_2 = \frac{(COP)}{(COP)_{rev}} \tag{14}$$

で与えられる．

2-3　ヒートポンプおよび冷熱エンジン

クランク機構の回転の向きを逆にした場合，すなわち27頁で述べた遅れ角 ϕ が -135 度の場合について考察する．各部の動きは図4のようになり，PV 線図上では T_0，T_e の大小により図5，6のようになる．図5は反時計回りで $T_e > T_0$ であるから，系に仕事を加えることによって室温 T_0 から高温 T_e に熱を汲み上げる装置で，一般にヒートポンプとよばれる．特に注目すべきことは，T_e の熱浴へ取り出せる熱は系に加える仕事よりも大きいということである．

ヒートポンプの最大成績係数は，$Q_e < 0$ であるから

$$(COP)_{rev} = \frac{-Q_e}{W_{net}} = \frac{T_e}{T_e - T_0} \tag{15}$$

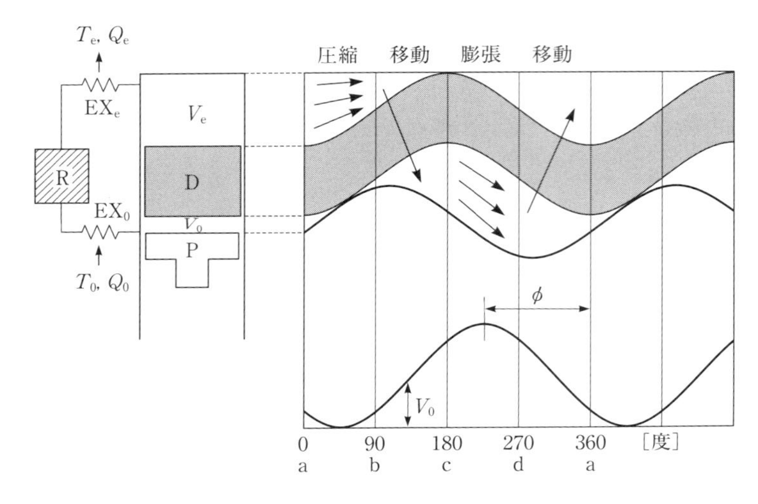

図 4　ヒートポンプおよび冷熱エンジンの基本動作

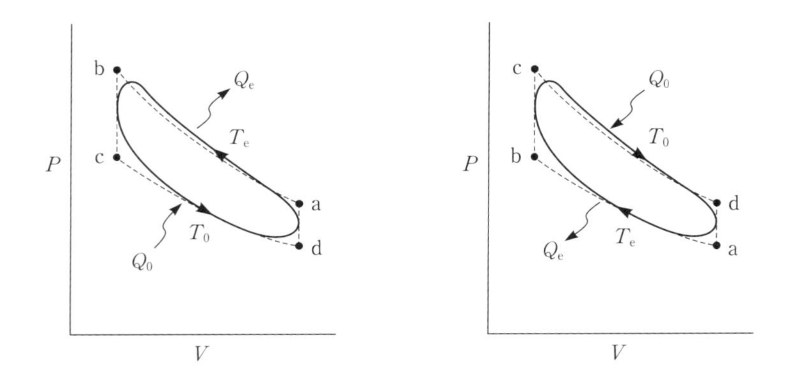

図 5　ヒートポンプの PV 線図と仕事　　**図 6**　冷熱エンジンの PV 線図と仕事

であり，実際のヒートポンプでは

$$(\mathrm{COP}) = \frac{Q_{\mathrm{out}}}{W_{\mathrm{in}}} \tag{16}$$

となる．ただし，Q_{out} は温度 T_{e} での加熱能力，W_{in} はモーター等によって系に実際に加えられる仕事である．このヒートポンプの熱力学的な効率 ε_3 は

$$\varepsilon_3 = \frac{(\mathrm{COP})}{(\mathrm{COP})_{\mathrm{rev}}} \tag{17}$$

で与えられる．

図6は時計回りで $T_0 > T_e$ なので，T_e から T_0 に向かう熱流がある．したがって，V_e 内のガスが T_e を保つように外部から冷却することにより仕事が発生する．これを一般に冷熱エンジンとよび，液化天然ガス等を気化させるときに加えるべき熱から仕事を取り出すのにも利用できる．

冷熱エンジンの最大効率 η は前項のスターリングエンジンと同様に，$W_e > W_0$ であるから

$$\eta = \frac{W_{\mathrm{net}}}{Q_0} = \frac{T_0 - T_e}{T_0} \tag{18}$$

で評価できる．

§3. 実　験

3-1　実験装置および器具

スターリングサイクル実験装置，PV 指示器，圧力計，回転計，ブレーキモーター，スライダック，ヒーター，試験管，熱電対

スターリングエンジンは，ピストンとディスプレーサーを同軸上に配置し，蓄熱器をディスプレーサーに内装させた形となっている（図7）．シリンダーおよびディスプレーサーの下部には図1の EX_0 に相当する熱交換器として冷却水の流路が設けられている．シリンダー上部にはヒーターまたは試験管が取り付けられているが，これらは熱交換器 EX_e の役割も果たしている．ピストンとディスプレーサーは，ピストンロッドを通じてフライホイールと連動している．ピストンのロッドにはノズルがあり，これに PV 指示器が付けられている．PV 指示器により，作動中のエンジンの圧力と体積変化を示す PV 線図が作られる．

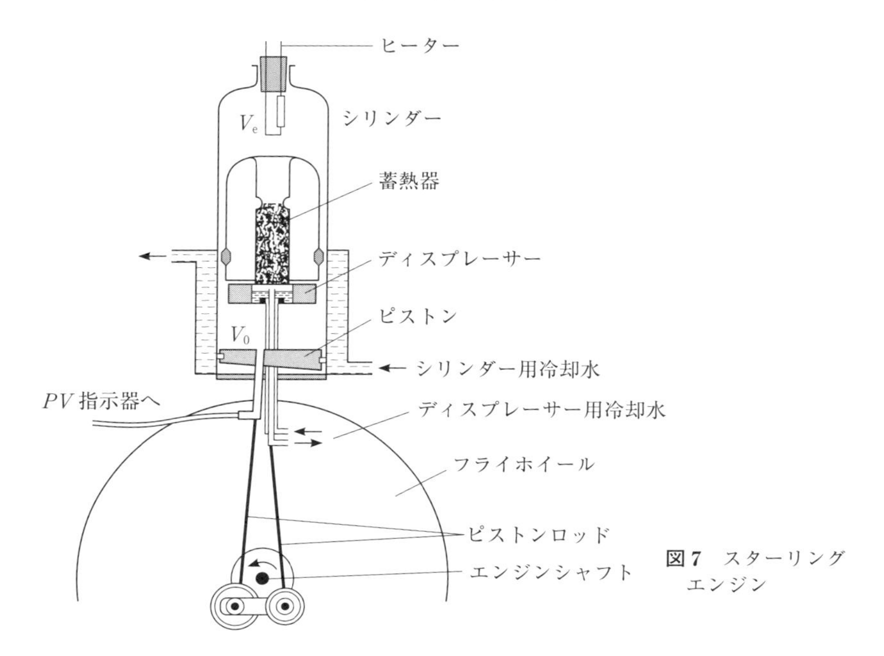

図7 スターリングエンジン

以下，シリンダー上部にヒーターユニットを取り付けた装置をスターリングエンジン，試験管を取り付けた装置を冷凍機またはヒートポンプとよぶ.

3-2 実験方法

(1) スターリングエンジンの効率測定

(i) 冷却水を流す.

(ii) 手でフライホイールを指定の方向に回転させながら，ヒーター電圧を上げ，エンジンを始動させる.

(iii) エンジンシャフトにブレーキモーターを取り付けることにより，出力測定を行う．回転速度が無負荷のときの半分ぐらいになるまでブレーキをかけ，そのときの回転数とモーター出力 W_{out} を測定する.

(iv) ヒーターの電圧，電流を測定し，流入熱量 Q_e を求める.

（v）　PV 指示器が示す軌跡をたどり，PV 曲線を描く．その閉面積を計算することにより PV 仕事 W_{PV} を求める．圧力 P は PV 指示器に接続されているビニール管を圧力計につなぎかえて較正する．体積は次の値を用いる．

最小値：140 cm^3，最大値：280 cm^3

（2）　冷凍機の効率測定

（i）　試験管に水を約 1 cm^3 注ぎ，熱電対をその中に入れる．

（ii）　冷却水を流し，その温度を記録する．

（iii）　モーターの電源を入れ，フライホイールが指定の方向に正しく回転していることを確認する．

（iv）　モーターの入力電圧，電流および冷凍機の回転数を記録し，試験管の水の温度変化を測定する（図 8）．0 ～ 5 ℃付近の測定温度 T_e を使って水の冷却速度 dT_e/dt を求め，その温度での冷却能力 Q_{in} を

$$Q_{in} = \frac{mC_p}{f}\left|\frac{dT_e}{dt}\right| \tag{19}$$

より導出する．ただし，m は試験管内の水の量，C_p は水の比熱，f は冷凍機の回転数である．

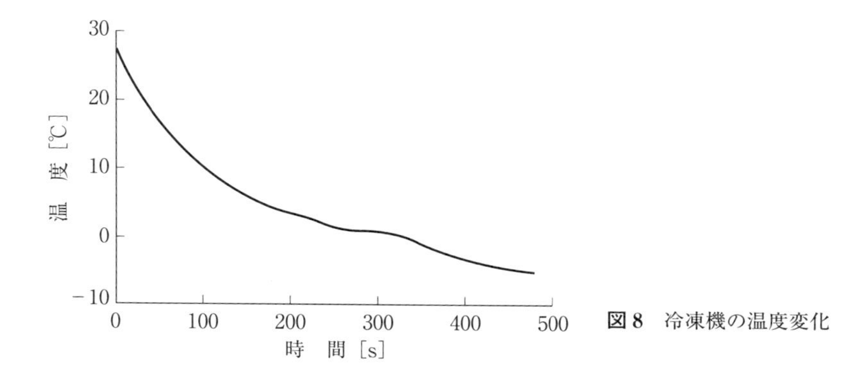

図 8　冷凍機の温度変化

（v）　（1）と同様に PV 曲線を描き，W_{PV} を求める．

（3） ヒートポンプの効率測定

（i） フライホイールが（2）の実験のときとは反対方向に回転するようにモーターの電源を入れかえる.

（ii） 冷却水の温度，モーターの入力電圧，電流およびヒートポンプの回転数を記録し，試験管内の水の温度変化を測定する．60～70℃付近の測定温度 T_e における水の昇温速度 dT_e/dt から，(19) 式の Q_{in} を Q_{out} とおきかえて，その温度での加熱能力 Q_{out} を求める.

（iii） （2）と同様に PV 曲線を描き，W_{PV} を求める.

（iv） 実験終了後は冷却水を止める.

§4. 課　題

（1） スターリングエンジンの入力，PV 仕事，出力を比較し，エンジン効率 η_{out} を評価せよ.

（2） 冷凍機の入力，PV 仕事，冷却能力を比較し，成績係数および熱力学的効率 ε_2 を評価せよ.

（3） ヒートポンプの入力，PV 仕事，加熱能力を比較し，成績係数および熱力学的効率 ε_3 を評価せよ.

§5. 参 考 書

1） 一色尚次：「スターリングエンジンの開発」（工業調査会）

2） 兵働 務：「スターリングエンジン」（パワー社）

3） 低温工学協会 編：「超電導・低温工学ハンドブック」（オーム社）

4. 液体・固体相転移
(The Liquid to Solid Phase Transition)

The physical process of the transition between liquid and solid Sn-Bi alloy is studied. A phase transition diagram of the alloy is determined from the time dependence of the temperature as the alloy is cooled through its solidification point.

§1. はじめに

ギブス(Gibbs)は1875年に不均一物質の平衡について研究を行い,化学ポテンシャルの概念を導入して多成分系を扱う熱力学の一般論を展開した.そして,彼は“相”の概念を導入して,現在 相律とよばれている一般則を明らかにした.これを受けて,1888年にローゼボーム(Roozeboom)は,この多成分系の相律を合金の状態変化に初めて適用した.

この実験では,2つの金属元素(Sn,Bi)とそれらの合金の液体・固体相転移の過程を観察する.そして,その時間と温度の関係(冷却曲線)から凝固点を求め,相図を決定する.これによって相転移という概念に洞察を深め,合金の溶融,固化にともなう物理機構を理解する.また,温度測定にはクロメル-アルメル熱電対を用い,その原理を理解する.

§2. 原　理

2-1　合　金

合金とは，2種類以上の金属を溶融，固化させたものである．例えば，2つの成分から成る合金を2元合金とよぶ．その成分比を表すには，重量濃度と原子濃度の2種類がある．合金の種々の性質は，一般に各々の金属の性質とは異なっている．Pb-Sn 合金を例にとると，その融点は各々の金属の融点よりも低くなる．

物質の各部分が，化学的にも物理的にも全く同じ性質を示すとき，これらの各部分は同じ相にあるという．一定の圧力の下で，物質は温度によって相を変える．水蒸気，水，氷はその典型的な例であり，それぞれ気相，液相，固相とよぶ．1つの相から他の相へ変位することを相転移（変態）といい，その温度を転移点（変態点）という．そして，固相から液相への転移点を融点，液相から固相への転移点を凝固点とよび，一般に融点と凝固点は一致する．

転移点の前後では物質の物理的性質が変化する．したがって，これを検出すれば，相転移が生じたことを知ることができる．そして，金属または合金の融点を決めるには，これを熱して溶融させておき，ゆっくり冷却させながら一定時間ごとに温度を測定し，冷却曲線を作成すればよい．冷却曲線の概形は図1(a)のようになり，この曲線の勾配の変化から，転移点を見つけ出

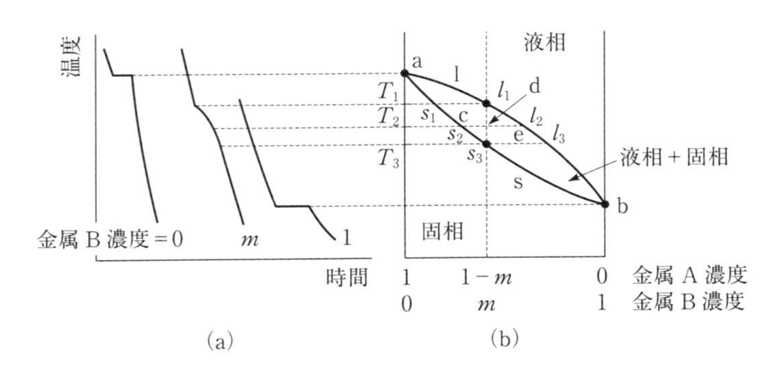

図1　2元合金の冷却曲線と状態図

すことができる．この方法を熱分析法という．

この他にも，熱膨張，電気伝導度，磁性などの物理的性質の測定やX線回折などが相転移の研究に用いられている．

2-2　ギブスの相律

温度 T と圧力 P を状態変数に選んだ場合，系の平衡状態を決める熱力学的ポテンシャルはギブスの自由エネルギーであり，この自由エネルギーが最小になる状態が平衡状態として実現する．ここで考えているような多成分多相系において，合金を作っている成分の数を n，平衡状態にある相の数を r とする．これを n 成分 r 相系という．

各相において，$(n-1)$ 番目までの成分の比が決まると n 番目の成分の比は自動的に定まる．そのため，ある1つの相のギブスの自由エネルギーは，その相中におけるそれぞれの成分の比の数（$(n-1)$ 個）と T および P の関数になる．すべての相について T と P は共通であるため，n 成分 r 相系のギブスの自由エネルギーは $\{r(n-1)+2\}$ 個の独立変数をもつ関数になっている．一方，平衡状態では，r 個あるすべての相において，n 個の成分に対する化学ポテンシャルがそれぞれ同じであることから，$n(r-1)$ 個の条件式が得られる．条件式の数より独立変数が多い場合には，独立変数の値は一義的に決まらない．独立変数が過多の状態は次式で示される．

$$f = \{r(n-1)+2\} - n(r-1) = n - r + 2 \geqq 0 \qquad (1)$$

この関係式をギブスの相律とよび，f を自由度という．すなわち，f の数だけ，取りうる平衡状態が存在することを意味している．合金の場合は一般に圧力の影響をほとんど無視できるので，ギブスの相律は

$$f = n - r + 1 \qquad (2)$$

となる．

ここで，図1(b)の両端に相当する単一金属（金属B濃度 = 0，1）について考えてみる．成分の数は $n = 1$ であるから，ギブスの相律は

$$f = -r + 2 \tag{3}$$

となる．このとき，固相もしくは液相の1相($r = 1$)が存在する点a，bの上方および下方では$f = 1$となり，温度を独立に変化させることができる．ところが，固相と液相の2相($r = 2$)が共存する点a，bでは$f = 0$となり，唯一の独立変数である温度を独立に変化させることができず，一定の温度になる．そのために，冷却曲線は図1(a)の左右のグラフに示すような平坦部をもつ．

2-3 状態図

物質がある濃度，ある温度で平衡状態にあるときの相の状態を図示したものが状態図である．単一金属では，図1に示したように，一定の温度で液相から固相に転移が始まり相転移が完結する．しかし，合金においては，特殊な場合を除いて，冷却の際に凝固が開始する温度と終了する温度との間に開きができる．この温度間では，液体と固体が共存しながら徐々に凝固する．図1(a)に2元合金A-Bの冷却曲線を，濃度をパラメーターとして示した．種々の濃度の合金の冷却曲線を測定することにより，図1(b)に示すような状態図が作成される．alb，asb両線の間は2相の共存状態で，alb線以上では均一の溶液，asb線以下では均一の固体である．

ここで，金属Bの濃度がm（金属A濃度$= 1 - m$）の場合の液相からの冷却過程を，図1(b)の縦点線に沿って説明する．温度がT_1になるまでは，金属B濃度がmの一様な液相である．T_1になると，初めの組成より金属A濃度の方が高い合金の固相が図2(a)のように析出し始める（金属B濃度$= s_1$）．残りの液相の金属B濃度はほぼl_1に等しい．温度がT_1から下がるにつれて固相は成長していく．その成長により，固相中の金属B濃度は周りの液相から金属Bが拡散するために高くなる．温度T_2では固相の金属B濃度はs_2であり，液相の金属B濃度はl_2である（図2(b)）．温度T_3の近傍ではほとんどが固相になり，その金属B濃度s_3は初めの液相の金属B濃度

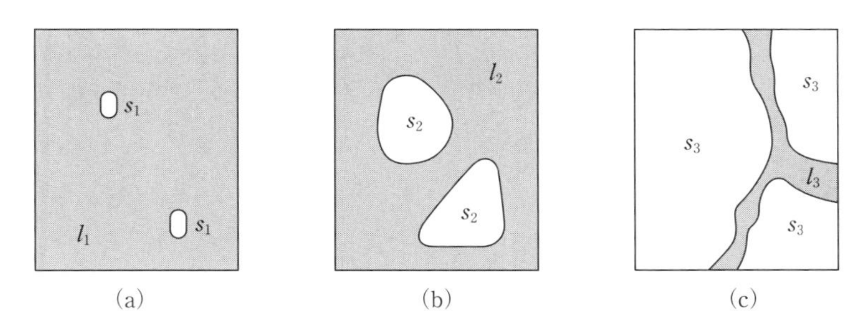

図2　合金の相転移の模式図（白地：固相，灰色地：液相）

m にほぼ等しい．液相の金属B濃度は l_3 である（図2(c)）．同様に，固相中の金属Aの濃度は低下していき，T_3 以下の温度では，金属B濃度 m，金属A濃度 $1-m$ の一様な固相になる．

温度 T_2 における金属Bの固相と液相の割合は

$$s_2x + l_2(1-x) = m \tag{4}$$

により求められる．ただし，x は T_2 における固相の割合である．また，これは

$$s_2x + l_2(1-x) = mx + m(1-x) \tag{5}$$

より

$$\frac{x}{1-x} = \frac{l_2 - m}{m - s_2} = \frac{\overline{\mathrm{de}}}{\overline{\mathrm{cd}}} \tag{6}$$

と表すこともできる．

図1の状態図は，2元合金が液体と固体のどちらの状態においても濃度が均一に混合する場合の最も簡単な例である．これを全率固溶型合金とよぶ．しかし，一般の2元合金では，

(1)　相互の溶解度に限界がある．

(2)　2つの固体が共晶を作る．

(3)　2つの固体の間に，両者の割合が簡単な整数比で与えられる金属間化合物の相が存在する．

などにより，図1に比べて複雑な状態図を示す．

例えば共晶型合金の場合，液相では各成分が完全に溶け合うが，固相では混ざり合わない．図3(b)の金属A濃度$1-m_2$，金属B濃度m_2の組成を冷却すると図3(a)のようになる．すなわち，単一金属（金属B濃度＝0，1）のように溶液全体がすべて結晶化するまで温度が一定に保たれ，各成分の小さな結晶が密に混じり合った混合物が一定の比率で固体として生じる．この比率を共晶組成，このときの温度を共晶点という．共晶組成からずれた比率の混合物（金属B濃度＝m_1, m_3）では，まず冷却過程において共晶成分より過剰な成分の単一金属が固体として析出し，液相は共晶成分に近づいていく．そして，共晶点ですべてが固体になる．この型の反応では，液相から固体が析出し始める温度は単一金属の融点（凝固点）より低く，共晶点で極小となる．これらの様子を状態図に表したものが図3(b)である．

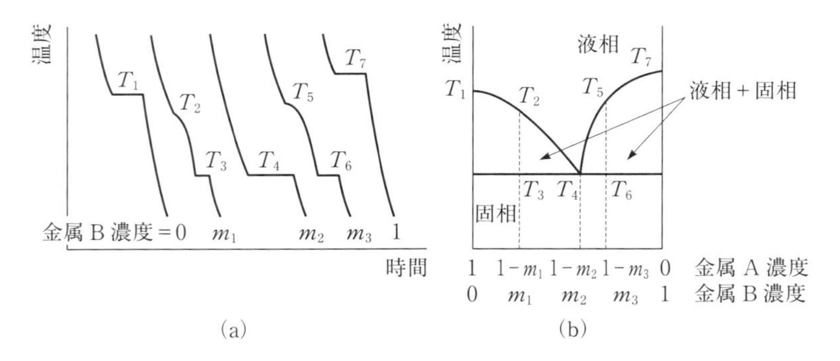

図3　共晶型合金の冷却曲線と状態図

2-4　熱電対

2種類の異なる金属から作られた導線（A，B）を図4(a)のように結合させ，2つの接合点の間に温度差を作ると，ab間には電位差（熱起電力）が生じる．この現象はゼーベック効果とよばれる．熱起電力の大きさは，結合点の温度T_0，T_1だけでなく導線の材料にも依存している．

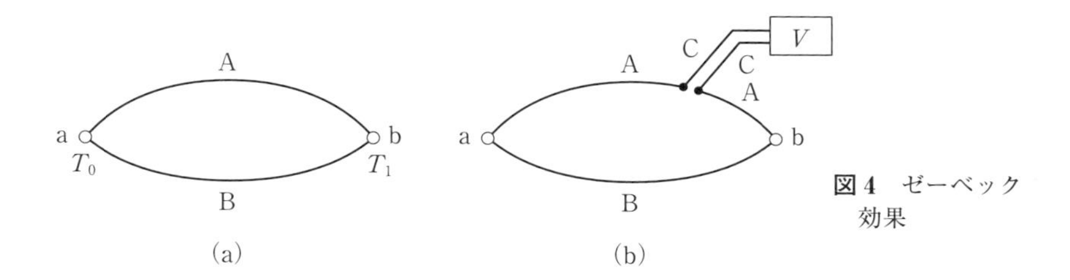

図 4　ゼーベック効果

2 点間に微小温度差 dT を与えたときに生じる電位差を dV とすると，ゼーベック係数（熱電能）S は

$$S = \frac{dV}{dT} \tag{7}$$

で定義され，温度の 1 次式で表されることが知られている．したがって，熱起電力 V は

$$\begin{aligned} V &= \int_{T_0}^{T_1} S\,dT \\ &= \int_{T_0}^{T_1} (\alpha + \beta T)\,dT \\ &= \alpha(T_1 - T_0) + \frac{1}{2}\beta(T_1^2 - T_0^2) \end{aligned} \tag{8}$$

となる．ここで α，β は金属 A，B により決まる定数である．

一方の接点の温度 T_0 を 0 ℃に保つと，V はもう一方の接点の温度 T_1 のみの関数となる．この熱起電力を利用して温度を測定するものが熱電対である．実際に熱電対で温度測定を行う場合には，第 3 の導線 C を図 4(b)のように加えて V を取り出すが，効果は同じである．

なお，一般には，クロメル-アルメル熱電対（測定範囲：−200 〜 1000 ℃），銅 - コンスタンタン熱電対（−200 〜 300 ℃）等が用いられている．

§3．実　験

3－1　実験装置および器具

電気炉，スライダック，クロメル-アルメル熱電対，デジタルボルトメーター，X－t レコーダー，冷接点，磁性ルツボ（タンマン管），熱電対保護管，金属（Sn，Bi）およびそれらの合金試料

実験装置は大きく2つの部分に分けられる．1つは試料を加熱する部分であり，電気炉とそれに流す電流を調整するスライダックから成る．他方は，温度（熱起電力）を測定する部分であり，熱電対，冷接点，デジタルボルトメーターおよびX－t レコーダーから成る．X－t レコーダーの出力は熱起電力の変化を知るための目安であり，実験データはデジタルボルトメーターから読みとる．

（注意）　実験装置・試料は極めて高温になるので火傷しないように注意すること．また試料が炉内にこぼれると発火し，火災を招く恐れがあるので磁性ルツボの取扱いは慎重に行うこと．

3－2　実験方法

（1）　図5のように配線する．

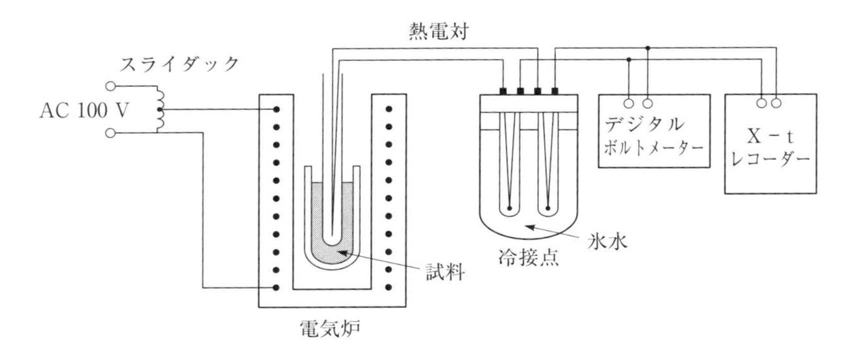

図5　相転移実験装置

（２） 融点のわかっている金属試料のSnとBi（Snの融点：232.0℃，Biの融点：271.3℃）の冷却曲線を求める．

磁性ルツボに試料Snを適量（約10 g）入れ，それを電気炉の中に置く．温度を観測しながら電気炉に適度な電圧（最大50 V）を加えて金属を溶融させる．その後，電圧を減少させて溶融金属を徐々に冷却させる．この冷却過程で，一定時間（30秒～1分）ごとに熱起電力をデジタルボルトメーターおよびX－tレコーダーで測定する．液相から固相への転移が終了したことを確かめ，転移点の約50℃下まで測定する．試料Biについて，同様の測定を行う．

（３） 表1の組成の合金を合計10 gになるように秤量し，磁性ルツボに入れる．（２）と同様に，それらの合金の冷却曲線を求める．測定は300℃から開始し，90℃に下がるまで続ける．図6に冷却曲線の例を示す．

表1　合金の組成

No.	Sn（wt%）	Bi（wt%）
1	20	80
2	43	57
3	70	30

（注） No. 2が共晶組成である．（wt% ＝ 重量パーセント）

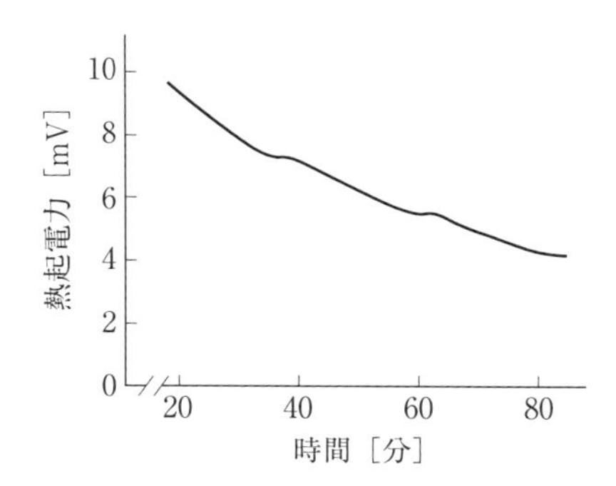

図6　Sn(70 wt%)－Bi(30 wt%)の冷却曲線

（4） 余裕があれば表1以外の組成の合金も作製し，（3）と同様に冷却曲線を求める．

§4. 課　題

（1） クロメル-アルメル熱電対の熱起電力表によって電圧を温度に換算し，各試料の冷却曲線を作成せよ．また，各試料の融点を決定せよ．

（2） Sn－Bi 合金の状態図を作成し，既存の状態図と比較せよ．

（3） 状態図における各相の状態について，ギブスの相律をもとに考察せよ．また，冷却過程で生じている反応を説明せよ．

§5. 参 考 書

1） 清水要蔵：「合金状態図の解説」（アグネ技術センター）

2） J. ウルフ 編，永宮健夫 監訳：「材料科学入門　構造と熱力学」（岩波書店）

3） 深海 繁：「機械教程新書　金属組織学」（理工図書）

4） 三宅 哲：「熱力学」（裳華房）

5） 青木昌治：「電子物性工学」（コロナ社）

5. 等 電 位 線

(Potential Contours)

A potential distribution is produced in a shallow water tank by A. C. current flow between electrodes. Equipotential lines are plotted by means of a probe connected to a galvanometer. Several types of electrode shape are utilized to produce different potential contours.

§1. はじめに

アンペール（Ampère）はニュートン（Newton）の力学の方法に倣って，電流要素が質点に対応すると考え，その要素間には力が直線的にはたらくと仮定して，電磁理論の遠隔作用論を1820年に構築した．しかし，この理論では1831年にファラデー（Faraday）が発見した電磁誘導現象を説明することができなかった．そこでファラデーは磁気線という概念を導入し，導線が磁気線を切るときに電磁誘導が生じると考えた．そして電磁力の作用は，直線的にではなく，曲がった経路に沿ってはたらくことを実験で示し，その経路を力線と名付けた．また，それが長さ方向に縮み，法線方向に広がる性質をもつとして，電磁現象の近接作用論を打ち立てた．その後，マクスウェル（Maxwell）はファラデーの考えを基礎にして，それに数学的表現を与えることにより電磁場理論を築いた（1856～1865年）．

この実験では2つの電極間に作られる電気力線および電位を，薄い水盤を流れる電流を使って求める．そして，実験で測定された電位分布をガウスの法則や鏡像法などから導かれる理論的予測と比較する．

§2. 原　理

電極が作る電場を測定するために，電極間を一様な電解質溶液で満たして電位差 V_0 を与えて電流を流す．溶液内の等電位線（面）は，電位の等しい2点間に電流が流れないことを利用して求めることができる．また，電気力線（電場の方向）は等電位線との直交条件を使って作図により求めることができる．電場の大きさは，距離 Δr 離れた2つの等電位線間の電位差 ΔV より $E = -\Delta V/\Delta r$ の関係から近似的に知ることができる．この方法では，電極が一様な空間に作る電場に沿って電流が流れると考えているので，電解質の濃度が一様ではない，あるいは，深さが一定ではないときには正しい結果は得られない．特に障害物の近傍や容器の端付近では電流路が強く制限されるので，一様な空間に作られる電場とは異なったものとなる．

この実験で扱う電場および電位は，水盤上に作られる2次元配位であるので，理論的には帯電した無限長の円柱状電極あるいは円筒状電極が作る電場と対応させることができる．

（1）　同軸状電極

無限に長い外半径 a の導体棒と内半径 b の導体管が中心軸を一致させて置かれている．電極断面は図1に示されており，中心導体および外側導体の電位を各々 V_0，0とする．導体間に作られる電場 $\boldsymbol{E}$ はガウス（Gauss）の法則の積分形

$$\int \boldsymbol{E}\cdot d\boldsymbol{S} = \frac{1}{\varepsilon}\int \rho\, dv \tag{1}$$

により求めることができる．ε は媒質の誘電率，ρ は電荷密度，dv は微小体積である．導体断面を r-θ 面，導体に沿って z 軸とする円柱座標系で積分を行うと

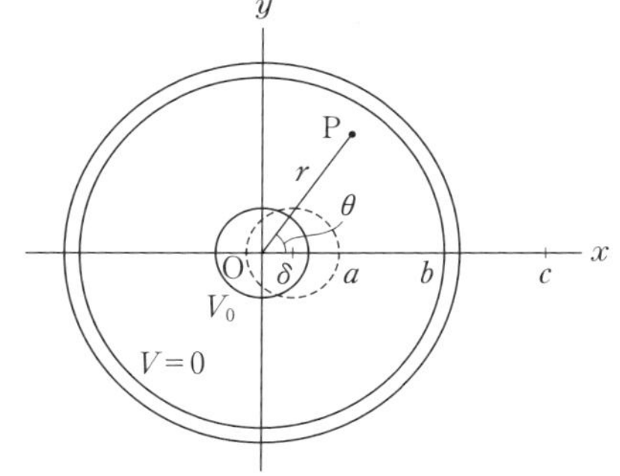

図1　同軸状電極と非軸対称電極

$$E_r = \frac{\sigma}{2\pi\varepsilon r} \tag{2}$$

となり，電場の大きさと距離は反比例関係にあることがわかる．σ は z 軸方向の単位長さ当りの導体表面にある全電荷量，すなわち線電荷密度である．

電位差と線電荷密度の関係は

$$V_0 - V(r) = \int_a^r E_r\,dr = \frac{\sigma}{2\pi\varepsilon}\log_e\frac{a}{r} \tag{3}$$

となる．$V(b) = 0$ の関係を用いると，電位分布 $V(r)$ は次のようになる．

$$V(r) = V_0\left(1 - \frac{\log_e \dfrac{r}{a}}{\log_e \dfrac{b}{a}}\right) \tag{4}$$

（2）　非軸対称電極

内部電極が x 方向に微小距離 $\delta\,(\ll b)$ だけずれた場合（図1の点線）には，（2），（4）式で求められた電場および電位は修正する必要がある．そのために，$x = \delta$ に置かれた z 軸と平行な線電荷密度 σ で帯電している無限に長い線を考える．このときに外部導体内壁に生じる誘導電荷の影響は，$x = c$ に $-\sigma$ の線電荷密度で帯電した線を仮想的に置くことから知ることができる（鏡像法）．

一般に，σ に帯電している線から r_+，$-\sigma$ に帯電している線から r_- 離れた点の電位 V は

$$V = -\frac{\sigma}{2\pi\varepsilon}\log_e\frac{r_+}{r_-} \tag{5}$$

とおくことができる．このとき原点からの距離が r, x 軸となす角が θ の点Pでの電位は，余弦定理を用いると

$$V = -\frac{\sigma}{2\pi\varepsilon}\log_e\frac{\sqrt{r^2+\delta^2-2r\delta\cos\theta}}{\sqrt{r^2+c^2-2rc\cos\theta}} \tag{6}$$

となる．導体壁 $(r = b)$ が θ によらず等電位になるためには

$$\frac{b^2+\delta^2-2b\delta\cos\theta}{b^2+c^2-2bc\cos\theta} = k \tag{7}$$

にならなければならない．これより

$$b^2 + \delta^2 = k(b^2 + c^2), \qquad 2b\delta = 2kbc \tag{8}$$

となり，c についての 2 次方程式

$$\delta c^2 - (b^2 + \delta^2)c + b^2\delta = 0 \tag{9}$$

が得られる．この方程式の解のうち自明であるものを除くと，鏡像電荷の位置 c は

$$c = \frac{b^2}{\delta} \tag{10}$$

となる．したがって，点 P の電位 V は

$$V = -\frac{\sigma}{4\pi\varepsilon}\log_e\left(\frac{r^2 + \delta^2 - 2r\delta\cos\theta}{r^2 + \dfrac{b^4}{\delta^2} - \dfrac{2b^2 r}{\delta}\cos\theta}\right) \tag{11}$$

となる．電場は

$$E_r = -\frac{\partial V}{\partial r}, \qquad E_\theta = -\frac{1}{r}\frac{\partial V}{\partial \theta} \tag{12}$$

より

$$E_r = \frac{\sigma}{2\pi\varepsilon}\left(\frac{r - \delta\cos\theta}{r^2 - 2\delta r\cos\theta + \delta^2} - \frac{r - \dfrac{b^2}{\delta}\cos\theta}{r^2 - \dfrac{2b^2 r}{\delta}\cos\theta + \dfrac{b^4}{\delta^2}}\right) \tag{13}$$

$$E_\theta = \frac{\sigma}{2\pi\varepsilon}\left(\frac{\delta\sin\theta}{r^2 - 2\delta r\cos\theta + \delta^2} - \frac{\dfrac{b^2}{\delta}\sin\theta}{r^2 - \dfrac{2b^2 r}{\delta}\cos\theta + \dfrac{b^4}{\delta^2}}\right) \tag{14}$$

となる．

(11) ～ (14) 式は内部の円電極の大きさが無視できる場合の解となっているが，現実の場合，電極の大きさは無視できない．この場合，x 軸上の電位

は境界条件

$$\left.\begin{array}{c} V(a+\delta)=V(-a+\delta)=V_0 \\ V(b)=V(-b)=0 \end{array}\right\} \tag{15}$$

を用いると

$$V(x)=V_0\frac{\log_e\left(\dfrac{x-\delta}{x-\dfrac{b^2}{\delta}}\dfrac{b-\dfrac{b^2}{\delta}}{b-\delta}\right)}{\log_e\left(\dfrac{a}{a+\delta-\dfrac{b^2}{\delta}}\dfrac{b-\dfrac{b^2}{\delta}}{b-\delta}\right)} \tag{16}$$

となる．(16) 式の計算例を $a=1.5\,\mathrm{cm}$，$b=15\,\mathrm{cm}$，$\delta=\pm 1\,\mathrm{cm}$，$V_0=80\,\mathrm{V}$ の場合に行い，ずれがない場合 ($\delta=0$) とともに図 2 に実線で示した．

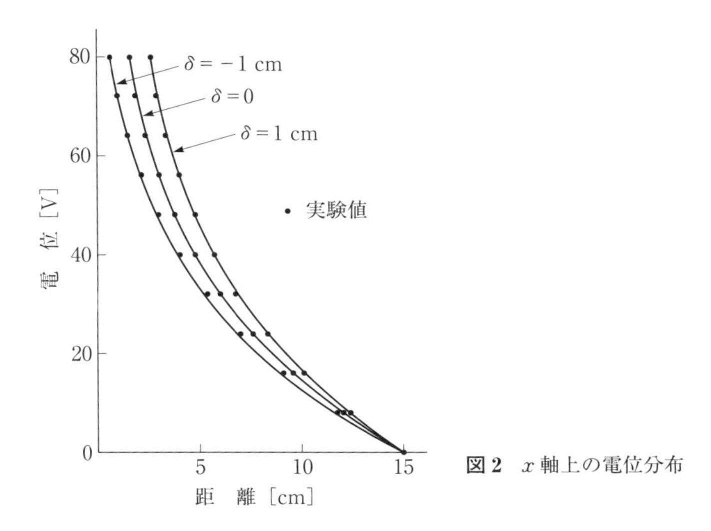

図 2　x 軸上の電位分布

(3) 対向電極

まず，半径 b の棒状電極が 1 つの場合について考える．棒状電極の表面が等電位になるように，棒状電極の中心から δ の位置に z 軸と平行な線電荷

密度 σ で帯電している無限に長い線を，$x = c$ に $-\sigma$ の線電荷密度で帯電した線を仮想的に置く（図 3）．このときの棒状電極表面の電位は，（2）の非軸対称電極と同様に扱うことができる．線電荷密度 σ の電荷の位置 δ は

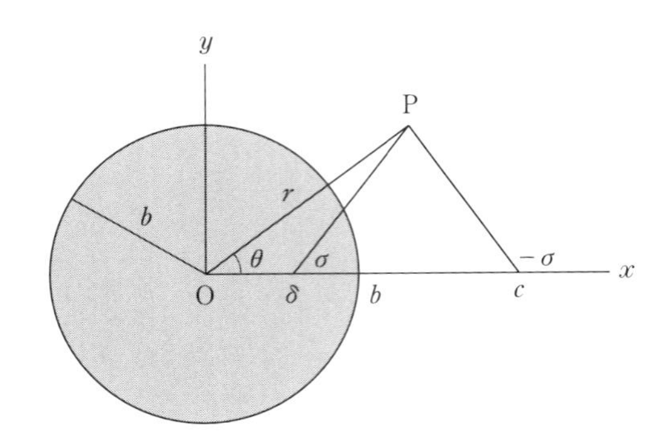

図 3　1つの円柱電極

$$\delta = \frac{b^2}{c} \tag{17}$$

となる．このとき，（6）式を用いると，線電荷密度 σ の棒状電極表面の電位 V_+ は

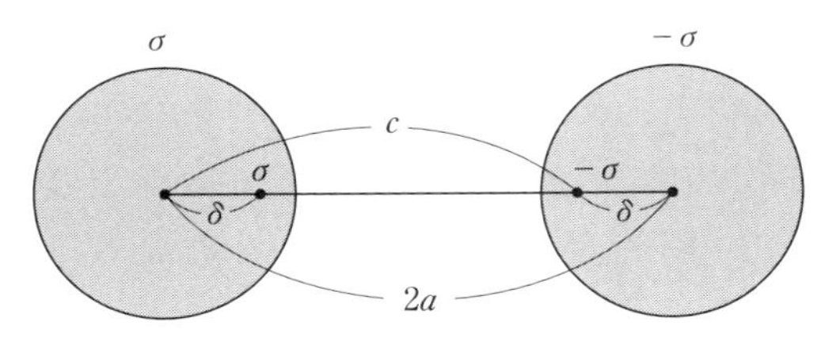

図 4　2つの円柱電極

$$V_+ = \frac{\sigma}{2\pi\varepsilon} \log_e \frac{c}{b} \tag{18}$$

である．σ および $-\sigma$ に帯電している半径 b の棒状電極が $2a$ 離れている場合（図 4），線電荷密度 $-\sigma$ の棒状電極表面の電位 V_- は

$$V_- = -\frac{\sigma}{2\pi\varepsilon} \log_e \frac{c}{b} \tag{19}$$

となり，電極間の電位差 V は以下となる．

$$V = V_+ - V_- = \frac{\sigma}{\pi\varepsilon} \log_e \frac{c}{b} \tag{20}$$

また，鏡像電荷と電極間の距離には次の関係がある．

$$c + \delta = c + \frac{b^2}{c} = 2a \tag{21}$$

一方，この関係から

$$\log_e \frac{c}{b} = \cosh^{-1} \frac{a}{b} \tag{22}$$

が得られるので

$$V = \frac{\sigma}{\pi\varepsilon}\cosh^{-1}\frac{a}{b} \tag{23}$$

となる．

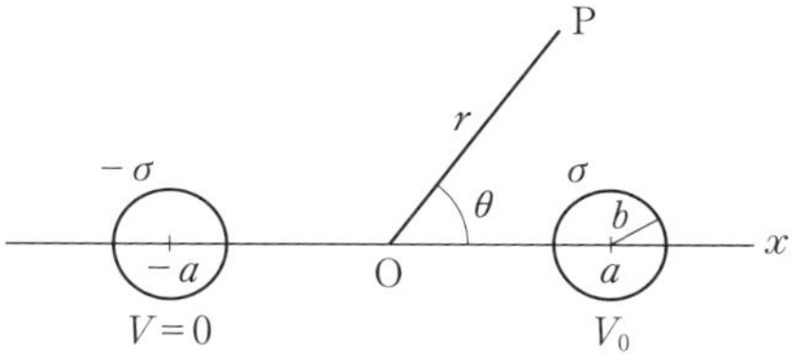

図5　対向電極

次に，半径 b の 2 つの棒状電極を原点と対称な位置 $x = \pm a$ に置き，右側を V_0 に印加して左側を接地する場合を考える（図5）．このとき，電極の大きさを無視すると，近似的に右側電極は線電荷密度 σ，左側は $-\sigma$ に帯電していると考えられる．したがって，点Pの電場は

$$E_r = \frac{\sigma}{2\pi\varepsilon}\left(\frac{r - a\cos\theta}{r^2 - 2ar\cos\theta + a^2} - \frac{r + a\cos\theta}{r^2 + 2ar\cos\theta + a^2}\right) \tag{24}$$

$$E_\theta = \frac{\sigma}{2\pi\varepsilon}\left(\frac{a\sin\theta}{r^2 - 2ar\cos\theta + a^2} + \frac{a\sin\theta}{r^2 + 2ar\cos\theta + a^2}\right) \tag{25}$$

となる．同様にして，x 軸上の電場は $\theta = 0$，π より得られる．

電極の大きさを考え，境界条件

$$\left.\begin{aligned} V(a - b) &= V_0 \\ V(-a + b) &= 0 \end{aligned}\right\} \tag{26}$$

を考慮すると，電極間を結ぶ軸上の電位 $V(x)$ は次式となる．

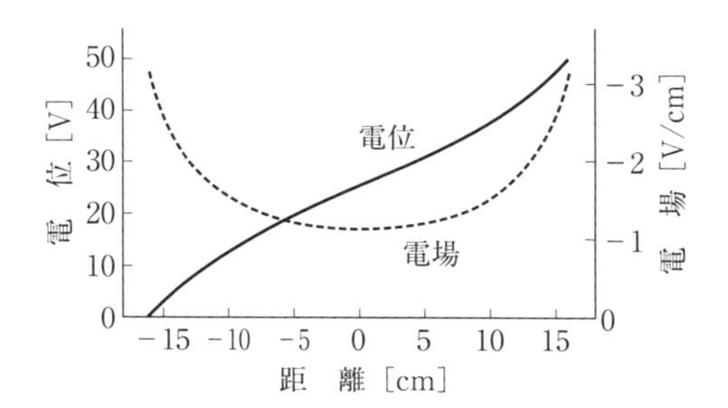

図6　対向電極による x 軸上の電位と電場

$$V(x) = V_0\left\{1 - \frac{\log_e \dfrac{(2a-b)(a-x)}{b(a+x)}}{2\log_e \dfrac{2a-b}{b}}\right\} \tag{27}$$

$a = 20\,\mathrm{cm}$, $b = 4\,\mathrm{cm}$, $V_0 = 50\,\mathrm{V}$ の場合は図6のようになる.

§3. 実　験

3-1　実験装置および器具

電極（円板，リング），デジタルマルチメーター，プラスチック製水盤，プローブ，分圧抵抗（50 kΩ の抵抗を 10 個直列に接続），スライダック

プラスチック製水盤の底面の裏側にグラフ用紙を貼り，水盤内に 2～3 mm の深さに水を入れる．この際，水準器で水平を確認する．図7のように，スライダック T により降圧した交流電圧を分圧抵抗 R の両端および水盤内の電極 A，B に加える．次に，交流電流モードにしたデジタルマルチメーター G の一端を分圧抵抗のある点 Q にセットしたのち，プローブ P を移動して点 Q との間で電流が流れない点をたどると等電位線が得られる．

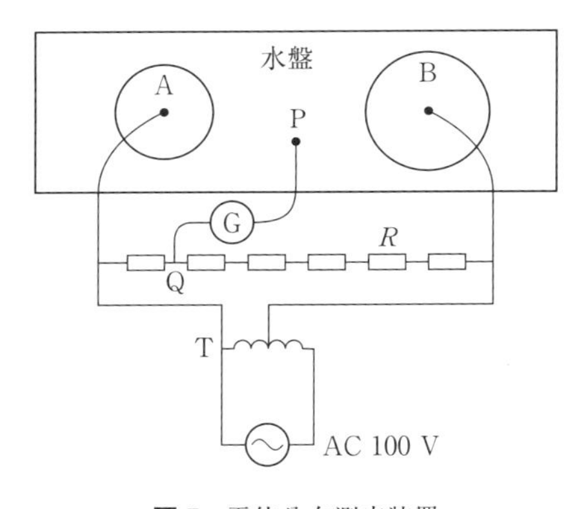

図7　電位分布測定装置

(注意)　電極には 100 V 近い交流電圧が加わっているので感電の危険がある．電極に手を触れるときには，必ず電源のスイッチを切ること．

3-2　実験方法

種々の形状の電極や異なった電極配置に対して等電位線を求める．

（1）　リング状電極の中心に小円板電極を置いた場合（図1の実線）

（2）　小円板電極を中心からずらして置いた場合（図1の点線）

（3）　大きさの等しい2つの小円板電極を対向させて置いた場合（図5）

（4）　大きさの異なる2つの円板電極を対向させて置いた場合

図2には（1），（2）の電極配置についての測定例を示してある．

§4.　課　題

（1）　各実験で測定された電位分布を図示せよ．

（2）　図2および図6の x 軸上の電位分布と対応する（4），(16)，(27) 式から計算される理論値を比較せよ．

（3）　等電位線から電気力線を求める原理を述べよ．この原理に基づいて，種々の電極配置で得られた等電位線図に電気力線を記入せよ．

§5.　参 考 書

1）　高橋秀俊：「物理学選書　電磁気学」（裳華房）

2）　卯本重郎：「電磁気学」（昭晃堂）

3）　長岡洋介：「物理入門コース　電磁気学Ⅰ」（岩波書店）

4）　V. D. バーガー，他 著，小林澈郎，他 訳：「電磁気学Ⅰ」（培風館）

6. ソレノイドとヘルムホルツコイルの作る磁場

(Magnetic Field Profiles in Solenoids and between Helmholtz Coils)

Axial and radial profiles of the magnetic field in solenoids and between Helmholtz coils are measured with a Hall probe. The experimental values obtained are compared with the theoretical values determined from the Biot-Savart law.

§1. はじめに

電気と磁気の示す現象の類似性は18世紀には多くの人たちに気づかれていた．ボルタ（Volta）が1800年に定常的に流れる電流を発見したことにより電気現象の研究が進み，エールステズ（Oersted）は電流による磁気作用，すなわち電気と磁気の関係を直接示す現象を1820年に発見した．同年，ビオ（Biot）とサバール（Savart）は電流要素が磁極におよぼす力を測定し，いわゆるビオ－サバールの法則を導いた．

この実験では，一様な磁場を作るためによく用いられるソレノイドやヘルムホルツコイルにより，電流と磁場の関係を理解する．また，磁場測定の原理と具体的方法を習得する．

§2. 原　理

2-1　円形電流の作る磁束密度

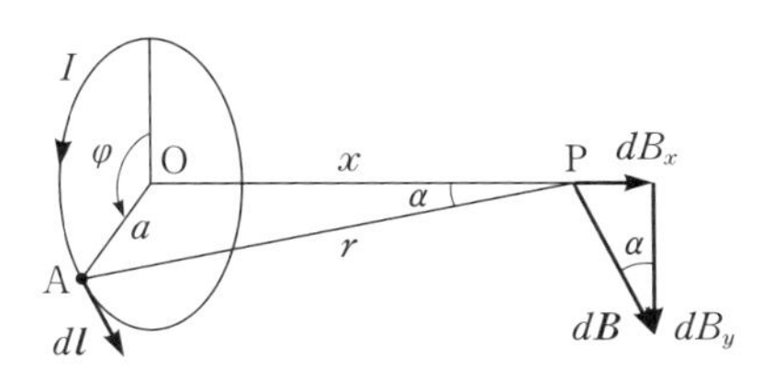

図1　円形電流の作る磁束密度

図1に示すような半径 a の円形電流 I による点Pの磁束密度は，ビオ-サバールの法則により求めることができる．軸対称性を考慮すると中心軸上の磁束密度は x 軸方向に向かうことがわかり，その大きさを B_x とすると，$B_x = \int dB \sin\alpha$ で表される．ここで，α はAPと x 軸のなす角度である．μ_0 は真空の透磁率，dl は点Aでの微小線要素，$d\varphi$ は dl に対する中心角として，この式に以下の

$$dB = \frac{\mu_0 I\, dl}{4\pi r^2}, \qquad r^2 = x^2 + a^2, \qquad dl = a\, d\varphi \tag{1}$$

を代入して積分すると

$$B_x = \frac{\mu_0 a I \sin\alpha}{4\pi r^2}\int_0^{2\pi} d\varphi = \frac{\mu_0 a I}{4\pi r^2}\,\frac{a}{r}\int_0^{2\pi} d\varphi = \frac{\mu_0 a^2 I}{2(a^2 + x^2)^{3/2}} \tag{2}$$

が得られる．

2-2　ソレノイドの作る磁束密度

図2に示すようなソレノイドの軸上の磁束密度は次のようにして求められる．単位長さ当りの巻数を n，1巻のコイルに流れる電流を I とすると，長さ dx' 部分は $nI\, dx'$ の円形電流と見なせる．したがって，この電流による x 軸上の点Pにおける磁束密度を dB_x とすると

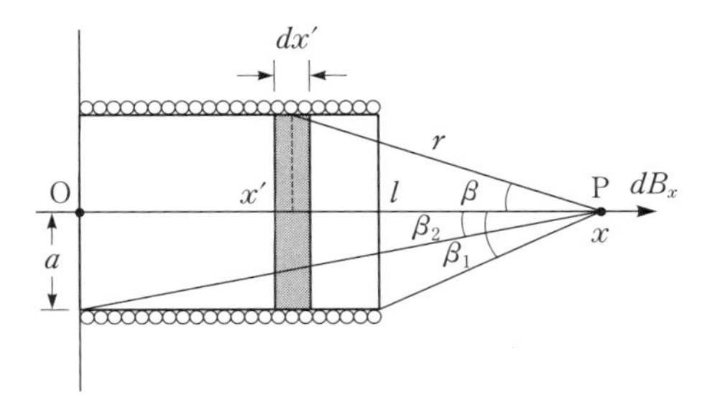

図2　1つのソレノイド

$$dB_x = \frac{\mu_0 a^2 nI\,dx'}{2\{a^2 + (x - x')^2\}^{3/2}} \tag{3}$$

となる．ここで，β を図 2 のようにとると次のような関係が得られる．

$$x - x' = a \cot \beta, \qquad dx' = \frac{a\,d\beta}{\sin^2 \beta} = \frac{r\,d\beta}{\sin \beta} \tag{4}$$

その結果，

$$dB_x = \frac{\mu_0 nI \sin^2 \beta\,dx'}{2r} = \frac{\mu_0 nI \sin \beta\,d\beta}{2} \tag{5}$$

となる．これよりソレノイド全体による磁束密度 B_x は

$$\begin{aligned} B_x &= \int dB_x = \frac{\mu_0 nI}{2}\int_{\beta_2}^{\beta_1} \sin \beta\,d\beta \\ &= \frac{\mu_0 nI}{2}(\cos \beta_2 - \cos \beta_1) \end{aligned} \tag{6}$$

と表される．ソレノイドの長さを l，巻数を $N(= nl)$ とすれば，図 2 より

$$\cos \beta_1 = \frac{x - l}{\sqrt{a^2 + (x - l)^2}}, \qquad \cos \beta_2 = \frac{x}{\sqrt{a^2 + x^2}} \tag{7}$$

であるから

$$B_x = \frac{\mu_0 NI}{2l}\left\{\frac{x}{\sqrt{a^2 + x^2}} + \frac{l - x}{\sqrt{a^2 + (x - l)^2}}\right\} \tag{8}$$

となる．したがって，$x = l/2$（コイルの中心）では

$$B_x = \frac{\mu_0 NI}{\sqrt{4a^2 + l^2}} \tag{9}$$

$x = 0$，$x = l$（コイルの両端）では

$$B_x = \frac{\mu_0 NI}{2\sqrt{a^2 + l^2}} \tag{10}$$

となる．ソレノイドの長さがその直径に比べて十分長ければ $(2a \ll l)$，コイルの中心で

$$B_x = \frac{\mu_0 NI}{l} \tag{9$'$}$$

コイルの両端で

$$B_x = \frac{\mu_0 NI}{2l} \tag{10)'$$

となる．

2-3　2つのソレノイドの作る磁束密度

2つの相等しいソレノイドが図3のように同一軸上に間隔 $2b$ 離して置かれたとき，軸上の点 P における磁束密度 B_x は

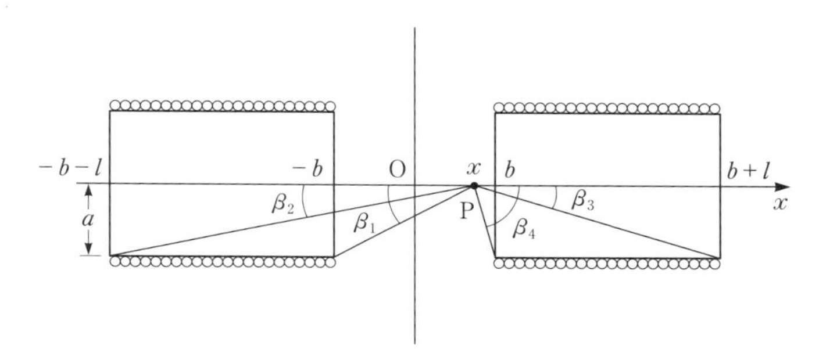

図3　2つのソレノイド

$$B_x = \frac{\mu_0 NI}{2l}\{(\cos\beta_2 - \cos\beta_1) \pm (\cos\beta_3 - \cos\beta_4)\} \tag{11}$$

で与えられる．ここで複号 ± の + 符号は2つのソレノイドに流れる電流 I が同方向の場合，− 符号は逆方向の場合である．また，図3から

$$\cos\beta_1 = \frac{b+x}{\sqrt{a^2+(b+x)^2}}, \qquad \cos\beta_2 = \frac{l+b+x}{\sqrt{a^2+(l+b+x)^2}}$$
$$\cos\beta_3 = \frac{l+b-x}{\sqrt{a^2+(l+b-x)^2}}, \qquad \cos\beta_4 = \frac{b-x}{\sqrt{a^2+(b-x)^2}} \tag{12}$$

である．ここで x は OP 間の距離である．

このようにして，軸上の磁束密度 B_x を x の変数として求めることができる．同方向に電流を流した場合の磁束密度分布の一例を図4に実線で示す．

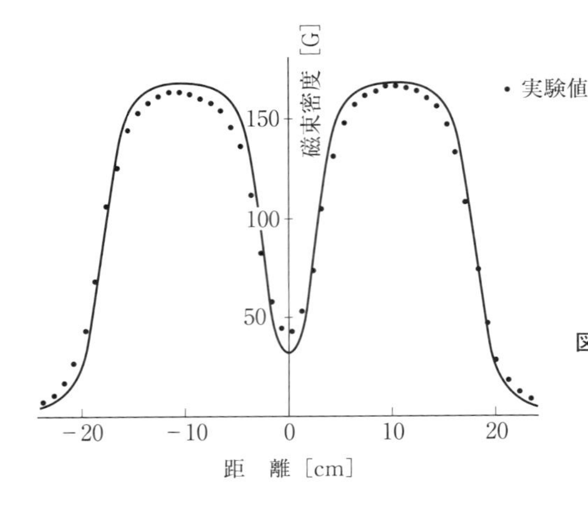

図4　2つのソレノイドに同方向に電流を流した場合の磁束密度 ($a = 2.75$ cm, $b = 2.75$ cm, $l = 15.4$ cm, $N = 550$ 巻, $I = 5$ A)

2-4　ヘルムホルツコイルの作る磁束密度

半径 a の N 巻きの円形コイル2つを中心距離 b を隔てて同一軸上に平行に配置し，これらのコイルに同方向に電流 I を流したときに中心軸上に作られる磁束密度を考える．図5のように中心軸を x 軸，その中点を原点とする座標系をとると，x 軸上の点 P における磁束密度 B_x は，(2) 式を参考にすると

$$B_x = \frac{\mu_0 a^2 NI}{2}\left[\left\{a^2 + \left(\frac{b}{2} + x\right)^2\right\}^{-3/2} + \left\{a^2 + \left(\frac{b}{2} - x\right)^2\right\}^{-3/2}\right] \tag{13}$$

となる．

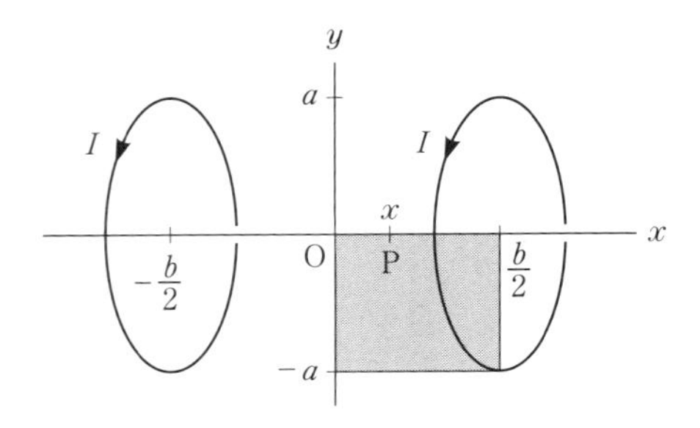

図5　2つの円形コイル

原点付近の磁束密度の強度分布は，この式を$a, b \gg x$としてxのベキ級数に展開すると調べることができる．

$$B_x = \frac{\mu_0 a^2 NI}{\left(a^2 + \dfrac{b^2}{4}\right)^{3/2}} \left\{ 1 + \frac{3}{2} \frac{b^2 - a^2}{\left(a^2 + \dfrac{b^2}{4}\right)^2} x^2 + (x^4 \text{ の項}) + \cdots \right\} \tag{14}$$

$a = b$のときx^2の係数はゼロとなり，x^4以上の微小項しか残らない．したがって，2つの円形コイルの中点付近の磁束密度はxに強く依存せず，ほぼ一様となる．このように配置されたコイルをヘルムホルツコイルとよんでいる．特に，原点近傍の磁束密度B_xは次式で与えられる．

$$B_x \simeq \left(\frac{4}{5}\right)^{3/2} \frac{\mu_0 NI}{a} \tag{15}$$

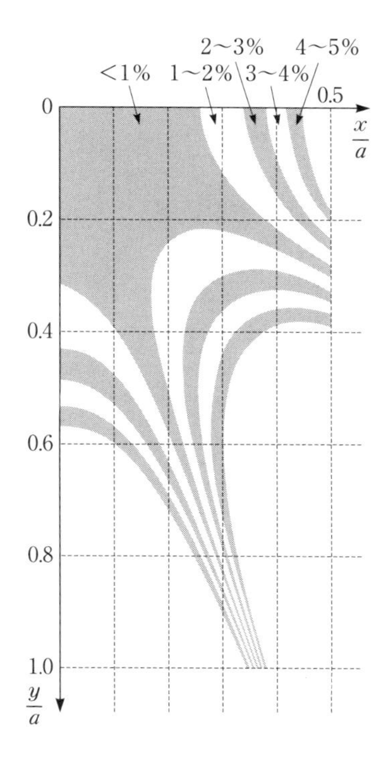

図6　ヘルムホルツコイルの磁束密度分布

x 軸上のみでなく，2つのコイルに挟まれた領域（図5の灰色部分）の磁束密度分布をビオ－サバールの法則により求めたものが図6である．図中の数値は原点での磁束密度に対するずれの割合であり，広い領域で一様な磁束密度が得られていることがわかる．

§3. 実 験

3－1 実験装置および器具

ソレノイド，ヘルムホルツコイル，ガウスメーター，直流電源，直流電圧計，直流電流計，スイッチボックス

直流電源とソレノイドおよびヘルムホルツコイルを，通電時間を制限するタイマー付きのスイッチボックスを通して図7のように接続する．ガウスメーターに接続したホール・プローブをソレノイド内の測定したい場所に置く．コイルに数アンペア程度の電流を流し，磁束密度を測定する．コイルに電流を流しているときには，直流電源は定電流モードになっていなければならない．

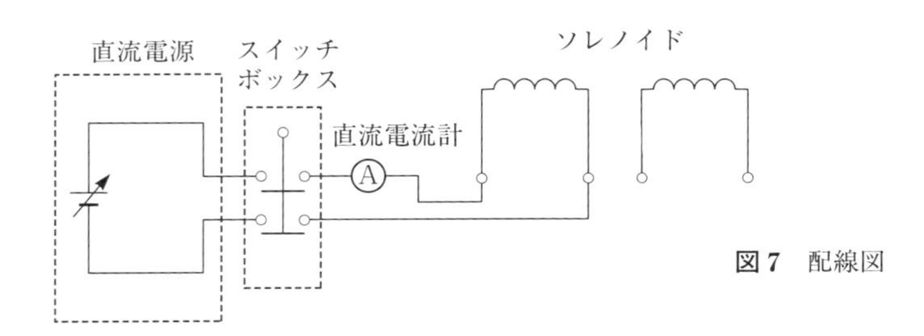

図7 配線図

ガウスメーターで測定される磁束密度の単位であるガウス［G］とテスラ［T］の間には次の関係がある．

$$1\ \mathrm{T} = 10^4\ \mathrm{G}$$

3-2 実験方法

(1) 1つのソレノイドに電流を流したときの軸上および軸からずれた点での磁束密度分布を測定する.

(2) 2つのソレノイドに同方向に電流を流したとき，および逆方向に電流を流したときの軸上の磁束密度分布を測定する．同方向に電流を流した場合の磁束密度分布の測定例は図4に●印で示されている.

(3) 1つの円形コイルに電流を流したときの軸上および軸からずれた点での磁束密度分布を測定する.

(4) 2つの円形コイルの間隔を調整してヘルムホルツコイルを作り，同方向に電流を流したとき，および逆方向に電流を流したときの軸上および軸からずれた点での磁束密度分布を測定する．コイルは間隔が任意に選べるようになっているので，$a = b$ の条件になるようにする.

§4. 課 題

(1) 各々のコイルで測定された中心軸上および中心軸からずれた点での磁束密度を図示せよ．中心軸上の磁束密度について(2)，(8)，(11)，(13)式による理論値と比較検討せよ(図4を参照).

(2) 1つのソレノイド，円形コイルおよび同方向に電流を流したときのヘルムホルツコイルの3つの場合について，磁束密度の径方向の変化を磁力線の概略図より説明せよ．また，ヘルムホルツコイルの場合には図6の数値計算結果をもとに議論せよ.

§5. 参 考 書

1) 卯本重郎：「電磁気学」(昭晃堂)
2) 後藤憲一，他：「詳解 電磁気学演習」(共立出版)
3) 中山正敏：「電磁気学」(裳華房)
4) 長岡洋介：「物理入門コース 電磁気学Ⅰ」(岩波書店)

7. 電子の比電荷

(The Specific Charge to Mass Ratio of an Electron)

Two kinds of experiments are carried to obtain a charge to mass ratio, e/m_e, of an electron. The first is a Larmor motion of the electron which gyrates in a region of an orthogonal magnetic field. The second is the Thomson's experiment, in which an electron beam is slightly deflected by applying an electric field and a magnetic field.

§1. はじめに

ヴァーリー（Varley）は陰極線が磁石により曲げられるという実験事実から，それが負の電気を帯びた物質粒子であるという仮説を1871年に提出した．この陰極線の軌道からシュスター（Schuster）は比電荷（陰極線粒子の質量に対する電荷の比）が求められることを1884年に示した．また，ゼーマン（Zeeman）は，磁場中に置かれたNa（ナトリウム）炎からのD線の幅が広がること（ゼーマン効果）を1896年に観測し，この広がりから，ローレンツ（Lorentz）が仮説的に考えた電子を使って比電荷を求めた．

他方，1897年にJ.J.トムソン（J.J. Thomson）は静電場により陰極線を曲げることに成功し，比電荷を求めると同時に，陰極線粒子が原子より小さい負電荷であることを示した．そして彼は，1899年に電気素量を測

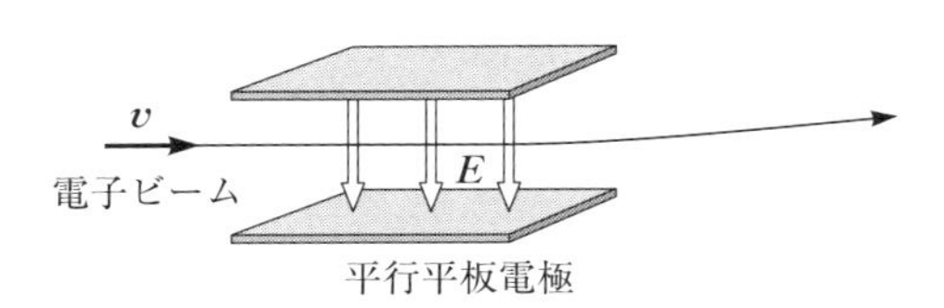

図1　電場により曲げられる電子ビーム

定することに成功して電子を発見した．この電気素量の精密な測定は，油滴の実験を考案したことで知られるミリカン（Millikan）により1909年から1916年に行われ，ノーベル物理学賞が1923年にミリカンに与えられた．

この実験では，電子の運動方程式を理解し，電場や磁場の作用で偏向する電子ビームの軌跡（図1）の観測から電子の比電荷を求める．

§2. 原　理

運動する電子の軌道は電場や磁場によって曲げられる．それらの大きさと与え方を工夫すると，電子の比電荷(e/m_e)を求めることができる．ここでは，電子のラーモア（Larmor）運動とトムソンの実験による方法を説明する．

2-1　電子のラーモア運動

磁束密度 $\boldsymbol{B}$ があると，電子は $\boldsymbol{B}$ からローレンツ（Lorentz）力を受ける．そして，質量 m_e，電荷 $-e$ をもつ電子の軌道は次の運動方程式から求められる．（ただし，ここでは電場を加えていない．）

$$m_\mathrm{e}\frac{d\boldsymbol{v}}{dt} = -e(\boldsymbol{v}\times\boldsymbol{B}) \qquad (1)$$

$\boldsymbol{B}$ を z 方向にとると($\boldsymbol{B}=(0,0,B)$)，運動方程式の各座標成分は

$$m_\mathrm{e}\frac{dv_x}{dt} = -ev_yB \qquad (2)$$

$$m_\mathrm{e}\frac{dv_y}{dt} = ev_xB \qquad (3)$$

$$m_\mathrm{e}\frac{dv_z}{dt} = 0 \qquad (4)$$

となる．(2)，(3)式を整理すると

$$\frac{d^2v_x}{dt^2} = -\omega_\mathrm{c}^2v_x \qquad (5)$$

$$\frac{d^2 v_y}{dt^2} = -\omega_c^2 v_y \tag{6}$$

となる．$\omega_c (= eB/m_e)$ は電子のサイクロトロン角振動数とよばれ，両式は単振動の方程式であるから，一般解を

$$v_x = v_\perp \sin(\omega_c t + \delta_x) \tag{7}$$

$$v_y = v_\perp \sin(\omega_c t + \delta_y) \tag{8}$$

とおくことができる．$v_\perp$ は定数で，添字 ⊥ は $\boldsymbol{B}$ に垂直な方向を意味している．δ_x, δ_y は初期位相である．

（2），（3）式に（7），（8）式を代入すると，初期位相の間に

$$\delta_x - \delta_y = \frac{\pi}{2} \pm n\pi \qquad (n = 0, 1, 2, \cdots) \tag{9}$$

の関係があることがわかる．例えば，$\delta_x = \pi, \delta_y = \pi/2$ の解を示すと

$$v_x = \frac{dx}{dt} = -v_\perp \sin \omega_c t \tag{10}$$

$$v_y = \frac{dy}{dt} = v_\perp \cos \omega_c t \tag{11}$$

となる．この解は，図 2 に示すように角振動数 ω_c で円運動をする $\boldsymbol{v}_\perp$ ベクトルの x 軸，y 軸への射影になっている．

（4），(10)，(11) 式を時間積分すると，時々刻々の電子の位置が決まる．

$$x = \frac{v_\perp}{\omega_c} \cos \omega_c t + x_0 \tag{12}$$

$$y = \frac{v_\perp}{\omega_c} \sin \omega_c t + y_0 \tag{13}$$

$$z = v_{/\!/} t + z_0 \tag{14}$$

この解から，xy 平面に射影した電子の運動は，座標 (x_0, y_0) を中心とする半径

$$r_L = \frac{v_\perp}{\omega_c} = \frac{m_e v_\perp}{eB} \tag{15}$$

の円運動であることがわかる．r_L はラーモア半径とよばれている．

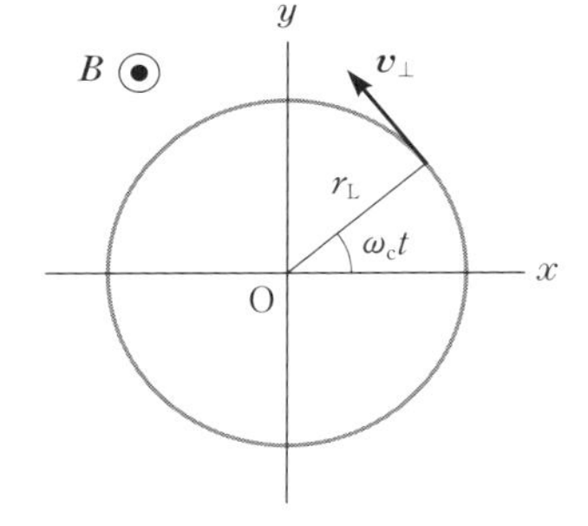

図 2　$\boldsymbol{v}_\perp$ ベクトルの運動

z 方向の運動は速度 $v_{/\!/}$ の等速運動である．図3に示すように，電子の軌道はピッチ（1回転の間に z 方向に進む距離）

$$p = \frac{2\pi}{\omega_c} v_{/\!/} = \frac{2\pi m_e}{eB} v_{/\!/} \qquad (16)$$

のらせん運動となり，この電子の運動は新たな磁場を作る．らせんの内部に作られる磁場の方向が $\boldsymbol{B}$ と反対方向になるため，電子の運動は反磁性的であるといわれる．(15) 式により，$r_L, v_\perp, B$ が既知であれば比電荷が求められる．

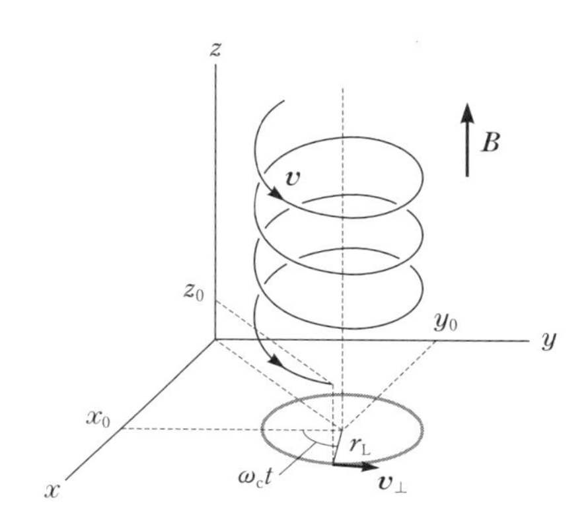

図3　電子の軌道（ラーモアの実験）

2-2　トムソンの実験

図4(a)の示す平行平板電極により，$-y$ 方向の一様な電場 $\boldsymbol{E}$ が作られている．電極の左端 ($z = 0$) から電子を速度 $\boldsymbol{v}$ で z 方向に入射すると，電子にはクーロン力が作用するため，

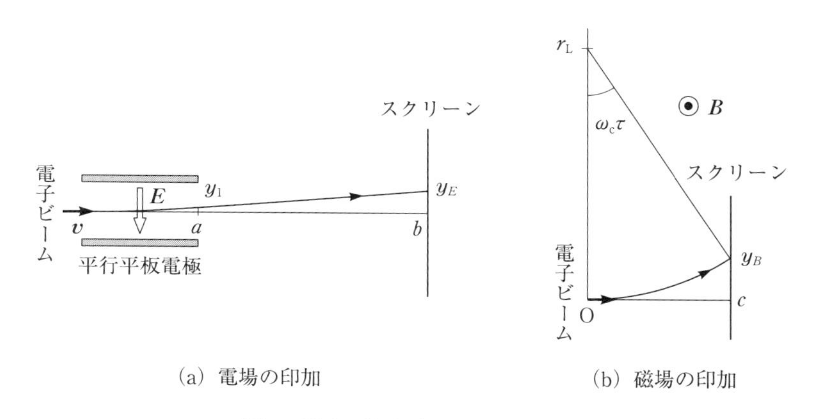

(a) 電場の印加　　(b) 磁場の印加

図4　電子の軌跡（トムソンの実験）

$$m_{\mathrm{e}}\frac{d\boldsymbol{v}}{dt} = -e\boldsymbol{E} \tag{17}$$

に従う y 方向の運動が発生する．そのために電子の軌道は曲げられて，電極の右端 $(z = a)$ では

$$y_1 = \frac{ea^2E}{2m_{\mathrm{e}}v^2} \tag{18}$$

のずれが電場と反対方向に生じる．そして，電極を通過すると電場はないので，電子は等速度運動する．x 方向，y 方向の速度の大きさ v_x, v_y は，それぞれ

$$v_x \simeq v, \qquad v_y = \frac{eaE}{m_{\mathrm{e}}v} \tag{19}$$

である．その結果，$z = b$ に置かれたスクリーン上では y_E のずれが生じる．

$$y_E = y_1 + \frac{ea(b-a)E}{m_{\mathrm{e}}v^2} = a\left(b - \frac{1}{2}a\right)\frac{eE}{m_{\mathrm{e}}v^2} \tag{20}$$

電場をゼロにして弱い磁束密度 $\boldsymbol{B}$ を紙面に垂直（紙面の裏側から表方向）に加えると，電子の軌道はラーモア運動により y_E と同じ方向にずれる．その結果，スクリーン上での電子の位置は

$$\begin{aligned} y_B &= r_{\mathrm{L}}(1 - \cos\omega_{\mathrm{c}}\tau) = r_{\mathrm{L}}\left\{1 - \left(1 - \frac{1}{2}\omega_{\mathrm{c}}^2\tau^2 + \cdots\right)\right\} \\ &\simeq \frac{eBc^2}{2m_{\mathrm{e}}v} \end{aligned} \tag{21}$$

となる．ただし，c は電子銃の先端とスクリーン間の距離，$\tau(\simeq c/v)$ は電子が c に達するまでの時間である．ここで (20)，(21) 式から v を消去すると，電子の比電荷は

$$\frac{e}{m_{\mathrm{e}}} \simeq \frac{2a(2b-a)}{c^4}\frac{y_B^2}{y_E}\frac{E}{B^2} \tag{22}$$

となる．この式から，v の値を知らなくても，電子に加えた E と B の値およびスクリーン上の y_E と y_B の値から比電荷を求めることができる．

§3. 実　験

3-1　実験装置および器具

ラーモア運動実験装置（ヘルムホルツ（Helmholtz）コイル：半径 $R = 15\,\mathrm{cm}$，巻数 $N = 130$ 巻），偏向板付きクルックス（Klux）管，安定化電源，直流電流計，直流電圧計，読みとり顕微鏡

2つの実験装置で使われている管球内の電子ビームは，1 Pa 程度の圧力の He（ヘリウム）に衝突して，軌道に沿った明るい軌跡を作り出す．ラーモア運動実験装置の電子ビームにヘルムホルツコイル（第2章を参照）により作られる一様性の良い磁場を印加すると，その軌道は図 5(a)に示すような円を描く．電子の運動は，図 5(b)の拡大図に示す電子銃内部の陽極 P と陰極 K の間の加速電圧 V_{PK} で与えられる．円形軌跡の直径を読みとって顕微鏡で測り，(16) 式を使って e/m_{e} を求める．

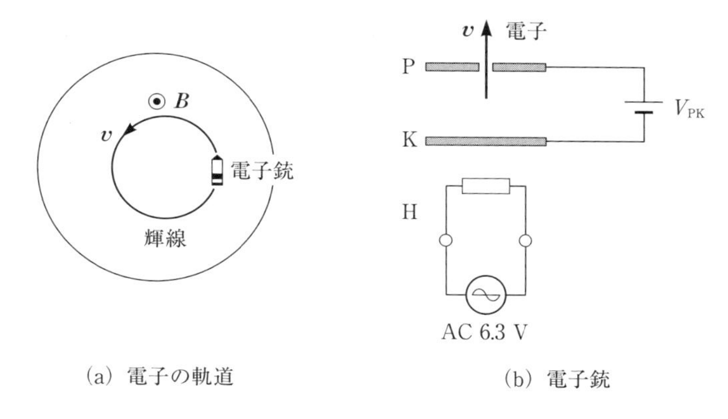

(a) 電子の軌道　(b) 電子銃

図5　ラーモア運動の実験装置

トムソンの実験はクルックス管により行う．図 6 に示す偏向電極電場およびヘルムホルツコイルの磁場による電子の偏向距離を測定し，(22) 式を使って e/m_{e} を求める．電子の軌跡は地球磁場（東京付近の水平分力 $\simeq 0.3\,\mathrm{G}$）により影響を受けるため，磁場を加えなくてもわずかに湾曲している．

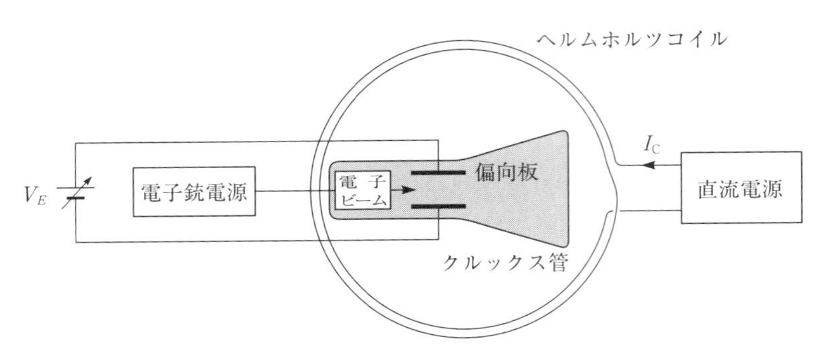

図6　トムソンの実験

3-2　実験方法

(1)　ラーモア運動の実験

(i)　電子銃のヒーターHに電圧（AC 6.3 V）を加える．次に，陽極Pと陰極Kの間に加速電圧 V_{PK} を加え，ヘルムホルツコイルに直流電流 I_C を流す．管球内に明るい円形の軌跡ができることを確かめる．ヘルムホルツコイルの半径 R および巻数 N を記録する．

(ii)　その円形軌跡の直径が測定できるように，読みとり顕微鏡の位置や焦点距離を調整する．

(iii)　加速電圧 V_{PK} を固定したままで電流 I_C を変化させ，円形軌跡の直径を読みとり顕微鏡で測定する(図7)．V_{PK} を変えて同様の測定を行う．

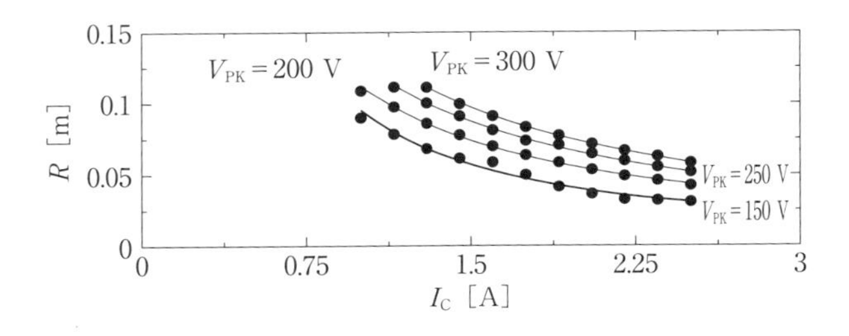

図7　円形軌跡の直径の電流依存性

（iv）　電流 I_C を固定して加速電圧を変化させ，円形軌跡の直径を測定する（図 8）．I_C を変えて同様の測定を行う．

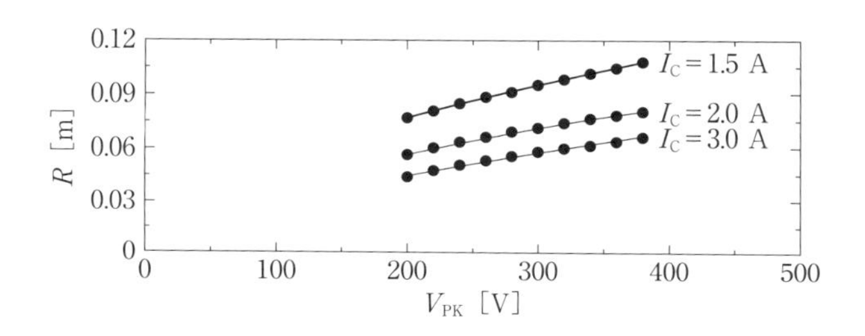

図 8　円形軌跡の直径の加速電圧依存性

（2）　トムソンの実験

（i）　クルックス管の電子銃にヒーター電圧（AC 6.3 V）および加速電圧（DC 300 V）を加える（偏向板に直流電圧は加えない）．

（ii）　クルックス管端部付近の電子ビームの軌跡の垂直移動距離が測定できるように読みとり顕微鏡の位置や焦点距離を調整する．偏向板の長さ a と間隔 d および電子銃の先端部と移動距離測定点の間の距離 c などを測定する．

（iii）　偏向板に直流電圧 V_E を加えると，電場の効果によって電子ビームの軌跡が変化する．V_E を ±40 V の範囲で変化させ，軌跡の移動距離 y_E を読みとり顕微鏡により測定する（図 9）．

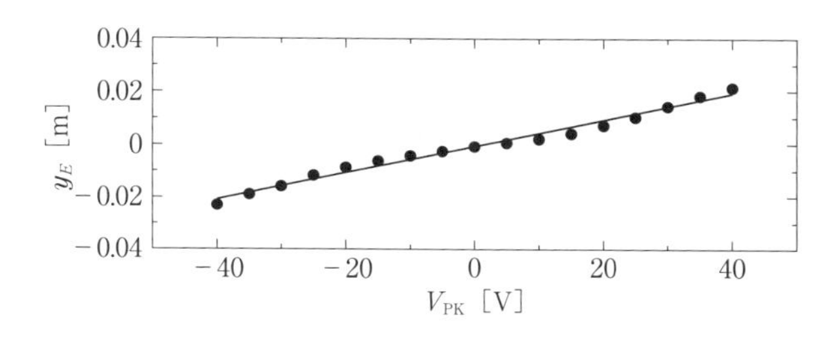

図 9　偏向板電圧と移動距離

（iv） 偏向板の電圧をゼロにした後，ヘルムホルツコイルに直流電流 I_C を流して磁場を加える．I_C を ± 0.12 A の範囲で変化させ，I_C の大きさと軌跡の移動距離 y_B の関係を求める（図10）．ヘルムホルツコイルの半径 R および巻数 N を記録する．

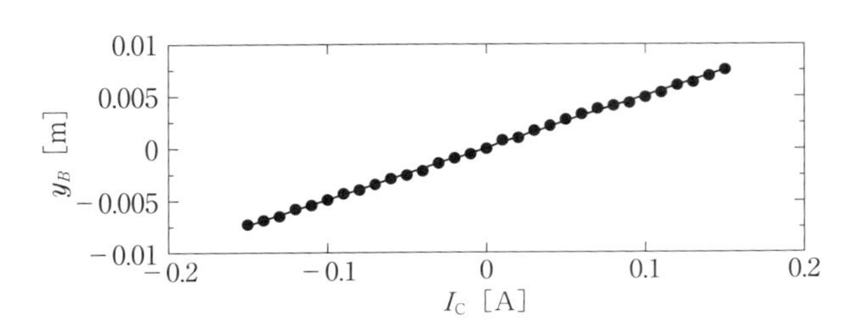

図10　コイル電流と移動距離

§4. 課　題

（1） ラーモア運動の実験およびトムソンの実験で使用したヘルムホルツコイルが作る磁束密度 B を，次式（第2章を参照）に実験値を代入して求めよ．

$$B = \left(\frac{4}{5}\right)^{3/2} \frac{\mu_0 N I_C}{R} \qquad (R：コイル半径，N：巻数) \tag{23}$$

（2） ラーモア運動の実験で測定した円形軌跡の半径 r_L と加速電圧 V_{PK} および磁束密度 B の依存性を図示せよ．

（3） 縦軸を V_{PK}，横軸を $(r_L B)^2/2$ とする図に実験値を記入し，実験

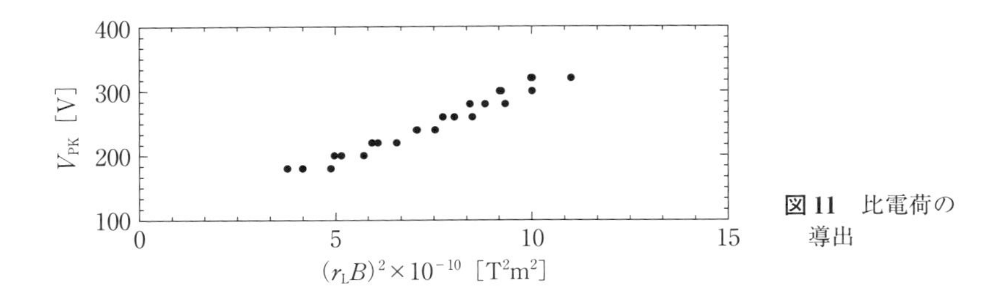

図11　比電荷の導出

値を貫く近似直線の勾配を最小2乗法で求め，電子の比電荷の平均値を求めよ（図11）.

（4） トムソンの実験で求めた偏向板電圧 V_E と移動距離 y_E の関係を，縦軸を y_E，横軸を電場 $E(=V_E/d)$ とする図に記入し，y_E/E の平均値を求めよ.

（5） 同様に，縦軸を y_B，横軸を磁束密度 B とする図を作り，y_B/B の平均値を求めよ.

（6） これらの y_E/E と y_B/B の値を(22)式に代入し，比電荷を求めよ.

（7） 物理定数表によると，$e/m_\mathrm{e} \simeq 1.76 \times 10^{11}$ C/kg である. 実験で得られた比電荷の値と比較し，誤差の原因を検討せよ.

§5. 参 考 書

1） E. シュポルスキー 著, 玉木英彦, 他 訳：「原子物理学 I」（東京図書）
2） S. ワインバーグ 著，本間三郎 訳：「電子と原子核の発見」（日経サイエンス社）

8. 黒 体 放 射
(Black Body Radiation)

A black body is an ideal body which can absorb the light completely when the light enters into the body. When the black body is heated, it radiates the light. The distribution of energy-spectrum of the light is known as Planck's radiation law. When we integrate the law in the area of all wavelengths, we can get the relation between the absolute temperature T of the body and the energy density U radiated by the body. The relation is called the Stefan-Boltzmann's law. We measure T and U, and then we inspect the Stefan-Boltzmann's law.

§1. はじめに

黒体とは黒い物体のことであるが，物理学的には「入射した光を完全に吸収することのできる物体」と理解されている．この黒体を加熱したときに出てくる光は黒体放射とよばれ，1859年にキルヒホッフ（Kirchhoff）によって最初に理論的に研究された．彼は熱を放射している物体における放射係数と吸収係数の比が一定になることを導いた．黒体は吸収係数が1の場合である．そして彼は，黒体の放射が放射平衡状態の空洞の放射と一致することを理論的に示した．

シュテファン（Stefan）は，黒体が放射する全エネルギーがその絶対温度の4乗に比例することを1879年に示し，1884年にボルツマン（Boltzmann）はそれを理論的に証明した．

19 世紀の終わり頃，輝度の標準として黒体放射が注目され，1893 年にウィーン（Wien）が空洞放射のエネルギースペクトル分布を研究し，彼の名で有名な変位則を導いた．1895 年，その分布はウィーンとルンマー（Lummer）により初めて実験的に求められ，1900 年にプランク（Planck）によってその分布関数が理論的に導出された．ノーベル物理学賞が 1911 年にウィーン，1918 年にプランクに与えられた．

この実験では，放射平衡状態にある空洞の温度と放射エネルギーを測定することにより，シュテファン-ボルツマンの法則を検証する．

§2. 原　理

2-1　キルヒホッフの放射法則

キルヒホッフは次のように放射法則を導いた．図 1 のように 2 つの無限に広く薄い物体 C と c の間の放射を考える．C は振動数 ν のみの光を，c はすべての振動数の光を放出・吸収する．それらの裏に置かれている R と r は完全な鏡である．

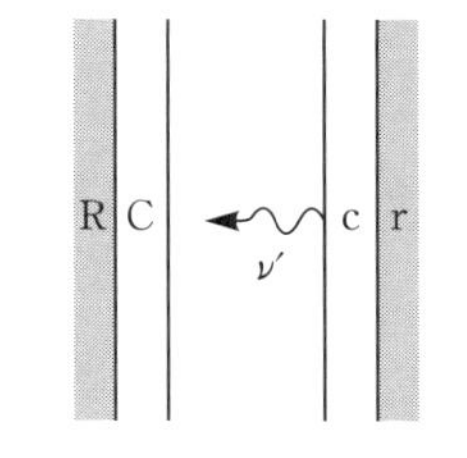

図 1　2 物体間の放射平衡

2 つの物体が絶対温度 T で一定に保たれれば，1 つの物体が放出する熱量と吸収する熱量は等しい．いま c が振動数 ν' ($\neq \nu$) の光を放出したとすると，C はこの光に影響を与えない．その光は R で反射され，c により一部分吸収される．その残りは r で反射されて再び R に向かう．このようにして，c が放出する ν' の光は c により吸収される．これは ν とは異なるあらゆる ν' について成り立つ．よって，この系の温度が不変であるためには，ν' の光を放出する物体 c は放出するのと同じ熱量を吸収しなければならない．

振動数 ν の光に対する温度 T の各物体の放射係数と吸収係数をそれぞれ次のように定義する．

e： cの放射係数， a： cの吸収係数

E： Cの放射係数， A： Cの吸収係数

放射係数とは，単位時間に単位面積から単位立体角に放出される光のエネルギーのことで，輝度に等しい．吸収係数とは，吸収された光のエネルギーの入射エネルギーに対する割合である．ここで，e，a，E，A はすべて ν と T の関数である．

Cが E を放射したとすると，cは aE を吸収してrは $(1-a)E$ を反射する．次にCは $A(1-a)E$ を吸収し，Rは $(1-A)(1-a)E$ を反射する．よってcが E から吸収するエネルギーは，$k=(1-A)(1-a)$ とすると

$$aE(1+k+k^2+k^3+\cdots)=\frac{aE}{1-k} \tag{1}$$

となる．cが e を放射したとすると，cが吸収するエネルギーは類似の考えにより $ae(1-A)/(1-k)$ となる．したがって，cの温度が不変である条件（放射した熱量 = 吸収した熱量）より次の式が導かれる．

$$e=\frac{aE}{1-k}+\frac{ae(1-A)}{1-k} \tag{2}$$

この式の両辺に $(1-k)$ を掛けて，$k=(1-A)(1-a)$ の関係を代入すると

$$e\{A+a(1-A)\}=a\{E+e(1-A)\}$$

$$\frac{e}{a}=\frac{E}{A}=I \tag{3}$$

となり，物体によらない普遍関数 I が導かれる．

これはキルヒホッフの放射法則とよばれている．ここで，I は ν と T の関数 $I=I(\nu,T)$ である．

2-2 黒体放射とプランクの放射法則

黒体は $A=1$ であるから，（3）式より

$$E=I \tag{4}$$

となり，I は黒体の放射係数に等しいことがわかる．現実的には黒体は存在

しないので，その代わりに放射平衡状態にある空洞放射を測定する．

等温物体で完全に囲まれた空間（空洞）を考える．この空洞内にある振動数の光が入射されたとすると，空洞の壁でその光の一部は吸収され，残りは反射される．この過程が無限に繰り返されると，結局その光は空洞の壁に完全に吸収されてしまう．したがって，空洞は黒体と見なすことができる（図 2）．

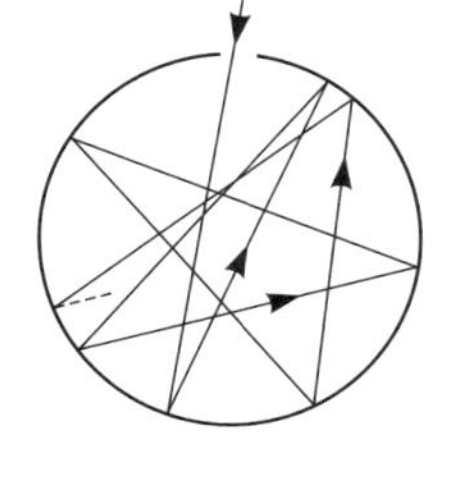

図 2　空洞放射

空洞内の放射エネルギーの空間密度 ρ と黒体の放射係数 I の関係を求める．図 3 に示すように，微小面要素 $d\sigma$ の中の点 P を頂点とする立体角 $d\Omega$ を考える．時間 dt に $d\sigma$ から $d\Omega$ に放射されるエネルギー du は，θ を微小面要素の法線と立体角の中心軸の間の角度とすると

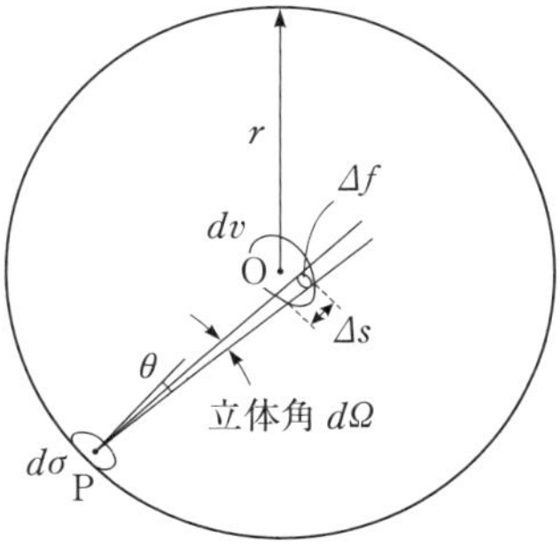

図 3　空洞の放射エネルギー密度

$$du = dt\, d\sigma\, d\Omega\, I \cos\theta \qquad (5)$$

である．

微小体積要素 dv の中の点 O を中心として半径 r の球を考え，球面から内側に出る放射は dv を通過すると考える．また，球面上の微小面要素 $d\sigma$ 内の点 P から出て dv に至る放射の円すいを考え，この円すいは無限に多くの微小円すいから成るとする．点 P から距離 r の所にある微小円すいの垂直断面積を Δf とすると，その微小円すいの作る立体角 $d\Omega$ は $\Delta f/r^2$ となる．微小円すいが dv を横切る距離を Δs とすると，放射が通過する時間 Δt は

$$\Delta t = \frac{\Delta s}{c} \qquad (6)$$

である．ここで c は光速度である．この Δt の間に dv 内の微小円すい（体積 $=\Delta s\, \Delta f$）にあるエネルギーは（5）式および（6）式より，$\theta \simeq 0$ である

から

$$du = \frac{I\,d\sigma\,\Delta t\,\Delta f}{r^2} = \frac{I\,d\sigma}{cr^2}\,\Delta s\,\Delta f \tag{7}$$

となり，これをすべての微小円すいについて加えると

$$u = \frac{I\,d\sigma}{cr^2}\sum_{\Delta s\,\Delta f}\Delta s\,\Delta f = \frac{I\,d\sigma}{cr^2}\,dv \tag{8}$$

である．

dv に含まれる放射エネルギー $\rho\,dv$ は，$d\sigma$ を球面全体について加えなければならない．一様な放射に対して I は方向に依存しないので

$$\begin{aligned}\rho\,dv &= \frac{dv}{cr^2}\int_0^{4\pi r^2} I\,d\sigma = \frac{I\,dv}{cr^2}\int_0^{4\pi r^2} d\sigma \\ &= \frac{4\pi I}{c}\,dv \end{aligned}\tag{9}$$

となる．したがって，放射エネルギーの空間密度 ρ は，（9）式を dv で割り

$$\rho = \frac{4\pi I}{c} \tag{10}$$

となる．放射は偏光面が垂直な 2 つの直線偏光の和に分けられ（2 つの自由度），各々の偏光面に対し (10) 式が成り立つので

$$\rho = \frac{8\pi I}{c} \tag{11}$$

となる．

放射の空間密度 ρ はプランクにより初めて理論的に求められた．これはプランクの放射法則とよばれる．

$$\rho = \frac{8\pi h\nu^3}{c^3}\frac{1}{\exp\left(\dfrac{h\nu}{k_B\,T}\right)-1} \tag{12}$$

ただし，h はプランク定数，k_B はボルツマン定数である．したがって，普遍関数は

$$I = \frac{h\nu^3}{c^2}\frac{1}{\exp\left(\dfrac{h\nu}{k_B\,T}\right)-1} \tag{13}$$

となる.

2-3　シュテファン-ボルツマンの法則

黒体の単位面積から単位時間に立体角が 2π の半空間へ放射されるエネルギー U は，次のように I をすべての振動数について積分すれば求まる.

$$U = 2\pi \int_0^\infty I\, d\nu = \frac{2\pi h}{c^2}\left(\frac{k_{\mathrm{B}} T}{h}\right)^4 \int_0^\infty \frac{x^3}{e^x - 1}\, dx \qquad \left(x = \frac{h\nu}{k_{\mathrm{B}} T}\right) \tag{14}$$

この積分は次のようにして求めることができる.

$$F = \int_0^\infty \frac{x^3}{e^x - 1}\, dx = \int_0^\infty \frac{x^3 e^{-x}}{1 - e^{-x}}\, dx \tag{15}$$

と書き換え，$x > 0$ を考慮して分母を e^{-x} についてテイラー展開した後に積分を実行する.

$$\begin{aligned} F &= \int_0^\infty x^3 e^{-x}(1 + e^{-x} + e^{-2x} + \cdots)\, dx \\ &= \sum_{n=1}^\infty \int_0^\infty x^3 e^{-nx}\, dx = \sum_{n=1}^\infty \frac{1}{n^4} \int_0^\infty z^3 e^{-z}\, dz \qquad (z = nx) \\ &= 6 \sum_{n=1}^\infty \frac{1}{n^4} \end{aligned} \tag{16}$$

この級数和を求めるために，関数 $y = x^4$ と $y = x^2$ を $-\pi \leqq x \leqq \pi$ の範囲でフーリエ級数に展開する.

$$x^4 = \frac{\pi^4}{5} + 8 \sum_{n=1}^\infty (-1)^n \left(\frac{\pi^2}{n^2} - \frac{6}{n^4}\right) \cos nx \tag{17}$$

$$x^2 = \frac{\pi^2}{3} + 4 \sum_{n=1}^\infty (-1)^n \frac{1}{n^2} \cos nx \tag{18}$$

ここで $x = \pi$ とおくと次の関係式が得られる.

$$\sum_{n=1}^\infty \frac{1}{n^4} = \frac{\pi^2}{6} \sum_{n=1}^\infty \frac{1}{n^2} - \frac{\pi^4}{60} \tag{19}$$

$$\sum_{n=1}^\infty \frac{1}{n^2} = \frac{\pi^2}{6} \tag{20}$$

(19) 式と (20) 式を使うと (16) 式は

$$F = \frac{\pi^4}{15} \tag{21}$$

となる．この値を (14) 式に代入すると

$$U = \frac{2\pi^5 k_B{}^4}{15c^2h^3} T^4 \tag{22}$$

となり，放射平衡状態の空洞放射（黒体放射）のエネルギーは絶対温度の4乗に比例することがわかる．この法則はシュテファン－ボルツマンの法則とよばれる．

§3. 実　験

3－1　実験装置および器具

電気炉，放射計，Pt (白金) － Pt 13 % Rh 熱電対，電気炉用電源，デジタルボルトメーター，自動温度制御器

自動温度制御器で温度を設定することにより空洞に流れる電流が制御され，空洞は設定された温度に保たれる．自動温度制御器では，空洞に流す電流の大きさを変えることができる．空洞の温度は熱電対を使って測定する．

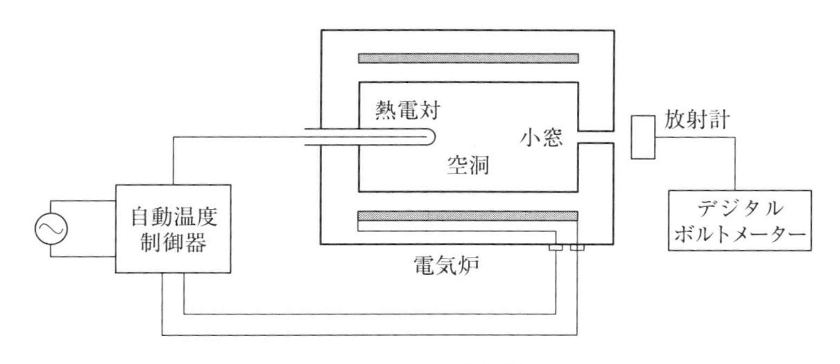

図 4　空洞放射実験装置

3-2 実験方法

（1） 放射平衡状態での測定

自動温度制御器の電源を入れ，温度設定をする．そして，電気炉に電流を流す．電気炉の温度が設定温度に保たれ，放射平衡状態になったら，空洞の温度と放射エネルギーを測定する．温度設定は 100 ℃から始め，50 ℃間隔で測定を行い，800 ℃になるまで測定を繰り返す．なお，最初は電気炉の温度が上がりにくいので，電気炉に流す電流をやや大きめな値に設定し，設定した温度に近づいたら電流の値を下げる．

（2） 放射非平衡状態での測定

自動温度制御器の電源を入れ，温度を 700 ℃に設定する．そして電気炉に最大の電流を流し，700 ℃になったら電源を切る．電気炉が自然冷却していく過程で，10 分ごとに空洞の温度と放射エネルギーを測定する．

§4. 課　題

（1） 放射平衡状態における空洞の放射エネルギーと絶対温度の 4 乗の関係を図示せよ（図 5）．このとき，放射エネルギーの単位は放射計の出力電圧でよい．

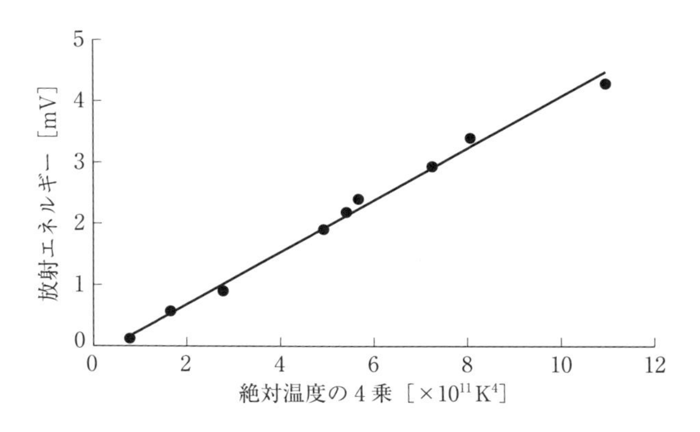

図 5　放射エネルギーと絶対温度の 4 乗の関係

（2） 放射非平衡状態における空洞の放射エネルギーと絶対温度の4乗の関係を図示せよ.

（3） 放射平衡状態のときのグラフと放射非平衡のときのグラフを比較検討せよ. 特に, 放射非平衡のときのグラフにおいて, 室温に近づくときの振舞いを見ると直線的に原点に向かっていくが, この理由を考察せよ.

§5. 参考書

1） M. プランク 著, 西尾成子 訳：「熱輻射論」(東海大学出版会)

2） E. シュポルスキー 著, 玉木英彦, 他 訳：「原子物理学 I」(東京図書)

9. 原子のエネルギー準位

(The Discrete Energy Levels of Atoms)

This experiment, first performed by Franck and Hertz, is famous as it establishes that atomic systems have discrete well-defined energy levels. The energy levels of atoms are determined by measuring the voltage-current curves of an evacuated electron tube filled with inert gases and mercury vapor at low pressure.

§1. はじめに

放射線の研究をしていたラザフォード (Rutherford) は，α 線が空気で散乱されることを 1906 年に発見した．彼の研究室で学んでいたガイガー (Geiger) はマースデン (Marsden) とともに，金属箔に α 線を当てると，90 度以上散乱されるものが約 2 万分の 1 の割合で生じることを観察した．この実験結果からラザフォードは単一散乱の理論により，原子はほとんど 1 点に集中した中心電荷を含むということを結論した．ボーア (Bohr) は，このラザフォードの考えに基づいて，現在知られているような原子モデルを提案し，量子条件および振動数条件を仮定することにより原子のエネルギー準位という考えを 1913 年に提出した．この量子仮説の実験的証明はフランク (Franck) とヘルツ (Hertz) によって行われた．そして，ノーベル物理学賞が 1922 年にボーア，1925 年にフランクとヘルツに与えられた．

この実験は，量子力学的な効果が巨視的な量として観測される，極めて興味深いものである．ここでは歴史的な実験を再現し，量子力学に対する理解を深める.

§2. 原　理

希薄な気体中に電子を入射すると，電子は気体原子または分子と衝突を繰り返す．フランクとヘルツはHg（水銀）蒸気に電子を衝突させる実験を行い，衝突過程を詳細に観測して次のような結論を得た.

(1)　電子の運動エネルギーが小さいときは，エネルギー損失はない．つまり，衝突は弾性的に行われ，電子は速度の方向を変えるだけである.

(2)　電子の運動エネルギーが大きくなると，電子はエネルギーを失って急激に減速する．このとき，原子は大きなエネルギーをもった他の状態に遷移する.

フランク－ヘルツの実験の原理の概略図を図1に示す．Hg原子に衝突させる電子は，抵抗により加熱された熱陰極Kから放出される熱電子を，プレートPの前に置かれた第2グリッドG_2の電圧V_Gにより加速して作られる（図1）．KG_2間で電圧がVの位置に達した電子のエネルギーは

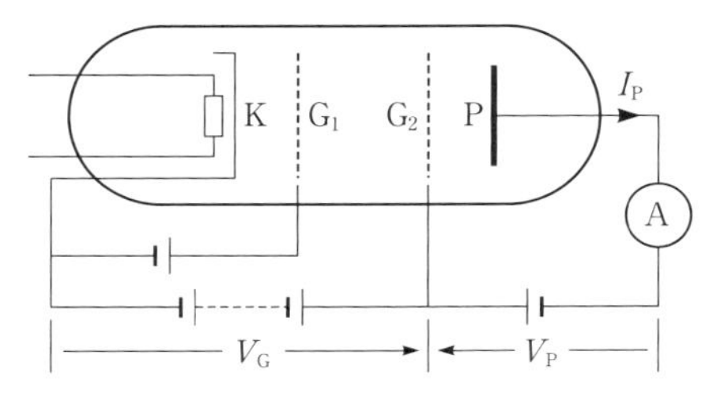

図1　フランク－ヘルツ実験管の原理

$$\frac{1}{2}mv^2 = eV \tag{1}$$

と表される．PにはG$_2$に対してV_Pの抑制電圧が加えられているので，電子は減速される．この電圧に打ち勝つだけの十分な運動エネルギー$(1/2)mv_S{}^2$をもつ電子だけがPに達することができる.

$$\frac{1}{2}mv_S{}^2 \geqq eV_P \tag{2}$$

この関係式で使われる電子の速度は v ではなく，P に垂直な成分 v_S であることに注意する必要がある．

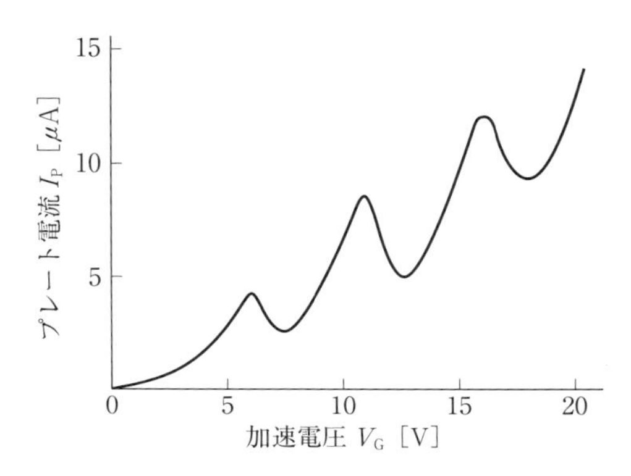

図 2　Hg 管の加速電圧 - プレート電流特性

加速電圧 V_G をゼロから増加させていった場合のプレート電流 I_P の変化を Hg 管の実験データを使って説明する．Hg 管の加速電圧 - プレート電流 (V_G - I_P) 特性の一例が図 2 に示してある．KG_2 間で電子が気体原子と非弾性衝突（気体原子の励起および電離などをともなう衝突）すると，電子はエネルギーを失う．加速電圧が小さい場合，P に対して正の電圧をもっている G_2 にこの電子は捕捉されてしまうので，プレート電流は非常に少ない．V_G が大きくなると，プレート電流は通常の熱電子管の電圧 - 電流特性を示すが，$V_G \simeq 6.0$ V のところで急激に電流が減少する．さらに V_G を上げると I_P は再び増大し始めるが，電圧 $V_G \simeq 10.9$ V に至って再度急激な減少が起こる．そして，$V_G \simeq 15.9$ V まで増大が続くというように，約 4.9 V ごとに極大を示す．最初の極大が 4.9 V にならないのは，カソードやプレートを構成している金属と Hg 原子の間で生じる接触電位差の影響によると考えられている．

V_G が大きい場合には，電子は 1 回の非弾性衝突によって失うエネルギーより十分大きなエネルギーを保持しているので，抑制電圧 V_P があるにもかかわらず，電子は P に達することができる．I_P が減少した後に増大に転じるのは，このような理由による．第 2 の極大は，電子が Hg 原子と 2 回の非弾性衝突を行ったために生じている．極大が周期的に繰り返される理由は，このような過程により説明される．

この結果は，電子が 4.9 eV のエネルギーを得たときに，電子と Hg 原子との相互作用が起こることを示している．そして，このエネルギーをもった電子のかなりの部分がHg原子を励起してそのエネルギーを失う．$V_G - I_P$特性曲線が4.9 Vごとに極大を示すのは，4.9 Vよりも小さいエネルギーの電子はHg原子にエネルギーを与えることができないことを示している．このようにHg原子が離散的なエネルギー準位をとっていることは，ボーアの仮説（第17章を参照）の正しさを裏付けている．

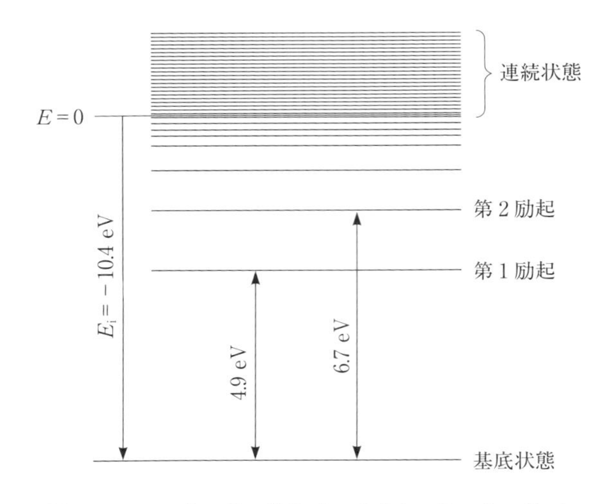

図3　Hgのエネルギー準位（E_iはイオン化エネルギー）

測定された加速電圧4.9 VはHg原子の第1励起電圧あるいは共鳴電圧とよばれている．Hgのエネルギー準位の模式図を図3に示す．同様な共鳴電圧は他の原子に対しても見出されている．例えば，He（ヘリウム），Ne（ネオン），Ar（アルゴン）ではそれぞれ$V_{He} = 21.2$ V，$V_{Ne} = 16.7$ V，$V_{Ar} = 11.6$ Vである．

§3. 実　験

3-1　実験装置および器具

フランク-ヘルツ実験装置，直流電圧計，直流電流計，マイクロアンペア計，テスター，X-Yレコーダー，実験管（不活性ガス管：He管，Ne管，Ar管）

フランク‐ヘルツ実験管は同心円筒型4極管であり，その断面を図4に示す．第1グリッド G_1 にはカソードKに対して正の電圧が加えられている．G_1 はK付近の空間電荷を消去し，熱電子のカソードからの放出を安定させる役割をもっている．不活性ガス管は，常温で気体として安定な不活性ガスを一定気圧封入してある．

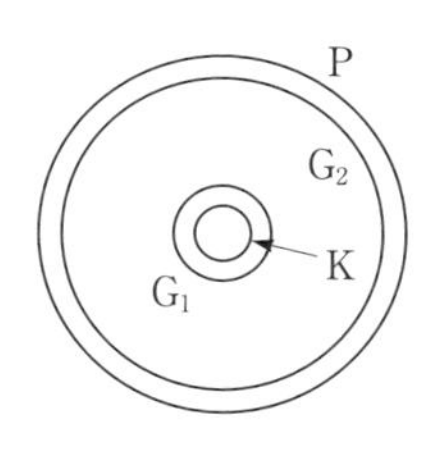

図4　実験管の断面図

実験装置の概要を図5に示す．プレート電流をX‐Yレコーダーに描かせるためには，プレート電流測定端子間に1kΩの抵抗を接続し，その両端の電圧をレコーダーのY軸に接続する．

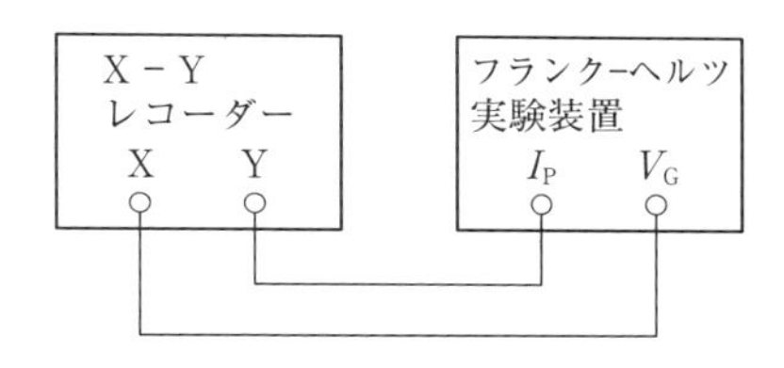

図5　実験装置接続図

3‐2　実験方法

（1）　不活性ガス管の実験

（i）　Ne管をソケットに差し込む．

（ii）　プレート電流測定用の電流計のゼロ調整を行う．

（iii）　第1および第2グリッドに指定された電圧を加える．

（iv）　ヒーターに700 mA程度の電流を流す．

（v）　加速電圧を徐々に加え，プレート電流の変化をX‐Yレコーダーを用いて測定する（図2）．

（vi）　同様の実験をHe管，Ar管について行う．

（2）　異なる抑制電圧 V_P でのNe管の実験

Ne管について，「（1）不活性ガス管の実験」と同様の実験をプレートP‐第2グリッド G_2 間の抑制電圧 V_P を変化させて行う．カソードK‐第

1グリッド G_1 間の電圧は1.7Vに固定し，V_P を5Vから10Vの範囲で変化させ，5つの異なる電圧 V_P での V_G - I_P 特性をX-Yレコーダーを用いて測定する．

§4. 課　題

（1） He，Ne，およびArの第1励起電圧を求めよ．

（2） 異なる抑制電圧 V_P でのNe管の V_G - I_P 特性について，それぞれプレート電流 I_P の1つ目のピークの電流値 I_{P_1} を読みとり，I_{P_1} の V_P 依存性を示すグラフを作成し，I_{P_1} の増減について考察せよ．

（3） プレート電流は図2に示すように加速電圧とともに全体的に増加する傾向にある．この理由を説明せよ．

§5. 参 考 書

1） 朝永振一郎：「量子力学Ⅰ，Ⅱ」（みすず書房）
2） E. シュポルスキー 著, 玉木英彦, 他 訳：「原子物理学Ⅰ」（東京図書）

10. 真空排気系のコンダクタンス
(The Conductance of a Vacuum System)

The performance of a rotary pump in removing air from a vessel is studied. The conductance of a cylindrical pipe is measured in pressure domains appropriate to both molecular flow and viscous flow. The conductance values obtained are compared with theoretical estimations.

§1. はじめに

1644年にトリチェリー（Torricelli）は，彼の名前で有名な真空を作り出した．ポンプによる排気は，1654年にゲーリケ（Guericke）により初めて試みられた．1858年にプリュッカー（Plücker）がトリチェリーの真空を利用したポンプを考案して，真空放電の研究を行った．その後，この真空ポンプが大いに利用されるようになった．真空技術の本格的な発展は，1905年にゲーデ（Gaede）が真空管を作るために手回し式Hg（水銀）回転ポンプを発明したときから始まった．彼は引き続き機械式油回転ポンプを発明し，1915年にはHg蒸気中の低圧気体の拡散現象を明らかにしてHg拡散ポンプを発明した．1950年代になると加速器などに超高真空が必要とされ，1958年にベッカー（Becker）はゲーデの考案した分子ポンプを実用化した．

この実験ではゲーデ型回転ポンプの排気機構を理解し，排気中の容器の圧力観測から，排気系には排気速度や到達真空度という排気能力があることを学ぶ．また，真空ポンプと真空容器とをつなぐ導管に着目し，導管中の気体の流れやすさがコンダクタンスよって特徴づけられることを学ぶ．そして，細長い導管のコンダクタンスを実験で求め，気体運動論から導出される理論値と比較検討する．

§2.　原　理

2-1　排気速度と到達真空度

体積 V の容器を真空ポンプに接続して排気を行うと，容器内の気体の量 pV は

$$\frac{\partial}{\partial t} pV + Q_{\mathrm{p}} = 0 \qquad (1)$$

に従って変化する．p は時々刻々の容器内の圧力であり，Q_{p} は単位時間に容器から排気される気体の流量である．

真空ポンプが単位時間に排気する気体の体積を排気速度 S と定義すると，流量は

$$Q_{\mathrm{p}} = pS \qquad (2)$$

となる．S が圧力に依存しないとすれば，容器内の圧力は（1）式より

$$p = p_0 \exp\left(-\frac{S}{V}t\right) \qquad (3)$$

となり，時間とともに指数関数的に減少する．p_0 は $t = 0$ での容器内の圧力である．実際には，（1）式が使えるような理想的な真空容器はなく，漏れによるわずかな大気の流入量 Q_l や容器内壁に吸着している気体の放出量 Q_{g} がある．これらの影響を考慮すると，（1）式の右辺に 2 つの項が加わる．

$$\frac{\partial}{\partial t} pV + pS = Q_l + Q_{\mathrm{g}} \qquad (4)$$

そのため，$p = p_{\mathrm{m}} = (Q_l + Q_{\mathrm{g}})/S$ で圧力は一定 $(\partial p/\partial t = 0)$ になる．この p_{m} が容器内の到達真空度であり，無限に時間をかけてもこの値以上の高真空度は得られない．したがって，Q_l や Q_{g} の少ない容器を準備することが高真空排気装置を製作するのに不可欠であることがわかる．

Q_l は，容器製作過程で発生する溶接部のピンホールや真空シール部の傷などが原因となる．Q_g は内壁の表面処理によってある程度減らせるが，高真空で完全に $Q_g = 0$ にすることは困難である．しかし，注意深い製作により $Q_l \ll Q_g$ とすることが可能である．

容器を到達真空度 p_m 近傍に下がるまで排気した後，真空ポンプとの間のバルブを閉めて $S = 0$ とする．その後の容器内の圧力は（4）式より

$$p = \frac{Q_l + Q_g}{V} t + p_m \qquad (5)$$

に従って時間変化する．漏れが大きいときには $Q_g = 0$ と近似できるので，p は図1の直線 a のように時間とともに増大して大気圧に近づく．逆に，漏れが非常に小さいときには $Q_l = 0$ とおけるが，$Q_g \neq 0$ のために，やはり p は時間とともに増大する．しかし，ある程度圧力が高くなると急激に Q_g は小さくなる性質があるため，曲線 b のように圧力上昇は緩やかになる．このような圧力上昇曲線の形状の違いを利用して，真空容器の漏れを見つけ出すことができる．

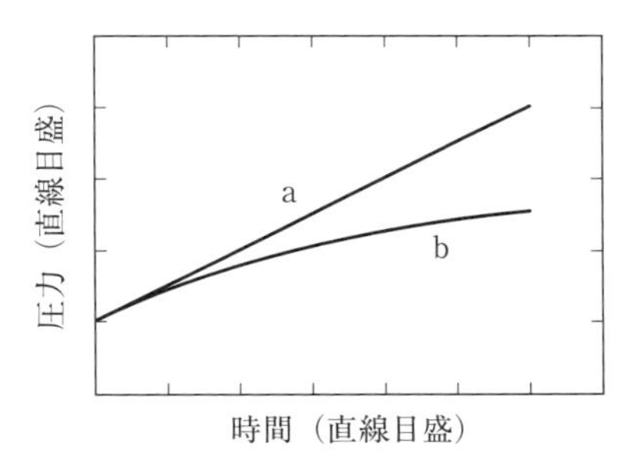

図1　圧力上昇曲線

上記の説明では排気速度を一定としたが，実際には真空ポンプの排気原理から決まる到達真空度がある．この値に近づくと排気速度 S の値が小さくなり，圧力を下げることが困難になる．

2-2　導管のコンダクタンス

圧力差が $p_1 - p_2$ $(p_1 > p_2)$ の2つの容器 V_1，V_2 を1本の導管でつなぐと（図2），V_1 から流れ出る気体の流量

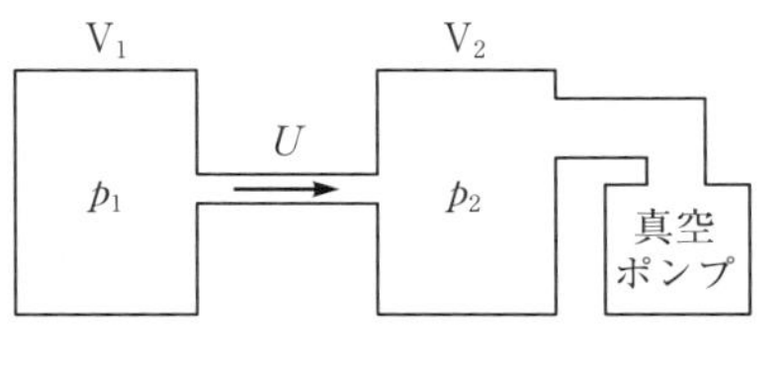

図2　導管の並列接続

は次式で表される.

$$Q_{\mathrm{p}} = U(p_1 - p_2) \qquad (6)$$

Uを導管のコンダクタンスとよび，気体の流れやすさを示す指標である．（1）式のp, Vに容器V_1の圧力と体積を使って（6）式に代入すると，コンダクタンスUを求める式が得られる.

$$U = \frac{V_1}{p_2 - p_1}\frac{\partial p_1}{\partial t} \qquad (7)$$

気体の流れは次のように大別される．すなわち，気体分子の平均自由行程が導管の直径に比べて短い場合を粘性流またはポアズイユ（Poisuille）流，圧力が低くて平均自由行程の方が長い場合には分子流またはクヌーセン（Knudsen）流とよばれる．以下に，それぞれの流れの性質から導かれるコンダクタンスを説明する.

（i） 粘性は，気体分子同士の衝突による相互作用が原因となって発生する．理論的な考察によると，半径aの円筒導管内を流れる粘性流の速度分布$v(r)$は

$$v(r) = -\frac{a^2}{4\eta}\left\{1 - \left(\frac{r}{a}\right)^2\right\}\frac{\partial p}{\partial z} \qquad (8)$$

である．rは導管の中心からの距離で，$\partial p/\partial z$は導管に沿った圧力勾配で

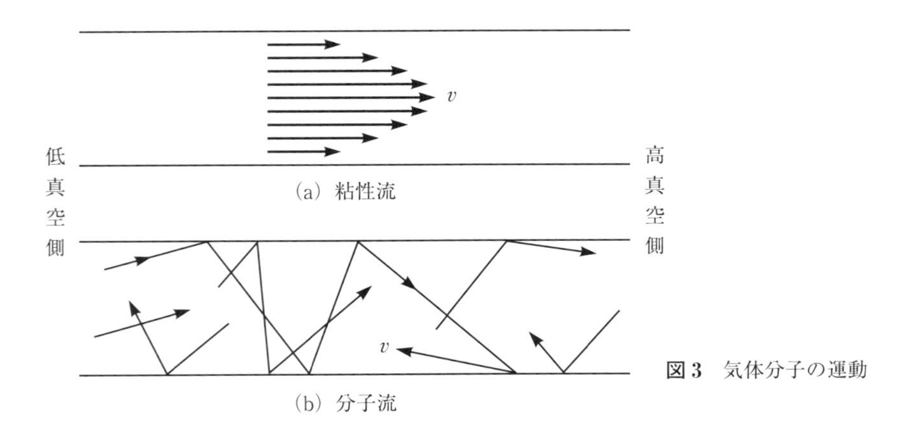

図3　気体分子の運動

ある．η は粘性係数で，気体の種類や温度に依存するが圧力に無関係な定数である．この式から，壁に接した気体は静止し，中心ほど流速が大きいことがわかる（図 3(a)）．

導管内の流量 $Q_{\rm p}$ は

$$Q_{\rm p} = p\int_0^a 2\pi r\, v(r)\, dr = -\frac{\pi a^4}{8\eta} p \frac{\partial p}{\partial z} \qquad (9)$$

と書ける．$Q_{\rm p}$ は導管に沿って一定であるから，長さ L の導管の両端圧力を p_1, p_2 とすると

$$Q_{\rm p} = -\frac{\pi a^4}{8\eta L}\int_0^L p\frac{\partial p}{\partial z}\, dz = \frac{\pi a^4}{16\eta L}({p_1}^2 - {p_2}^2) \qquad (10)$$

が成り立つ．これを（6）式と比較すると，コンダクタンス $U_{\rm p}$ は

$$U_{\rm p} = \frac{\pi a^4}{16\eta L}(p_1 + p_2) \qquad (11)$$

となる．粘性係数 η を 25 ℃，1 気圧での空気の値（$\eta \simeq 1.82 \times 10^{-5}$ Pa・s）を使うと

$$U_{\rm p} \simeq 1.08 \times 10^4 \frac{a^4}{L}(p_1 + p_2) \quad [\mathrm{m^3/s}] \qquad (12)$$

となる．

（ii）　気圧が低くなると分子間衝突が減り，分子が導管の壁から壁へ直進運動を繰り返す分子流になる（図 3(b)）．壁に衝突した分子は入射方向とは無関係に，あらゆる方向に一様な確率で跳ね返る．圧力の高い方向（低真空側）から来る分子数が，圧力の低い方向から来るものより多いので，平均として分子は流れの方向の運動量を失う．これが抵抗の原因となる．円筒導管に対するこの圧力領域で計算されたコンダクタンス $U_{\rm k}$ は

$$U_{\rm k} = \frac{4a^3}{3L}\sqrt{\frac{2\pi RT}{m}} \qquad (13)$$

である．m は気体 1 モルの質量，R は気体定数である．$T = 300$ K とすると

$$U_{\rm k} \simeq 9.8 \times 10^2 \frac{a^3}{L} \quad [\mathrm{m^3/s}] \qquad (14)$$

となる．99 頁の図 7 にコンダクタンスの理論値を実線で示したが，粘性流では圧力の平均値に比例するが，分子流では圧力に依存しなくなる．

2-3　回転ポンプの排気原理

ゲーデ型，センコ型，キニー（Kinney）型とよばれる 3 つの型の回転ポンプが古くから使われている．現在では，油を使わないスクロール式回転ポンプが開発されている．ここではゲーデ型回転ポンプによる排気原理の説明を行う．

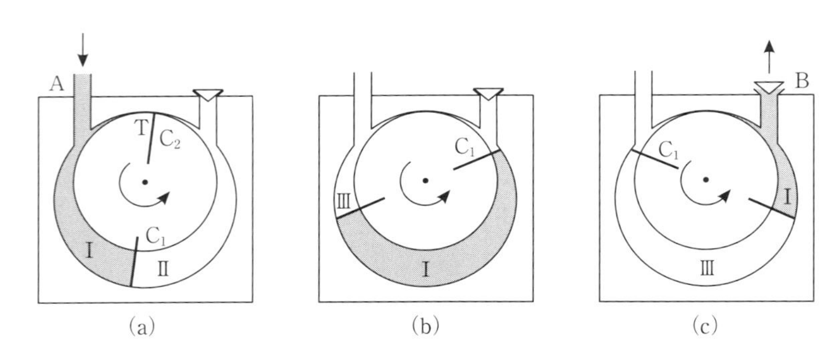

図 4　ゲーデ型回転ポンプの動作原理

図 4 はゲーデ型ポンプの断面を模式的に示したものである．くり抜かれた円筒の中を矢印の方向に回転する円柱がある．回転円柱の中心は円筒の中心より少し上方にずれているが，点 T で接している．回転円柱には切り割りがあって，その中に C_1，C_2 の 2 枚の板が入っている．これらの板はバネで円筒に押し付けられているので，図 4(a)に示すように内部はⅠ，Ⅱの 2 室に分けられる．回転円柱が回転すると，Ⅰ室が次第に広くなって A から気体を吸い込む．図 4(b)の位置までくると，Ⅰ室は吸い込み口 A と断たれた後に膨張し，それから圧縮が始まる．このとき，新たに作られたⅢ室では A から気体の吸い込みが始まっている．図 4(c)になると，Ⅰ室は気体の出口 B とつながる．しかし，B にはバルブがあって，気体の圧力が低い間は

閉じている．Ｉ室の気体が圧縮されて外気圧（1気圧）より高くなると，気体はバルブを押し上げて外に排出される．この過程がⅢ室に吸い込まれた気体に繰り返されて連続的な排気が行われる．吸入気体の真空度が下がって，Ｉ室の最大圧力が外気圧を超えられなくなるとバルブが開かず，排気ができなくなる．

回転ポンプを使って真空容器を排気する場合の圧力限界は0.1 Pa程度である．これ以上の高真空を得るには，油拡散ポンプ，分子ポンプ，イオンポンプなど，さまざまな排気原理に基づいた真空ポンプが使われる．

2-4　真空計

真空計は2種類に大別される．1つは真空度を直接測定するU字管やマクレオド真空計であり，他の1つは間接測定するピラニ真空計や電離真空計である．測定気圧により，使用する真空計の種類が限定されていることが大きな特徴である．この実験では，10^2 から 10^{-1} Pa間での圧力測定に適しているピラニ真空計が使われる．この真空計は，真空容器の中に挿入された加熱白金線が気体分子との衝突によって失う熱エネルギーが，圧力に比例することを利用している．

§3.　実　験

3-1　実験装置および器具

ゲーデ型回転ポンプ，真空容器，コンダクタンス測定用円筒導管，ピラニ真空計，ストップウォッチ

B_1：自動バルブ，B_2，B_6：手動リークバルブ，B_3 ～ B_5：手動バルブ，M_1，M_2：ピラニ真空計測定子，T_1 ～ T_3：コンダクタンス測定用導管（ナイロンチューブ），V_1，V_2：真空容器

図5に示すように実験装置は，真空ポンプ（ゲーデ型回転ポンプ）と2つ

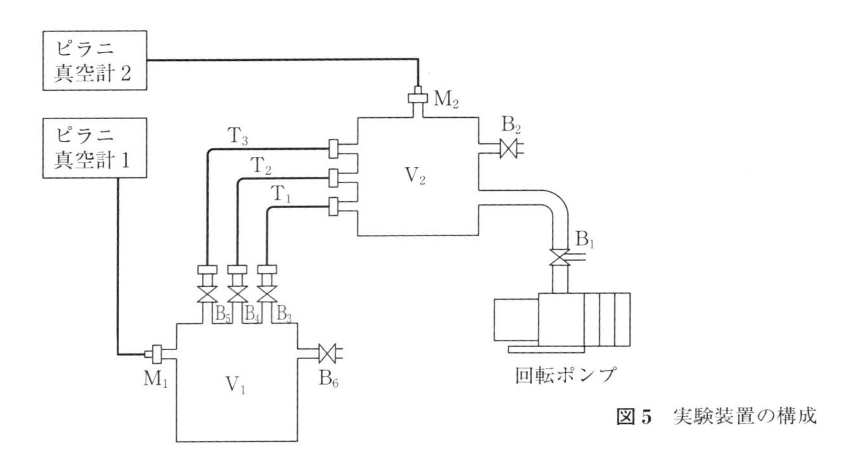

図 5　実験装置の構成

の円筒形容器 V_1，V_2 から構成されている．V_2 は真空ポンプに直結されて高真空側となり，V_1 は V_2 と 3 本のコンダクタンス測定用導管で接続された低真空側である．自動バルブ B_1 は V_2 と真空ポンプの間の開閉を行うが，真空ポンプ停止時に自動的に真空ポンプ内を大気圧にする．この操作を行わないと，真空ポンプ内部の油が大気圧に押されて V_2 内部に逆流してしまう．手動バルブ B_3 ～ B_5 の開閉により，任意の 1 本の導管や 2 本の導管の並列によるコンダクタンス測定実験が行える．表 1 に真空容器と測定用導管の寸法を示した．

表 1　真空容器および円筒導管の内部寸法

	直径	高さ	長さ
V_1	30 cm	50 cm	
V_2	15 cm	29 cm	
T_1	6.99 mm		85 cm
T_2	5.90 mm		85 cm
T_3	4.57 mm		85 cm

圧力の単位はパスカル［Pa］（$1\text{Pa} = 1\,\text{N/m}^2$）を使うことになっているが，Hg 柱の高さ［mmHg］やトリチェリー［Torr］表示の機器も数多く使

われている．変換公式は，1 mmHg = 1 Torr ≃ 133 Pa である．

3-2 実験方法

(1) 到達真空度と漏れの測定

(ⅰ) リークバルブ B_2, B_6 を開けて真空容器 V_1, V_2 の内部を大気圧にする．リークバルブの空気吸入音が消えることで V_1, V_2 内が大気圧になったことを確認できるので，その後すぐに B_2, B_6 を閉める．ただし，V_1, V_2 内が最初から大気圧の場合には吸入音はしないので注意すること．

(ⅱ) ピラニ真空計の電源を入れる．文字盤に数字が表示されることを確認する．

(ⅲ) B_2, B_6が閉じていることを確認し，B_3, B_4, B_5 のバルブを開ける．

(ⅳ) 回転ポンプのスイッチを入れて，V_1, V_2 内を排気する．スイッチを入れた時点を $t=0$ として，時刻 t における V_1, V_2 内の圧力 p_1, p_2 を同時測定し，時刻とともに記録する．(ピラニ真空計で測定可能な圧力範囲は 0.1 Pa 程度以上，1000 Pa 程度以下なので，圧力がこの範囲にあるときのみ測定結果を記録すればよい．) 45 分間以上排気して $p_1 \sim 5$ Pa, $p_2 \sim 1.5$ Pa 近辺まで排気できることを確認する．

(ⅴ) 上記の測定終了後，B_3, B_4, B_5 のバルブをすばやく閉めた後，回転ポンプを停止する．ポンプ停止の時刻を $t=0$ として，時間経過にともなう V_1, V_2 内の圧力上昇を 45 分間以上測定し，記録する．

(2) 導管のコンダクタンス測定

(ⅰ) 圧力上昇の測定終了後，リークバルブ B_2, B_6 を開けて真空容器 V_1, V_2 の内部を大気圧に戻し，その後すぐに B_2, B_6 を閉める．

(ⅱ) バルブ B_3, B_5 を閉じ，B_4 のバルブだけを開ける．

(ⅲ) 先の(ⅳ)の測定と同様に回転ポンプのスイッチを入れて排気を開始する．V_1, V_2 内の圧力 p_1, p_2 を 45 分間以上同時測定し，時刻とともに記録する．

（iv）　T_3，T_5 導管について各々同様の真空排気の測定を行う．

（v）　3本の導管の中から任意の2本を選んで並列接続し，同様の真空排気の測定を行う．

§4. 課　題

（1）　各実験で測定した V_1，V_2 内の真空度（圧力）p_1，p_2 の時間変化を，両対数グラフで示せ（図6）．

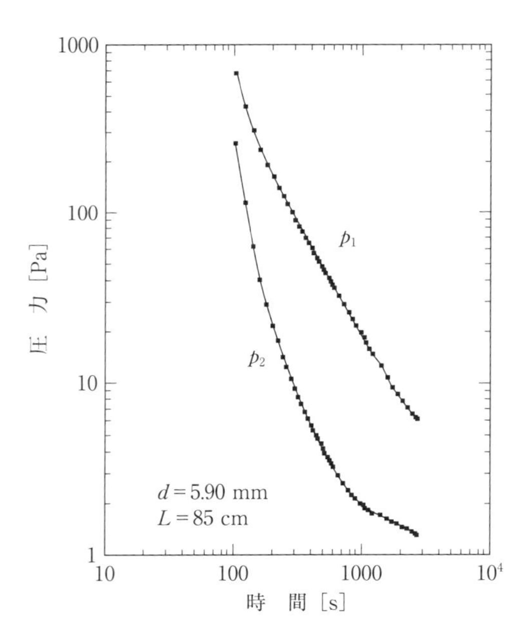

図6　T_2 導管による V_1，V_2 の圧力変化

（2）　回転ポンプ停止後の V_1，V_2 内の圧力 p_1，p_2 の時間変化を，線形グラフで描き，圧力の上昇の原因が壁の吸着気体（汚れ）によるものか，漏れによるものかを検討せよ．

（3）　（1）で作図した真空排気実験で得られた p_1 の時間変化から，

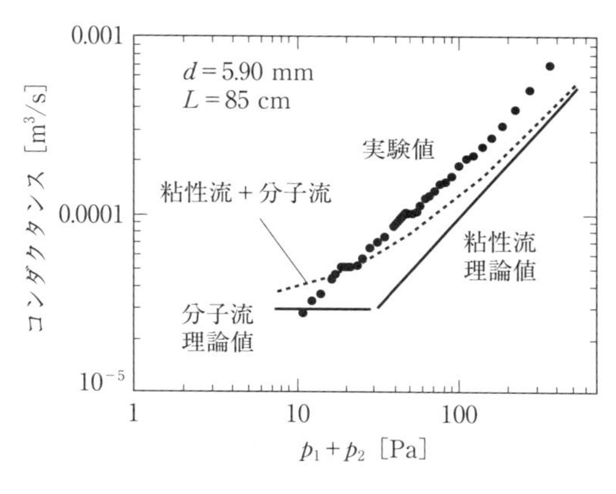

図 7　T_2 導管のコンダクタンスと理論値

p_1 の時間微分の近似値，$\Delta p_1/\Delta t$ の時間変化を求める．この $\Delta p_1/\Delta t$ と p_1，p_2 の値を（7）式に代入してコンダクタンスを求め，(12)，(14) 式による理論値とともに，$p_1 + p_2$ の関数として両対数グラフで示せ（図 7）．

（4）　粘性流の理論的なコンダクタンスを与える (12) 式から，コンダクタンスを $p_1 + p_2$ で割った値は円筒導管の半径 a の 4 乗に比例することがわかる．実験で得られた，太さの異なる導管のコンダクタンスを $p_1 + p_2$ で割った値が，半径 a の 4 乗に比例するかどうかを調べ，理論値と合うかどうかを検討してその結果を示せ．

（5）　各々の導管のコンダクタンスと，並列接続した場合のコンダクタンスを，それぞれ $p_1 + p_2$ で割った値を求め，後者が前者の和になっていることを確かめよ．

§5. 参　考　書

1）　熊谷寛夫，富永五郎，辻　泰，堀越源一 編著：「物理学選書　真空の物理と応用」（裳華房）

2）　真空技術基礎講習会運営委員会［編］：「わかりやすい真空技術」（日刊工業新聞社）

11. 半導体の電気伝導率とホール係数

(Electrical Conductivity and The Hall Coefficient of Semiconductors)

The conduction mechanism of semiconductors is studied. The electrical conductivity and Hall effect coefficient of an InSb sample is measured between room and liquid nitrogen temperatures. The carrier mobility of the sample is estimated from these data.

§1. はじめに

IC，トランジスター，ダイオードなどの半導体素子は現代生活において必要不可欠であり，材料としての半導体物性の理解は特に重要である．この実験では，半導体のホール係数および電気伝導率を測定し，半導体の電気伝導機構を理解する．

ホール（Hall）は，電流が流れている金箔に垂直な磁場を加えると，電流と磁場にそれぞれ垂直な方向に電場が生じることを1879年に発見した．この現象は，1892年にローレンツ（Lorentz）によって提出された電磁場と物質の電磁的相互作用（ローレンツ力）により説明された．

§2. 原　理

2-1 半導体

結晶中の電子のエネルギーには，原子のつくる周期ポテンシャルのために，電子の存在することのできないエネルギー領域（禁制帯）が存在し，このため，電子の取り得るエネルギーは，ある幅をもった帯状（許容帯）に区切られる（図 1）．絶対零度において，電子が占有している状態と空になっている状態の境のエネルギー ε_F をフェルミ（Fermi）準位またはフェルミエネルギーとよび，フェルミ準位が許容帯中にある物質を金属，禁制帯中にある物質（実線の間の領域）を非金属（半導体あるいは絶縁体）という．後者の場合，フェルミ準位のすぐ上の許容帯を伝導帯，すぐ下の許容帯を価電子帯とよんでいる．伝導帯の底 ε_c と価電子帯の頂上 ε_v のエネルギー差をエネルギーギャップ ε_g とよぶ．一般に，半導体の ε_g は 0.1 ～ 7 eV である．

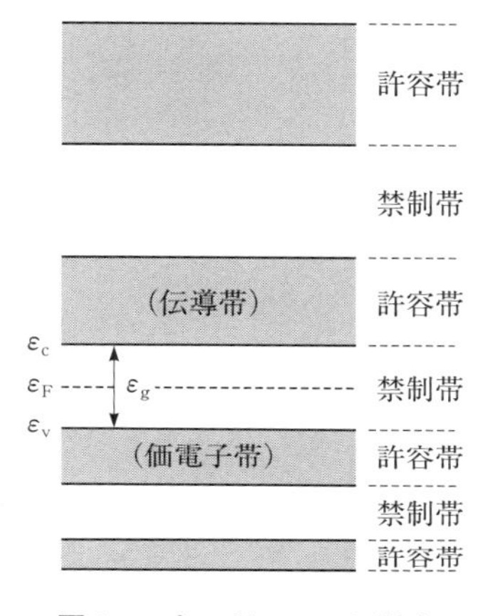

図 1　エネルギーバンド構造

絶対零度では伝導帯は完全に空であり，価電子帯は完全に電子により占有されている．このような状態では，半導体は電流を流すことができない．しかし，温度が上昇するとフェルミ分布がなだらかになり，伝導帯の一部に電子の存在する状態と価電子帯の一部に電子のぬけた状態（正孔またはホール）ができ，電流が流れるようになる．ホールはあたかも正の電荷をもっている粒子として考えることができ，電子とともに電気伝導の担い手としてはたらくという性質をもっている．これらを一般にキャリア（担体）とよぶ．

2-2　真性キャリア

伝導帯中のエネルギー ε をもつ電子の密度 n は

$$n = \int_{\varepsilon_c}^{\infty} N_e(\varepsilon)\, f_e(\varepsilon)\, d\varepsilon \qquad (1)$$

で与えられる．ここで，$N_e(\varepsilon)$ は伝導帯の状態密度，$f_e(\varepsilon)$ は電子のフェルミ分布関数

$$f_e(\varepsilon) = \frac{1}{\exp\left(\dfrac{\varepsilon - \varepsilon_F}{k_B T}\right) + 1} \qquad (2)$$

であり，k_B はボルツマン（Boltzmann）定数である．放物線的なエネルギーバンドを仮定すると，状態密度 $N_e(\varepsilon)$ は

$$N_e(\varepsilon) = \frac{1}{2\pi^2}\left(\frac{2m_e}{\hbar^2}\right)^{3/2}(\varepsilon - \varepsilon_c)^{1/2} \qquad (3)$$

で与えられる．ここで，m_e は電子の有効質量，$\hbar$ はプランク（Planck）定数 h を 2π で割ったものである．これより，電子の密度 n は

$$n = \frac{1}{2\pi^2}\left(\frac{2m_e}{\hbar^2}\right)^{3/2}\int_{\varepsilon_c}^{\infty}\frac{(\varepsilon - \varepsilon_c)^{1/2}}{\exp\left(\dfrac{\varepsilon - \varepsilon_F}{k_B T}\right) + 1}\,d\varepsilon \qquad (4)$$

となる．$\varepsilon - \varepsilon_F \gg k_B T$，すなわち，$\varepsilon_F$ が伝導帯から大きく離れている場合，

$$\begin{aligned} n &\simeq \frac{1}{2\pi^2}\left(\frac{2m_e}{\hbar^2}\right)^{3/2}\exp\left(\frac{\varepsilon_F}{k_B T}\right)\int_{\varepsilon_c}^{\infty}(\varepsilon - \varepsilon_c)^{1/2}\exp\left(-\frac{\varepsilon}{k_B T}\right)d\varepsilon \\ &= 2\left(\frac{m_e k_B T}{2\pi\hbar^2}\right)^{3/2}\exp\left(\frac{\varepsilon_F - \varepsilon_c}{k_B T}\right) \\ &= N_c \exp\left(-\frac{\varepsilon_c - \varepsilon_F}{k_B T}\right) \qquad (5) \end{aligned}$$

となる．ここで N_c を伝導帯のバンド端の有効状態密度という．

次に，価電子帯中のホールの密度について考える．ホールの分布関数は

$$\begin{aligned} f_h(\varepsilon) &= 1 - f_e(\varepsilon) \\ &= 1 - \frac{1}{\exp\left(\dfrac{\varepsilon - \varepsilon_F}{k_B T}\right) + 1} = \frac{1}{\exp\left(\dfrac{\varepsilon_F - \varepsilon}{k_B T}\right) + 1} \end{aligned}$$

であり，$\varepsilon_F - \varepsilon \gg k_B T$，すなわち ε_F が価電子帯から大きく離れている場合

$$f_h(\varepsilon) \simeq \exp\left(\frac{\varepsilon - \varepsilon_F}{k_B T}\right) \qquad (6)$$

となる．したがって，同様に放物線的なエネルギーバンドを仮定すると，ホールの密度 p は

$$p \simeq \frac{1}{2\pi^2}\left(\frac{2m_{\rm h}}{\hbar^2}\right)^{3/2}\exp\left(\frac{\varepsilon_{\rm F}}{k_{\rm B}T}\right)\int_{-\infty}^{\varepsilon_{\rm v}}(\varepsilon_{\rm v}-\varepsilon)^{1/2}\exp\left(-\frac{\varepsilon}{k_{\rm B}T}\right)d\varepsilon$$

$$= 2\left(\frac{m_{\rm h}k_{\rm B}T}{2\pi\hbar^2}\right)^{3/2}\exp\left(-\frac{\varepsilon_{\rm F}-\varepsilon_{\rm v}}{k_{\rm B}T}\right)$$

$$= N_{\rm v}\exp\left(\frac{\varepsilon_{\rm v}-\varepsilon_{\rm F}}{k_{\rm B}T}\right) \qquad (7)$$

となる．ここで $m_{\rm h}$ はホールの有効質量，$N_{\rm v}$ は価電子帯のバンド端の有効状態密度である．不純物をほとんど含まない真性半導体では

$$n = p \qquad (8)$$

である．両者の積は

$$np = 4\left(\frac{k_{\rm B}T}{2\pi\hbar^2}\right)^3(m_{\rm e}m_{\rm h})^{3/2}\exp\left(-\frac{\varepsilon_{\rm g}}{k_{\rm B}T}\right) \qquad (9)$$

となる．ただし，$\varepsilon_{\rm g} = \varepsilon_{\rm c} - \varepsilon_{\rm v}$ である．この場合，キャリア密度は

$$n_{\rm i} = p_{\rm i} = 2\left(\frac{k_{\rm B}T}{2\pi\hbar^2}\right)^{3/2}(m_{\rm e}m_{\rm h})^{3/4}\exp\left(-\frac{\varepsilon_{\rm g}}{2k_{\rm B}T}\right) \qquad (10)$$

となる．このようなキャリアを真性キャリアとよぶ．この密度は，温度が上昇すると増加する．

2-3　ドナーとアクセプター

半導体が現在の形として用いられるのは，ドーピングとよばれる手法によりわずかな不純物を添加して，半導体中のキャリア密度を自由に制御できるためである．この不純物には2つの種類がある．

1つはドナーであり，電子を伝導帯などに放出することができる．電子を放出しない状態では中性であり，放出して正に帯電する．この電子による伝導が支配的なものをn型半導体という．他の1つはアクセプターであり，電子を価電子帯などから捕捉することができる．電子を捕捉しない状態で中性であり，捕捉した状態で負に帯電する．価電子帯の電子がアクセプターに捕捉されると，そこにホールができる．このホールによる伝導が支配的なも

のをｐ型半導体という．

これらの不純物で特徴的な量は，電子を放出したり捕捉するのに必要なエネルギー，すなわちイオン化エネルギー ε_{I} とよばれるものである．この ε_{I} は一般に ε_{g} に比べて著しく小さい．そのためドナーやアクセプターは簡単にイオン化することができ，電気的性質を変化させることができる．この不純物の状態をわかりやすく表現するために，図２のような模式図が用いられる．この図はエネルギーギャップ中の ε_{D} および ε_{A} の位置に，それぞれ密度 N_{D} のドナー，密度 N_{A} のアクセプターをもつ半導体を表している．

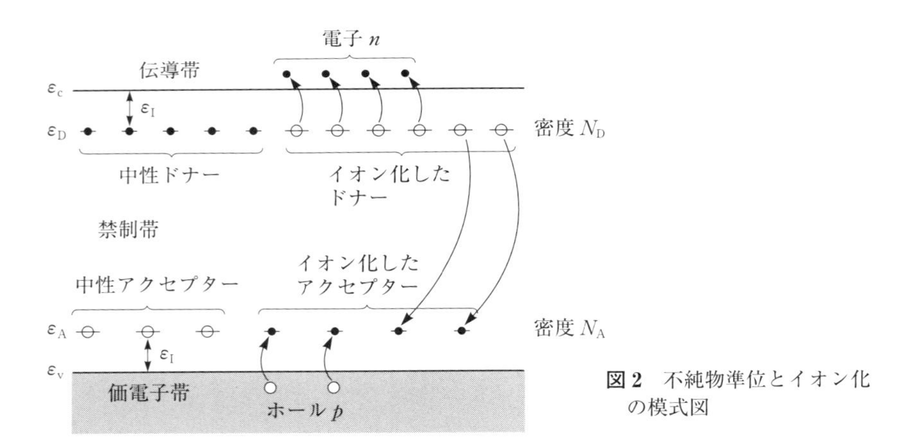

図２　不純物準位とイオン化の模式図

ここでは $N_{\mathrm{D}} > N_{\mathrm{A}}$ のｎ型半導体について考える．伝導帯内の電子密度を n，価電子帯内のホール密度を p，イオン化したドナーおよびアクセプター密度をそれぞれ N_{D}^{+}，N_{A}^{-} とすると，電荷の中性条件より次式が得られる．

$$n + N_{\mathrm{A}}^{-} = p + N_{\mathrm{D}}^{+} \tag{11}$$

伝導帯や価電子帯の１つのエネルギー状態には２つの電子を収容することができるが，ドナー準位やアクセプター準位にはクーロン反発力のため，１つの電子あるいはホールしか収容できない．その結果，ドナー準位やアクセプター準位に電子を収容できる確率はそれぞれ

$$\left.\begin{aligned} a(\varepsilon_{\mathrm{D}}) &= \frac{1}{1+\dfrac{1}{2}\exp\left(\dfrac{\varepsilon_{\mathrm{D}}-\varepsilon_{\mathrm{F}}}{k_{\mathrm{B}}T}\right)} \\ a(\varepsilon_{\mathrm{A}}) &= \frac{1}{1+2\exp\left(\dfrac{\varepsilon_{\mathrm{A}}-\varepsilon_{\mathrm{F}}}{k_{\mathrm{B}}T}\right)} \end{aligned}\right\} \tag{12}$$

となる．その結果，イオン化していないドナー密度 n_{D} は

$$n_{\mathrm{D}} = N_{\mathrm{D}}\,a(\varepsilon_{\mathrm{D}}) = \frac{N_{\mathrm{D}}}{1+\dfrac{1}{2}\exp\left(\dfrac{\varepsilon_{\mathrm{D}}-\varepsilon_{\mathrm{F}}}{k_{\mathrm{B}}T}\right)} \tag{13}$$

およびイオン化したアクセプター密度 N_{A}^{-} は

$$N_{\mathrm{A}}^{-} = N_{\mathrm{A}}\,a(\varepsilon_{\mathrm{A}}) = \frac{N_{\mathrm{A}}}{1+2\exp\left(\dfrac{\varepsilon_{\mathrm{A}}-\varepsilon_{\mathrm{F}}}{k_{\mathrm{B}}T}\right)} \tag{14}$$

となる．n 型半導体では，$\varepsilon_{\mathrm{F}}-\varepsilon_{\mathrm{A}} \gg k_{\mathrm{B}}T$，$\varepsilon_{\mathrm{F}}-\varepsilon_{\mathrm{v}} \gg k_{\mathrm{B}}T$ が成り立つので

$$n \gg p \tag{15}$$

および

$$N_{\mathrm{A}}^{-} \simeq N_{\mathrm{A}} \tag{16}$$

と近似することができ，(11) 式は

$$n \simeq N_{\mathrm{D}} - N_{\mathrm{A}} - n_{\mathrm{D}} \tag{17}$$

と表すことができる．(17) 式に (5) 式および (13) 式を代入することにより，次式が得られる．

$$\frac{n\,(n+N_{\mathrm{A}})}{N_{\mathrm{D}}-N_{\mathrm{A}}-n} = \frac{N_{\mathrm{c}}}{2}\exp\left(-\frac{\varepsilon_{\mathrm{c}}-\varepsilon_{\mathrm{D}}}{k_{\mathrm{B}}T}\right) \tag{18}$$

次に，n をいくつかの温度領域に分けて考える．

（1） 極低温領域

$\varepsilon_{\mathrm{c}}-\varepsilon_{\mathrm{D}} \ll k_{\mathrm{B}}T$ で $N_{\mathrm{A}} \gg n$ のとき

$$n = \frac{N_{\mathrm{c}}\,(N_{\mathrm{D}}-N_{\mathrm{A}})}{2N_{\mathrm{A}}}\exp\left(-\frac{\varepsilon_{\mathrm{I}}}{k_{\mathrm{B}}T}\right) \tag{19}$$

ただし，$\varepsilon_{\mathrm{I}} = \varepsilon_{\mathrm{c}} - \varepsilon_{\mathrm{D}}$ である．

（2） 低温領域

$k_B T \ll \varepsilon_c - \varepsilon_D$ で $N_D > n \gg N_A$ のとき

$$n = \sqrt{\frac{N_D N_c}{2}} \exp\left(-\frac{\varepsilon_I}{2k_B T}\right) \tag{20}$$

である．この（1）および（2）の領域を不純物領域という．

（3） 中間温度領域

$\varepsilon_c - \varepsilon_D \ll k_B T \ll \varepsilon_g$ のとき，$N_c \gg N_D$ の関係を用いると，（5）式および $N_A = 0$ とした (18) 式から

$$n \simeq N_D \tag{21}$$

が得られる．ここでは，キャリア密度は温度によらず一定である．この領域を，出払い領域または飽和領域とよぶ．

（4） 高温領域

価電子帯から伝導帯への電子の励起が支配的になる．$n \gg N_D$ の関係より $n \simeq p$ であり，キャリア密度は真性半導体と同じ（8）式で表される．この領域を真性領域とよぶ．

以上をまとめると，キャリア密度の温度変化は図3のようになる．

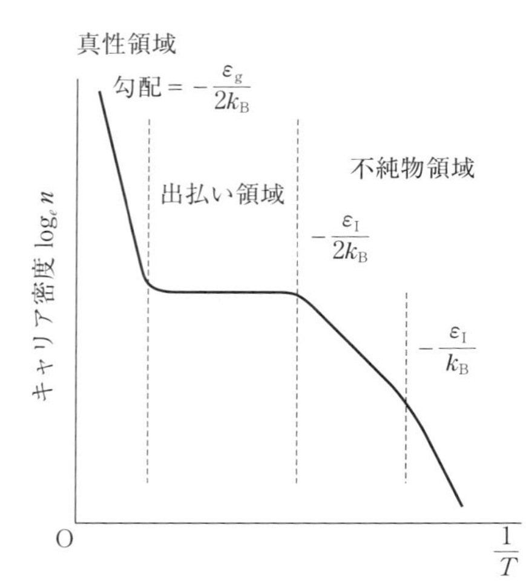

図3　キャリア密度の温度変化

2-4　ホール効果

ホール効果とは，導体中を流れている電流に直角方向から磁場を加えると，それらに垂直な方向に電場が生じる現象をいう．この電場をホール電場 E_H，これによって生じる電圧をホール電圧という．電流の流れている半導体に磁場を加えると，キャリアにはローレンツ力がはたらき，電流と磁場に直角な方向に曲げられたキャリアが半導体表面に集まる．図 4 からもわかるように，キャリアの電荷が正でも負でもローレンツ力 F_L の方向は同じであるが，電場の向きは逆になる．したがって，その極性からキャリアが電子であるかホールであるか，すなわち，n 型か p 型かを知ることができる．

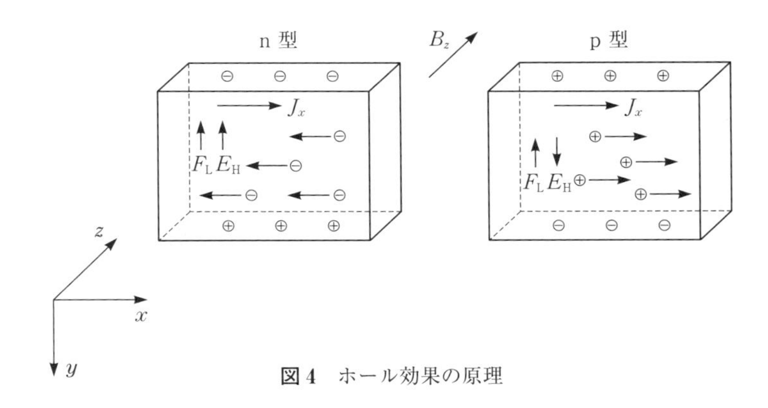

図 4　ホール効果の原理

図 4 の座標系に従って，x 方向に電流密度 J_x の電流を流し，z 方向に一様な磁束密度 $\boldsymbol{B}_z$ を加えたとき，y 方向に現れるホール電圧がどのような値になるかを考える．

質量 m^*(電子またはホールの有効質量)，電荷 q(電子の場合 $q = -e$) をもったキャリアが平均速度 $\boldsymbol{v}$ で運動しているときに成り立つ運動方程式は

$$m^* \frac{d\boldsymbol{v}}{dt} = q\boldsymbol{E} + q\boldsymbol{v} \times \boldsymbol{B} - \frac{m^*}{\tau}\boldsymbol{v} \tag{22}$$

となる．右辺の第 2 項は外力としてキャリアにはたらくローレンツ力である．第 3 項はキャリアがイオンとの衝突で受ける抵抗で，速度に比例すると

仮定した量である．τ は緩和時間で，ブラウン（Brown）運動しているキャリアがイオンで散乱を受けた後，次の散乱を受けるまでの平均寿命である．

ここで (22) 式を各座標成分に分けて考える．ホール効果の実験では定常状態を扱うので $d\boldsymbol{v}/dt = \boldsymbol{0}$ となる．キャリアは x 方向のみにしか運動しないので

$$E_y = v_x B_z \tag{23}$$

$$qE_x = \frac{m^*}{\tau} v_x \tag{24}$$

となる．(23) 式で与えられるホール電場 E_y は磁束密度によるローレンツ力 F_{L} を打ち消す方向にはたらき，キャリアは電流を流すために加えた電場 E_x による力以外の力を見かけ上受けなくなる．キャリア密度を n とすると電流密度 J_x は

$$J_x = qnv_x \tag{25}$$

したがって，(23) 式は

$$E_y = \frac{1}{qn} J_x B_z = R_{\mathrm{H}} J_x B_z \tag{26}$$

となる．この

$$R_{\mathrm{H}} = \frac{1}{qn} \tag{27}$$

をホール係数という．重要なことは，R_{H} の符号はキャリア電荷の符号で決まり，大きさはキャリア密度に反比例していることである．

一方，(25) 式は

$$J_x = \frac{nq^2\tau}{m^*} E_x = \sigma E_x \tag{28}$$

の関係になり，これはオーム（Ohm）の法則を表している．$\sigma = nq^2\tau/m^*$ は電気伝導率である．

導体内のキャリアの動きやすさを表す量として，次式で移動度 μ を定義する．

$$v_x = \mu E_x \tag{29}$$

すなわち，(26) 式から

$$\mu = \frac{q\tau}{m^*} \tag{30}$$

となり，σ と R の間には

$$\sigma = nq\mu = \frac{\mu}{R_{\mathrm{H}}} \tag{31}$$

の関係がある．

§3. 実　験

3-1　実験装置および器具

電磁石，電磁石用直流電源，定電流電源，デジタルボルトメーター，液体窒素用容器，試料（N 型半導体 InSb : $D=1.0\,\mu$m，$W=2.5$ mm，$L=2.5$ mm)，切り換えスイッチ，冷接点，クロメル-アルメル熱電対，ガウスメーター

図 5 に従って電磁石と直流電源を接続し，切り換えスイッチによって磁場

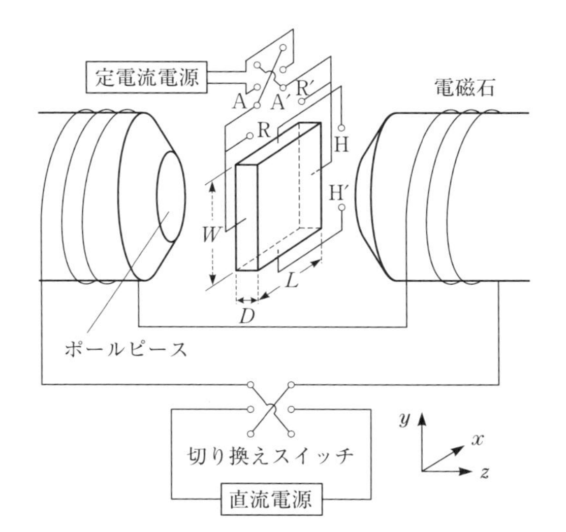

図 5　電磁石および試料の結線図

の方向を逆転できるようにする．試料と定電流電源を接続し，切り換えスイッチによって試料に流す電流の方向を逆転できるようにする．

3-2 実験方法

ホール効果および電気抵抗測定を室温および液体窒素温度において行う．

3-2-1 室温実験

（1） 電磁石に 0 ～ 5 A の電流を流し，電流と磁場の関係をガウスメーターを用いて測定する．

（2） まず，液体窒素用デュワーを電磁石のポールピースの中心付近に配置し，半導体試料が取り付けられている試料棒をデュワー内にセットする．電磁石に数アンペアの電流を流した後，デジタルボルトメーターを試料の HH′ 端子に接続し，AA′ 端子間に適当な直流電流 I_x を流し，ホール電圧 V_y を測定する．ホール電圧が最大になるように液体窒素用デュワーにセットされた試料を回転させる．このとき，試料の受ける磁束密度は最大になる．

（3） 電磁石に 5 A の電流を流し，試料の電流を $-100\,\mu$A から $+100\,\mu$A まで変化させ，このときの HH′ 端子間のホール電圧を測定する．

（4） ホール電圧 - 電流特性の傾きはホール抵抗とよばれ，(26) 式では磁束密度に比例するが，一般的には，そう単純でなく，低磁束密度側と高磁束密度側での振舞いが異なる場合がしばしば見られる．ホール抵抗の磁場による変化を丁寧に測定するためには，磁場間隔を一定にするのではなく，ホール抵抗の変化に応じて測定する磁場を決定する必要がある．図 6 は，ホール抵抗の磁場依存性を示したもので，この測定結果を参照しながら，磁場に対するホール電圧の実験データが 5 点以上になるように設定磁場間隔を決め，小さな磁場から順次，その磁場になるように直流電流を設定し，上記（3）と同様な測定を行う．

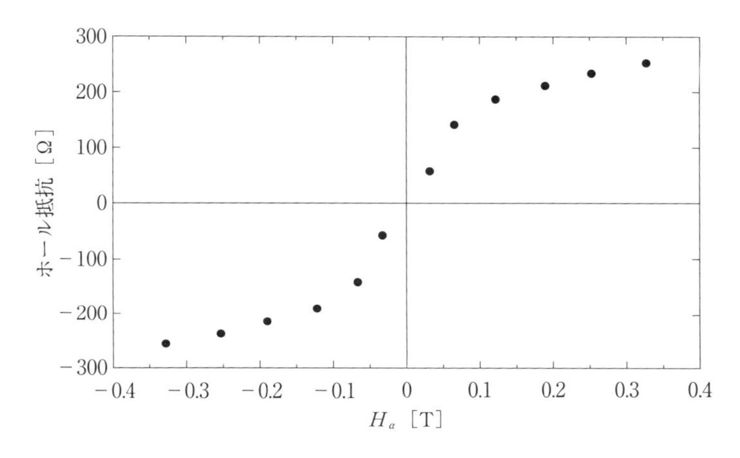

図6　ホール抵抗の磁束密度依存性

（5）　電磁石に流れている電流がゼロであることを確認し，電磁石と直流電源間の切り換えスイッチを使って，磁場の方向を逆転させる．（3）と（4）の実験を繰り返す．

（6）　デジタルボルトメーターを試料のRR′端子に接続し，AA′端子間に直流電流 I_x を流して $B_z = 0$ の状態で V_x を測定する．

（7）　ホール効果測定を行った磁場と同じ磁場で（6）と同様な測定を繰り返す．

（8）　電磁石に流れている電流がゼロであることを確認し，電磁石と直流電源間の切り換えスイッチを使って，磁場方向を逆転させる．上記（6）と（7）と同様な測定を繰り返す．

3-2-2　液体窒素温度実験

（9）　試料が浸る程度までデュワーの中に液体窒素を注ぐ．

（10）　電磁石に数アンペアの電流を流した後，デジタルボルトメーターを試料のHH′端子に接続し，AA′端子間に適当な直流電流 I_x を流す．試料の温度が液体窒素温度になり，ホール電圧 V_y の時間変動がなくなるのを待つ．

（11）　ホール電圧の安定後，（2）から（8）を行う．

§4.　課　題

（1）　電磁石に流した電流 I と磁束密度 B の関係を表す図を作成せよ．

（2）　上記実験で用いた磁場での半導体の電流－ホール電圧特性を1つのグラフにまとめよ．各磁場方向で，それぞれ1枚のグラフを作成する．

（3）　各磁束密度における半導体の電流－ホール電圧特性から傾き（ホール抵抗 R'）を導出し，磁束密度とホール抵抗値を一覧表にまとめ，横軸が磁束密度，縦軸がホール抵抗のグラフを作成せよ．ここで，ホール抵抗 R' は，ホール電圧 V_y を電流 I_x で割った値で，ホール係数と以下のような関係がある．

$$R' = \frac{V_y}{I_x} = \frac{E_y W}{J_x W D} = \frac{E_y}{J_x D} = \frac{R_\mathrm{H}}{D} B_z$$

図6より，低磁束密度側と高磁束密度側でのホール抵抗の変化の仕方が異なることがわかる．

（4）　（3）のグラフについて高磁場のデータから傾き R_H/D を求め，ホール係数を導出し，キャリア数を求めよ．

（5）　電気抵抗測定の結果より電気伝導度 σ を求め，移動度 μ を導出せよ．

（6）　代表的なⅢ－Ⅴ半導体であるGaAs，InAs，InSbの移動度を調べ，実験結果と比較せよ．

§5.　参 考 書

1）　高橋 清：「半導体工学」（森北出版）

2）　御子柴宣夫：「半導体の物理」（培風館）

3）　大石嘉雄，他：「半導体物性Ⅰ」（朝倉書店）

12. インピーダンスと伝送特性

(Impedance and Transmission Characteristic)

An *LCZ* meter is utilized to accurately measure the inductance of a solenoid, the capacitance of a parallel plate capacitor with finite physical size, and the inductance and capacitance per unit length of a type 3D2V coaxial cable. The dielectric constants of insulators, measured by insertion between the plates of the parallel plate capacitor, are compared with the current published values. Transmission characteristic of high-frequency impulse is observed on a caxial cable.

§1. はじめに

マクスウェル(Maxwell)が電磁波理論を構築した2年後の1866年，大西洋を横断する電信ケーブルの敷設が完了した．この工事では，銅線7本を4層のガタパーチャという木から取られた耐塩水性樹脂で被覆し，その周囲を10本の鋼線で巻くケーブル構造が考案され用いられた．この工程においてW. トムソン(W. Thomson(Lord Kelvin))は，長距離送信による信号の劣化を改善するため，鏡検流計やサイフォンレコーダなどを開発，電気通信技術の発展に大きく貢献した．一方，1880年に伝送線路の表皮効果に関する研究を行っていたヘヴィサイド(Heaviside)によって同軸ケーブルが発明され，1956年の第2次大西洋横断海底ケーブルにはポリエチレンを被覆材とする同軸ケーブルが採用された．

高速に変化する電気信号は導体中ではなく，主に導体の表面とその近傍の空間を伝わり，伝送路長が送信される電気信号の波長に比べて十分に長い場合，伝送路に固有なインピーダンス（特性インピーダンス）をもつ．この特性インピーダンスの概念はヘヴィサイドによって導入された．伝送路における特性インピーダンスは，入力側から見た場合の等価入力インピーダンスまたは出力側から見た場合の出力インピーダンスに等しく，高周波信号の伝送特性を特徴づける．

この実験では，平行円板コンデンサー，ソレノイド，同軸円筒状導体などの電気容量およびインダクタンスを測定し，それらの周波数特性や有限サイズであることの影響について検証する．また，同軸ケーブルにおけるインパルスの伝送特性を観測することで，特性インピーダンスや伝送路の特性について理解する．

§2. 原　理

2-1 電気容量

(1) 平行円板コンデンサー

表面積 S の 2 枚の導体円板を平行に間隔 d で向かい合わせた平行円板コンデンサーがある（図 1(a)）．導体円板間に電位差 V を加えると，電荷 Q が蓄えられる．V と Q の関係を求めるために，図 1(b)のような無限に広い平行平板を考え，ガウス（Gauss）の法則

$$\nabla \cdot \boldsymbol{E} = \frac{\rho}{\varepsilon_0} \tag{1}$$

を適用する．ここで ρ は電荷密度，ε_0 は真空の誘電率である．(1) 式の両辺を，図 1(b)の点線で示した平曲面について積分すると

$$\text{左辺} = \int_V \nabla \cdot \boldsymbol{E}\, dv = \int_S \boldsymbol{E} \cdot \boldsymbol{dS} = 2ES'$$

$$\text{右辺} = \int_V \frac{\rho}{\varepsilon_0}\, dv = \frac{\sigma S'}{\varepsilon_0}$$

になる．ここで σ は平板の面電荷密度である．図 1(a)のような有限サイズ

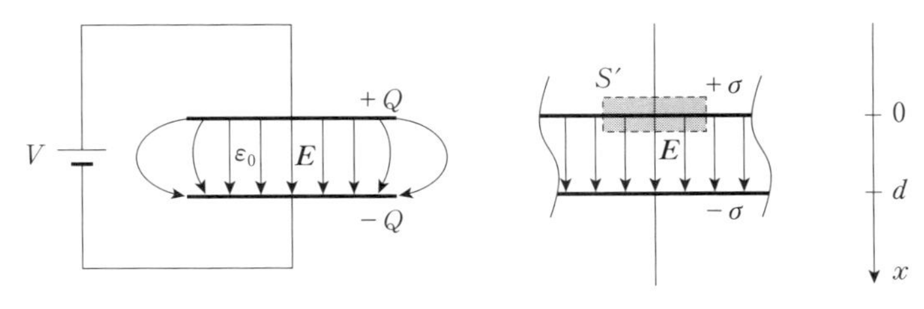

(a) 有限サイズのコンデンサー　(b) 無限に広いコンデンサー

図1　平行円板コンデンサー

のコンデンサーについて端部の影響が無視できる場合，積分範囲を極板全体とすると，(1)式の右辺は

$$\frac{\sigma S'}{\varepsilon_0} = \frac{Q}{\varepsilon_0}$$

と書ける．対向する極板に蓄えられた電荷によっても，同じ向きで大きさの等しい電場が形成されることから，

$$Q = \varepsilon_0 SE \tag{2}$$

が得られる．

他方，電場と静電ポテンシャル ϕ の間には

$$\boldsymbol{E} = -\nabla\phi \tag{3}$$

の関係を使うことができる．図1のように x 軸をとると，(3)式の積分は

$$\int_0^d \boldsymbol{E}\cdot d\boldsymbol{x} = -\int_0^d \frac{\partial\phi}{\partial x}\,dx = -\int_V^0 d\phi$$

$$\therefore \quad E = \frac{V}{d} \tag{4}$$

となる．(2)式に代入すると，

$$Q = \frac{\varepsilon_0 S}{d}V = CV \tag{5}$$

より，V と Q には比例関係があることがわかる．比例係数は

$$C = \frac{\varepsilon_0 S}{d} \quad [\mathrm{F}] \tag{6}$$

とおかれ，電気容量（キャパシタンス）とよばれる．（1）式はSI単位系表示であり，S の単位は［m^2］，d は［m］である．このとき，電気容量の単位はファラッド［F］である．

（2）式では電場を一様としたが，実際には，電場は円板の端部から外に漏れるため一様ではない．そのため，（6）式を補正する必要があり，キルヒホッフ（Kirchhoff）の式とよばれる補正係数 F が求められている．補正した電気容量 C は

$$C = \frac{\varepsilon_0 S}{d} F \tag{7}$$

と書かれ，円板の厚さが無視できる半径 a の平行円板コンデンサーでは，$s = \pi a/d$ とおいて

$$F = 1 + \frac{\log_e 16s - 1}{s} \tag{8}$$

である．

絶縁体は誘電分極という電気的性質をもっているので誘電体ともよばれる．平行円板コンデンサーの導体円板間を誘電率 ε の誘電体で満たすと，電気容量 C は

$$C = \frac{\varepsilon S}{d} \tag{9}$$

となる．円板端部で ε と ε_0 の領域が混在しているため，補正は複雑となる．

（2） 同軸円筒導体

半径 a の円柱状中心導体の周りを半径 b の円筒状外部導体が図2のように囲んでいる．導体の長さは l で，導体間は誘電率 ε の誘電体で満たされている．導体間の電位差 V により電荷 Q が蓄えられているとする．中心軸から $r\,(a \leqq r \leqq b)$ の位置の電場をガウスの法則により求めると，その大きさ E_r は

$$E_r = \frac{Q}{2\pi\varepsilon l r} \tag{10}$$

で，向きは r 方向である．（3）式を使うと，E_r を電位差 V に書き換えることができる．

$$\int_a^b \frac{Q}{2\pi\varepsilon l}\frac{1}{r}\,dr = -\int_V^0 d\phi$$

$$\therefore\quad Q = \frac{2\pi\varepsilon l}{\log_e \dfrac{b}{a}}\,V \qquad (11)$$

したがって，単位長さ当り（$l = 1\,\mathrm{m}$）の電気容量 C は

$$C = \frac{2\pi\varepsilon}{\log_e \dfrac{b}{a}} \quad [\mathrm{F/m}] \qquad (12)$$

である．

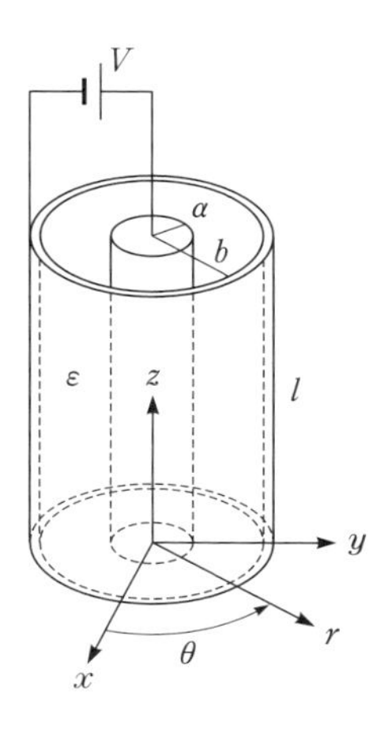

図 2　同軸円筒導体

2-2　自己インダクタンス

円形コイルに電流 I を流すと，図 3 に示すようにコイルの周囲に磁束密度 $\boldsymbol{B}(\boldsymbol{r})$ が作られる．円形コイルを貫く磁束 Φ は

$$\Phi = \int_S \boldsymbol{B}(\boldsymbol{r})\cdot d\boldsymbol{S} \qquad (13)$$

により計算される．$\boldsymbol{B}(\boldsymbol{r})$ を求めるときに使うビオ－サバール（Biot－Savart）の法則が示すように，$\boldsymbol{B}(\boldsymbol{r})$ は電流 I に比例する．そこで

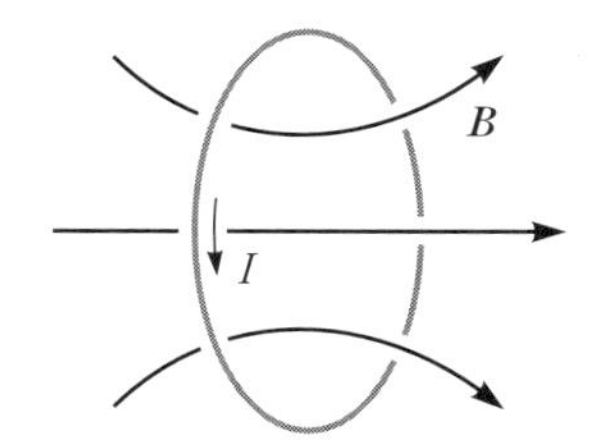

図 3　円形コイル

$$\Phi = LI \qquad (14)$$

とおき，比例定数 L を円形コイルの自己インダクタンスとよぶ．すなわち，L はコイル自身を流れる電流が作る磁束の大小を記述する物理量である．この関係式は，円形コイルに限らず，どのような電流路にも使われる．

（1）　無限長ソレノイド

半径 a，単位長さ当りの巻数が n の無限長ソレノイド（図 4(a)）の内部に作られる磁束密度 $\boldsymbol{B}$ はアンペール（Ampère）の法則

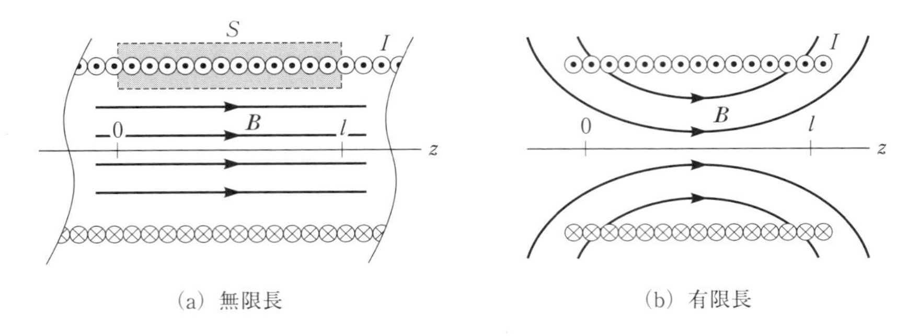

図 4　ソレノイドの断面図

$$\nabla \times \boldsymbol{B} = \mu_0 \boldsymbol{j} \tag{15}$$

を使って求めることができる．μ_0 は真空の透磁率で，$\boldsymbol{j}$ は電流密度である．長さ l に着目し，両辺を面 S（灰色部分）について積分する．左辺にストークス（Stokes）の定理を使う．

$$\int_S (\nabla \times \boldsymbol{B}) \cdot d\boldsymbol{S} = \int_S \mu_0 \boldsymbol{j} \cdot d\boldsymbol{S}$$

$$\oint \boldsymbol{B} \cdot d\boldsymbol{l} = \mu_0 n l I$$

$$\therefore \quad B = \mu_0 n I \tag{16}$$

この式は磁束密度が位置によらずに一定であることを示している．したがって，コイル 1 巻を貫く磁束は

$$\int_S \boldsymbol{B} \cdot d\boldsymbol{S} = \pi a^2 B = \mu_0 \pi a^2 n I \tag{17}$$

である．単位長さには n 巻のコイルがあるから

$$\Phi = \mu_0 \pi a^2 n^2 I \tag{18}$$

となる．(14) 式の定義を使うと，単位長さ当りの自己インダクタンスは

$$L = \mu_0 \pi a^2 n^2 \quad [\mathrm{H}] \tag{19}$$

と表される．a の単位を［m］，n を［巻数/m］とするとき，L の単位はヘンリー［H］である．

(2) 有限長ソレノイド

長さが l の有限なソレノイドでは，図4(b)に示すように側面から磁束が漏れる．そのため，自己インダクタンスは無限長のものに比べて小さくなる．単位長さ当りの自己インダクタンス L' は，補正係数 K を使って

$$L' = \mu_0 \pi a^2 n^2 K \tag{20}$$

と表される．K は $2a/l$ の関数で，長岡係数とよばれている．K の代表的な値を表1に示した．

表1　長岡係数

$\frac{2a}{l}$	K	$\frac{2a}{l}$	K	$\frac{2a}{l}$	K
0	1	0.35	0.867	0.70	0.761
0.05	0.979	0.40	0.850	0.75	0.748
0.10	0.959	0.45	0.834	0.80	0.735
0.15	0.939	0.50	0.818	0.85	0.723
0.20	0.920	0.55	0.803	0.90	0.711
0.25	0.902	0.60	0.789	0.95	0.700
0.30	0.884	0.65	0.775	1.00	0.688

(3) 同軸円筒導体

図2の同軸円筒導体の中心導体に，z 方向の電流 I，外部導体に同量の反対向きの電流を流すと，導体間に磁場が作られる．中心から距離 r における磁束密度 $B_\theta(r)$ は，アンペールの法則を使うと

$$B_\theta(r) = \frac{\mu_0 I}{2\pi r} \tag{21}$$

と求まる．ここで磁束密度の向きは θ 方向である．したがって，単位長さ当りの導体間の磁束 Φ は

$$\Phi = \int_a^b B_\theta(r)\,dr = \frac{\mu_0 I}{2\pi}\log_e \frac{b}{a} \tag{22}$$

であり，単位長さ当りの自己インダクタンス L は

$$L = \frac{\mu_0}{2\pi} \log_e \frac{b}{a} \quad [\mathrm{H/m}] \tag{23}$$

となる．

中心導体の内部にも電流が流れる場合には，内部のインダクタンスを考慮しなければならない．一様に電流が流れているときの単位長さ当りの内部の自己インダクタンスは $\mu/8\pi$ である．μ は導体の透磁率であるが，通常は $\mu \simeq \mu_0$ である．一般に使用される同軸ケーブルでは b/a が十分大きいため $(\mu_0/2\pi)\log_e(b/a) \gg \mu/8\pi$ であり，内部の自己インダクタンスは無視できる．

2-3 複素インピーダンス

交流電気回路に流れる電流や回路素子の端子間電圧は，回路方程式（微分方程式）を解くことによって得られるが，複素数を用いると簡単に求めることができる．

正弦波交流電流は，瞬時値 I，最大値 I_{m}，角振動数 ω，初期位相 ϕ により

$$I = I_{\mathrm{m}} \sin(\omega t + \phi) \tag{24}$$

と表される．オイラー（Euler）の公式

$$\exp(i\alpha) = \cos\alpha + i\sin\alpha \qquad (i = \sqrt{-1}) \tag{25}$$

を用いると，(24) 式は

$$I = \mathrm{Im}\,[I_{\mathrm{m}} \exp\{i(\omega t + \phi)\}] \tag{26}$$

と書き換えられる．ここで Im は複素数の虚部をとることを意味する．

(26) 式の Im と $\exp(i\omega t)$ を省略して，$I_{\mathrm{m}} \exp(i\phi)$ だけを扱う方法をベクトル記号法表示という．正弦波交流電圧についても同様の表示が可能である．ベクトル記号法表示を使う場合は，文字の上に・を付けて区別することが多い．

電気回路の電流と電圧に位相差 θ があると

$$\dot{I} = I_{\mathrm{m}} \exp(i\phi), \qquad \dot{V} = V_{\mathrm{m}} \exp\{i(\phi + \theta)\} \tag{27}$$

と表される．オーム（Ohm）の法則を使って複素インピーダンス $\dot{Z}$ を次の

ように定義する.

$$\dot{Z} = \frac{\dot{V}}{\dot{I}} = \frac{V_{\rm m}}{I_{\rm m}} \exp(i\theta) = |\dot{Z}| \exp(i\theta) \qquad \left(|\dot{Z}| = \frac{V_{\rm m}}{I_{\rm m}}\right)$$
$$= R + iX \tag{28}$$

ここで R を電気抵抗, X をリアクタンスとよぶ. 複素インピーダンスでは位相差のみが必要になるので, 以下の説明では簡単のために $\phi = 0$ とする.

図5(a)は, 複素インピーダンスと位相差 θ の関係をわかりやすく表示したものである. 横軸が実軸, 縦軸が虚軸である. 実軸から角度 θ の方向に(28)式の $\dot{\boldsymbol{Z}}$ ベクトルを描くことができる. 実軸成分は R, 虚軸成分は X である. 図中に $\dot{\boldsymbol{I}}$ ベクトルと $\dot{\boldsymbol{V}}$ ベクトルも描くことができる. $\phi = 0$ であるから(27)式の $\dot{\boldsymbol{I}}$ ベクトルは実軸にあり, $\dot{\boldsymbol{Z}}$ ベクトルと同方向に $\dot{\boldsymbol{V}}$ ベクトルがある. 基本的な電気回路の複素インピーダンスは次のようになる.

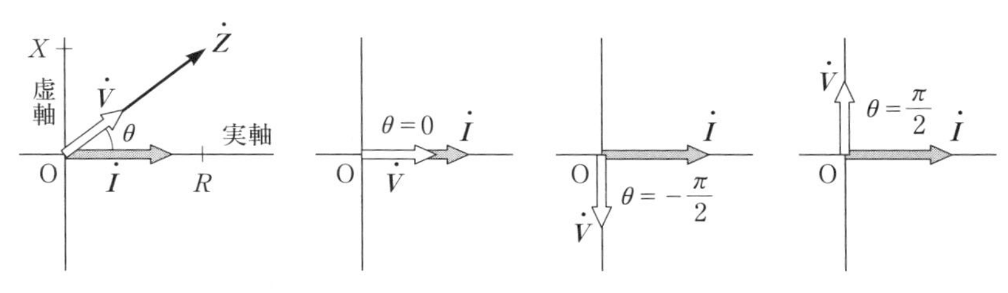

(a) $\dot{\boldsymbol{I}}$, $\dot{\boldsymbol{V}}$, $\dot{\boldsymbol{Z}}$ ベクトル　(b) 電気抵抗　(c) 電気容量　(d) 自己インダクタンス

図5　複素インピーダンス

(1)　電気抵抗 $\boldsymbol{R}$

抵抗を流れる電流 I と両端電圧 V は, オームの法則 $V = RI$ により

$$I = I_{\rm m} \sin \omega t, \qquad V = RI_{\rm m} \sin \omega t \tag{29}$$

と表される. 位相差は $\theta = 0$ である. ベクトル記号法表示によると

$$\dot{I} = I_{\rm m}, \qquad \dot{V} = RI_{\rm m} \tag{30}$$

と書かれる. 複素インピーダンス $\dot{Z}_R$ は

$$\dot{Z}_R = \frac{\dot{V}}{\dot{I}} = R \tag{31}$$

である．$\dot{\boldsymbol{V}}$ ベクトルは，図 5(b)に示すように実軸上にある．

（2）　電気容量 C のコンデンサー

コンデンサーを流れる電流と両端の電圧には，$I = C\,(dV/dt)$ の関係がある．したがって，

$$I = I_{\mathrm{m}} \sin \omega t, \qquad V = -\frac{1}{\omega C} \cos \omega t = \frac{1}{\omega C} \sin\left(\omega t - \frac{\pi}{2}\right) \tag{32}$$

となる．この場合の位相差は，$\theta = -\pi/2$ である．ベクトル記号法表示によると

$$\dot{I} = I_{\mathrm{m}}, \qquad \dot{V} = \frac{1}{\omega C} I_{\mathrm{m}} \exp\left(-i\,\frac{\pi}{2}\right) = -i\,\frac{1}{\omega C} I_{\mathrm{m}} \tag{33}$$

と書かれる．複素インピーダンス $\dot{Z}_C$ は

$$\dot{Z}_C = \frac{\dot{V}}{\dot{I}} = -i\,\frac{1}{\omega C} \tag{34}$$

である．$\dot{\boldsymbol{V}}$ ベクトルは，マイナス側の虚軸上にある（図 5(c)）．

（3）　インダクタンス L のコイル

コイルの両端電圧と電流には，$V = L\,(dI/dt)$ の関係がある．したがって

$$I = I_{\mathrm{m}} \sin \omega t, \qquad V = \omega L I_{\mathrm{m}} \cos \omega t = \omega L I_{\mathrm{m}} \sin\left(\omega t + \frac{\pi}{2}\right) \tag{35}$$

となる．位相差は，$\theta = \pi/2$ である．ベクトル記号法表示によると

$$\dot{I} = I_{\mathrm{m}}, \qquad \dot{V} = \omega L I_{\mathrm{m}} \exp\left(i\,\frac{\pi}{2}\right) = i\omega L I_{\mathrm{m}} \tag{36}$$

と書かれる．複素インピーダンス $\dot{Z}_L$ は

$$\dot{Z}_L = \frac{\dot{V}}{\dot{I}} = i\omega L \tag{37}$$

である．$\dot{V}$ ベクトルは，プラス側の虚軸上にある（図5(d)）．

2-4　分布定数回路

直流や低周波信号など伝送路に対して信号の波長が長い場合，時間的要素は無視して考えることができる．つまり，伝送路の入力端と出力端には同一時刻に同じ信号が存在すると考える．この場合，一般に信号の伝送に使用される同軸ケーブルは，内部導体と外部導体が絶縁されて配置された偏長な同軸円筒導体と考えることができる．しかし，伝送路の長さが波長よりも十分大きくなるような高周波信号においては，図6に示すように回路定数が伝送

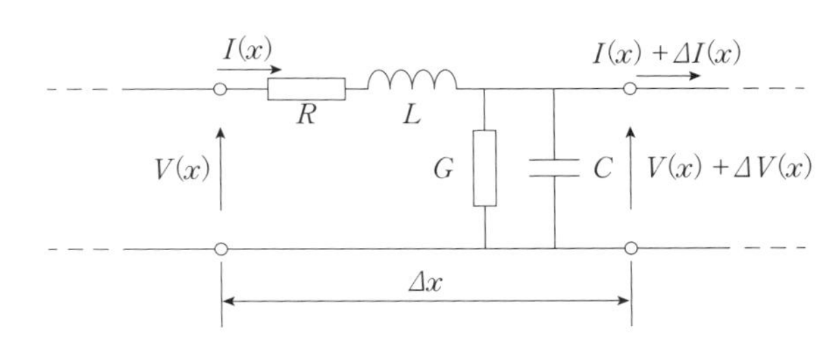

図6　分布定数回路の基本回路

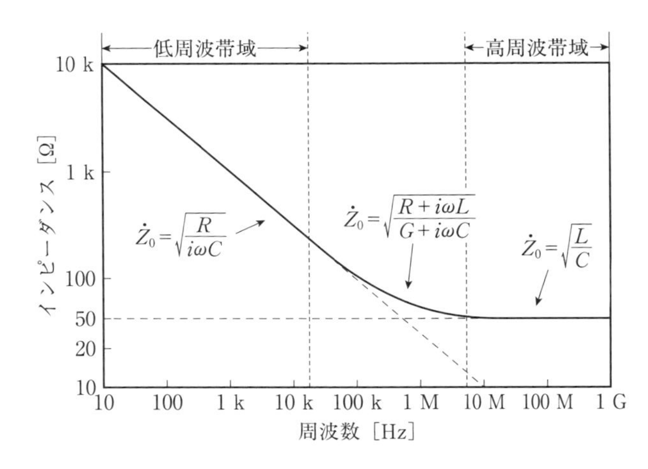

図7　伝送路のインピーダンスの周波数特性

路上に分布した分布定数回路として評価する必要がある．

同軸ケーブルのインピーダンスの周波数依存性を図7に示す．低周波領域では，コンデンサーのインピーダンスの周波数依存性と同様に，周波数に依存してその大きさは減少する．一方，MHz以上の帯域では，インピーダンスは一定の値 ($Z = \sqrt{L/C}$) をとる．

2-5 特性インピーダンス

L，C，R，G（コンダクタンス）が線路に沿って均一に分布した分布定数回路は，図6に示す微小な長さ Δx をもった基本回路がはしご状に連なったものであると考えることができる．この微小区間の回路方程式は2-3節で説明した記号法を用いると $\Delta x \to 0$ の極限では

$$\left.\begin{aligned} \frac{d\dot{V}(x)}{dx} &= -(R + i\omega L)\dot{I}(x) \\ \frac{d\dot{I}(x)}{dx} &= -(G + i\omega C)\dot{V}(x) \end{aligned}\right\} \tag{38}$$

と書ける．(38) 式から，$\dot{I}(x)$ または $\dot{V}(x)$ を消去すると

$$\left.\begin{aligned} \frac{d^2\dot{V}(x)}{dx^2} &= (R + i\omega L)(G + i\omega C)\dot{V}(x) \\ \frac{d^2\dot{I}(x)}{dx^2} &= (R + i\omega L)(G + i\omega C)\dot{I}(x) \end{aligned}\right\} \tag{39}$$

となり，$\dot{I}(x)$ および $\dot{V}(x)$ の x に関する常微分方程式を得る．この方程式の一般解は $\widetilde{A}$ および $\widetilde{B}$ を任意定数として，

$$\left.\begin{aligned} \dot{V}(x) &= \widetilde{A}\exp(-\dot{\gamma}x) + \widetilde{B}\exp(\dot{\gamma}x) = v_{\mathrm{i}} + v_{\mathrm{r}} \\ \dot{Z}_0\dot{I}(x) &= \widetilde{A}\exp(-\dot{\gamma}x) - \widetilde{B}\exp(\dot{\gamma}x) = Z_0(i_{\mathrm{i}} + i_{\mathrm{r}}) \end{aligned}\right\} \tag{40}$$

と求めることができる．このとき第1項，第2項はそれぞれ，x の正方向に進む入射波と負方向に進む反射波を示し，$i_{\mathrm{i}} + i_{\mathrm{r}}$，$v_{\mathrm{i}} + v_{\mathrm{r}}$ はそれぞれ図8に

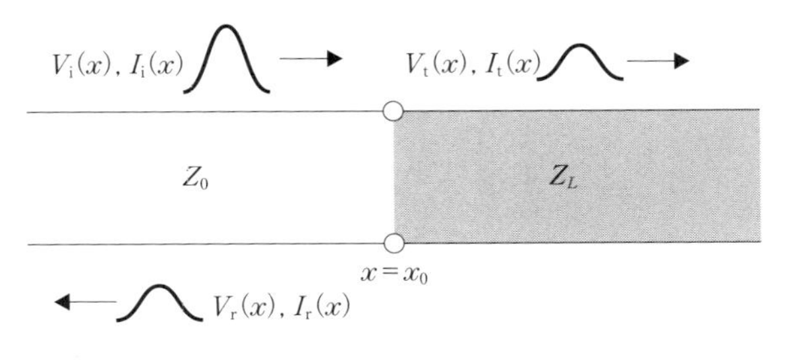

図 8　不連続点における反射

示した入射波および反射波の電流，電圧の和である．また，$\dot{\gamma}$ は伝播定数，$\dot{Z}_0$ は特性インピーダンスとよばれ，それぞれ，

$$\dot{\gamma} = \sqrt{(R + i\omega L)(G + i\omega C)} \quad [\mathrm{m}^{-1}] \tag{41}$$

$$\dot{Z}_0 = \sqrt{\frac{R + i\omega L}{G + i\omega C}} \quad [\Omega] \tag{42}$$

で与えられる．

伝送路が無損失と仮定できる場合，(42) 式で $R = 0$，$G = 0$ とおくと

$$\dot{Z}_0 = \sqrt{\frac{L}{C}} \quad [\Omega] \tag{43}$$

となり，特性インピーダンスは周波数に依存しない定数となることが示される．

2-6　反射と特性インピーダンス

図 8 のように，伝送線路上にインピーダンスが不連続な点がある場合に起こる信号の反射について考える．(40) 式の第 1 項，第 2 項で示される伝送路上の入射波および反射波は

$$\left.\begin{aligned} \widetilde{A}\exp(-\dot{\gamma}x) &= \frac{\dot{V}(x) + \dot{Z}_0\dot{I}(x)}{2} \\ \widetilde{B}\exp(\dot{\gamma}x) &= \frac{\dot{V}(x) - \dot{Z}_0\dot{I}(x)}{2} \end{aligned}\right\} \tag{44}$$

と書き直せる．伝送路上のある点 $x = x_0$ における入射波と反射波の比を，その点における反射係数 Γ と定義すると

$$\Gamma(x_0) = \frac{\widetilde{B}\exp(\dot{\gamma}x_0)}{\widetilde{A}\exp(-\dot{\gamma}x_0)} = \frac{\dot{V}(x_0) - \dot{Z}_0\dot{I}(x_0)}{\dot{V}(x_0) + \dot{Z}_0\dot{I}(x_0)}$$

$$= \frac{\dfrac{\dot{V}(x_0)}{\dot{I}(x_0)} - \dot{Z}_0}{\dfrac{\dot{V}(x_0)}{\dot{I}(x_0)} + \dot{Z}_0} \tag{45}$$

となる．$x = x_0$ においてインピーダンス $\dot{Z}_L$ が接続されているとすると $\dot{Z}_L = \dot{V}(x_0)/\dot{I}(x_0)$ であるので

$$\Gamma(x_0) = \frac{\dot{Z}_L - \dot{Z}_0}{\dot{Z}_L + \dot{Z}_0} \tag{46}$$

となる．

§3. 実　験

3-1 電気容量とインダクタンスの測定

3-1-1 実験装置および器具

実習盤（電気抵抗，コンデンサー，インダクタンス），LCZ メーター，平行円板コンデンサー（直径 15 cm，最大円板間距離 2.5 cm），誘電体試料（ガラス板，テフロン板，ポリエチレン板，ゴム板，試料厚さ 1 cm），ソレノイド（直径約 5 cm，全長約 50 cm，全巻数 420，分割数 10），同軸ケーブル（名称 3D2V，中心導体直径 0.96 mm，外部導体内直径 3.0 mm，全長 100 m，誘電率 $\varepsilon = 2.3\varepsilon_0$）

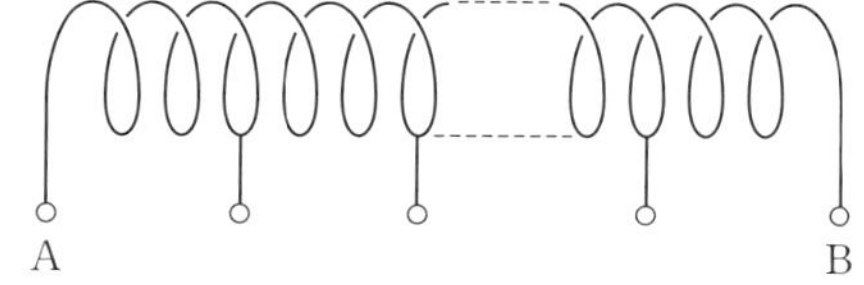

図 9　タップ付きソレノイド

ソレノイドは図 9 のように，AB 間に 10 個のタップが付いている．このタップを利用すると，

自己インダクタンスの長さ依存性を求めることができる．LCZ メーターと試料を結ぶ接続ケーブルに含まれる電気抵抗，浮遊容量，自己インダクタンスなどが測定誤差となる場合があるので，小さな値を測定するときには注意を要する．

3-1-2　実験方法

（1）　それぞれの回路素子を組み合わせて，直列接続，並列接続回路を図 10 のように作り，AB 端の合成値を測定する．

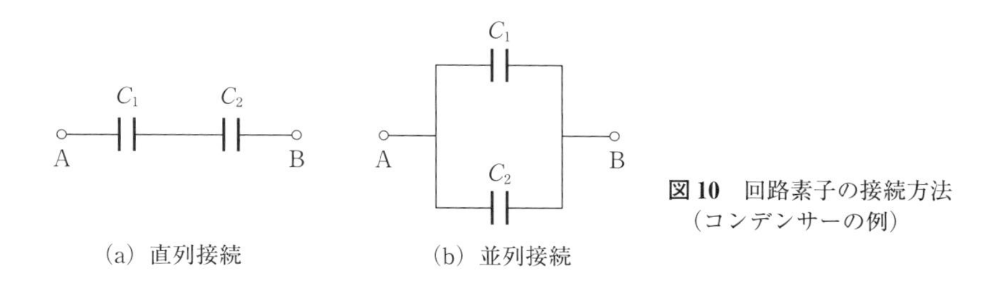

図 10　回路素子の接続方法（コンデンサーの例）

（2）　平行円板コンデンサーの電気容量を円板間の距離を変えて測定する（図 11）．

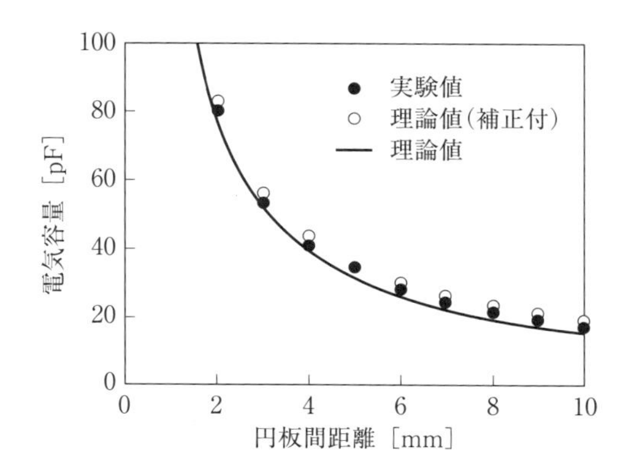

図 11　平行円板コンデンサーの電気容量

（3） 誘電体試料を平行円板コンデンサーの円板間に挟み，電気容量を測定する．試料と円板の間に隙間を開けないで測定し，次に隙間を開けた場合を測定する．

（4） ソレノイドの直径とタップ間の距離を測定し，巻数を記録する．タップ間の自己インダクタンスを測定し，長さ依存性を求める（図12）．

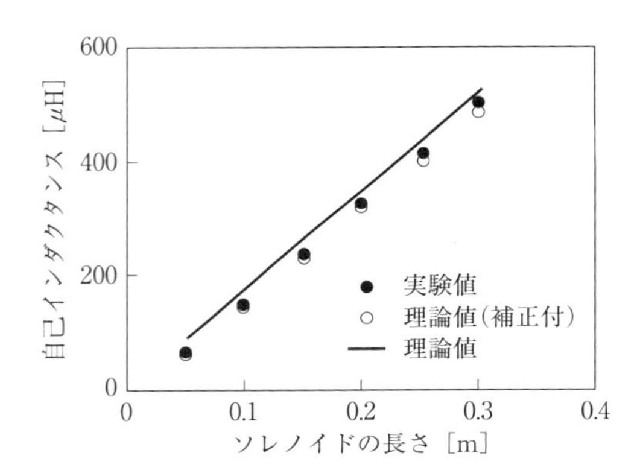

図12　ソレノイドの自己インダクタンス

（5） 同軸ケーブルの電気容量および自己インダクタンスを測定する．図13に示すように，電気容量測定のときは同軸ケーブルの他端を開放にし，自己インダクタンス測定のときは短絡する．

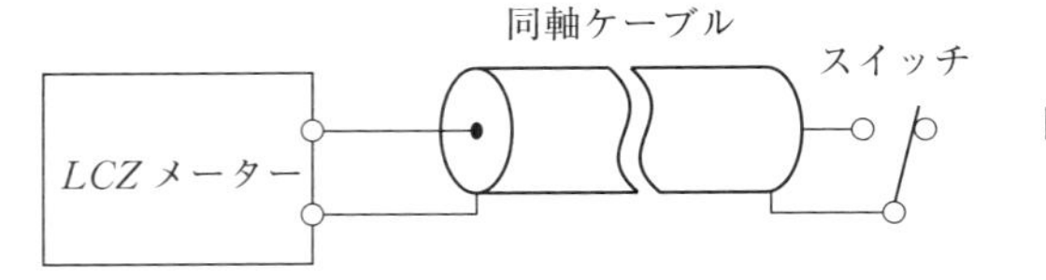

図13　同軸ケーブルの *LCZ* 測定

（6） 同軸ケーブルの右端のスイッチを閉じ，インピーダンス測定を行う．周波数によるインピーダンスの変化を記録する．

3-2　同軸ケーブルの伝送特性の測定

3-2-1　実験装置および器具

ファンクションジェネレータ，デジタルオシロスコープ，同軸ケーブル(3D2V，中心導体直径 0.96 mm，外部導体内直径 3.0 mm，全長 100 m，誘電率 $\varepsilon = 2.3\varepsilon_0$)，終端抵抗 R_L，保護抵抗 R_P（20 Ω）

3-2-2　実験方法

（1）　図 14 のような回路を組み，出力端（B－B′）を開放（$R_L = \infty$）として，入力端（A－A′）の電圧波形をデジタルオシロスコープを用いて観測する．パルス幅は 200 ns に設定せよ．測定波形，波高，パルス幅，入射パルスと反射パルスの遅延時間を記録すること（図 15）．

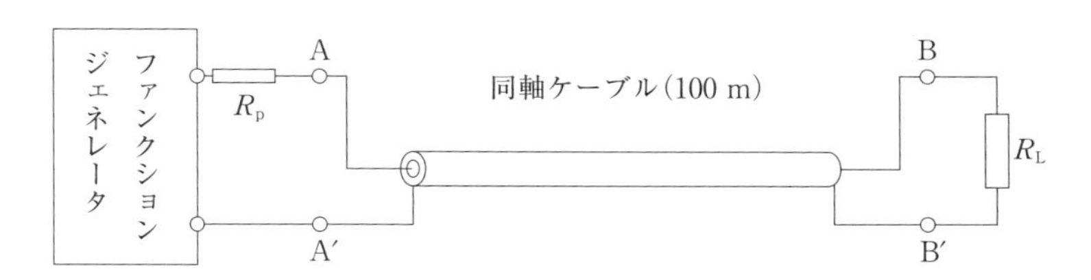

図 14　測定回路の構成

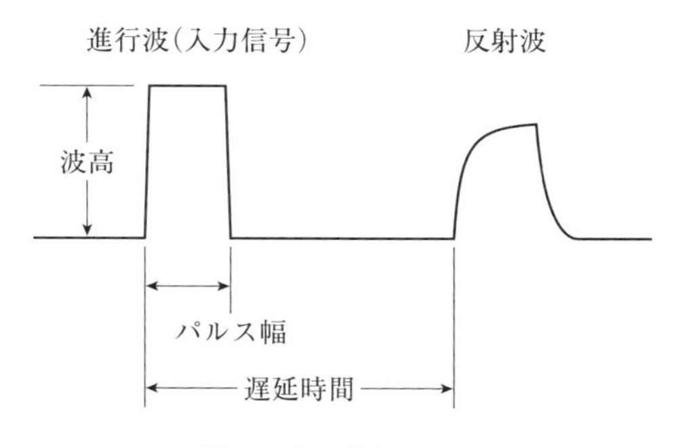

図 15　伝送特性の測定

（2） 終端抵抗を(a) 短絡（$R_L = 0$），(b) $R_L = 50\,\Omega$ とした場合について同様の測定を行え．

§4. 課　題

（1） 電気抵抗，コンデンサー，インダクタンスなどの直列接続，並列接続による合成値を求める理論式を作れ．実験で使用した個々の回路素子の値を理論式に代入して合成値を求め，実験値と比較せよ．

（2） 平行円板コンデンサーの電気容量と円板間距離の関係を図にせよ(図 11)．（8）式により補正した理論値と実験値を比較せよ．円板間距離が狭い場合の測定値と（6）式を使って，空気の誘電率を求めよ．その結果を物理定数表に示されている真空の誘電率 ε_0 と比較せよ．

（3） 誘電体を用いた場合の電気容量の測定結果から誘電率を求め，物理定数表に示されている標準値と比較することで各種誘電体の材質を判定せよ．

（4） 平行円板と誘電体の間に隙間を開けた場合の実験で得た測定値を理論的に説明せよ．

（5） 有限長ソレノイドの自己インダクタンスの測定結果と無限長ソレノイドの理論値を比較せよ．また，理論値に長岡係数による補正を加えると実験値に近づくことを図で示せ（図 12）．

（6） 同軸ケーブルの単位長さ当りの電気容量と自己インダクタンスを(12)，(23) 式より求め，実験値と比較せよ．

（7） 同軸ケーブルのインピーダンス測定で求めた周波数依存性を図に示し（図 16），インピーダンスが変化する理由を述べよ．

（8） (12) および (23) 式で求めた電気容量およびインダクタンスから，同軸ケーブルの特性インピーダンス Z_0 を導出せよ．また，この実験で用いた同軸ケーブル（3D2V）の特性インピーダンスを計算せよ．

（9） (46) 式から，終端抵抗が $R_L = 0$，$R_L = Z_0$，$R_L = \infty$ の各場合

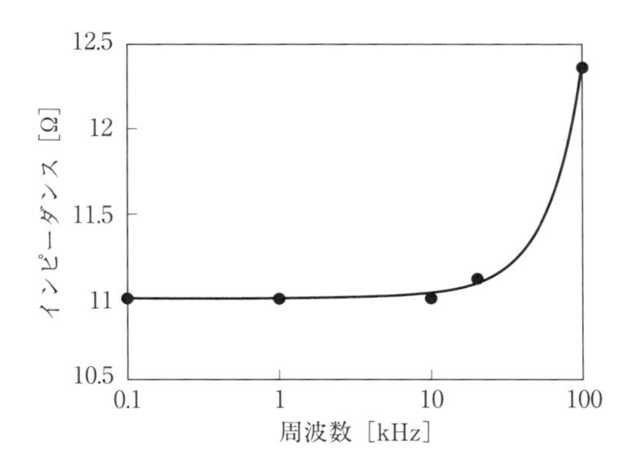

図 16　インピーダンスの周波数依存性

について反射係数を計算し，実験結果と比較せよ．

(10)　実験で得られた入射パルスと反射パルスの遅延時間から，同軸ケーブル内のパルスの伝播速度を求めよ．また，得られた伝播速度は光速の何パーセントか計算せよ．

(11)　(10) の結果をもとに，伝播速度と誘電率の関係について論じよ．

§5.　参 考 書

1）　霜田光一，桜井捷海：「物理学選書　エレクトロニクスの基礎(新版)」(裳華房)

2）　長岡洋介：「物理入門コース　電磁気学 I，II」(岩波書店)

3）　電気通信学会 編：「電磁気学」(コロナ社)

4）　飯田修一 編：「電気的測定」(朝倉書店)

5）　秋月影雄：「回路理論の基礎」(日新出版)

6）　川上　博，島本　隆，西尾芳文：「例題と課題で学ぶ電気回路」(コロナ社)

13. *LC* 発振器

(The *LC* Oscillator)

A Colpitz circuit is studied as a typical example of an *LC* oscillator. The oscillation frequency and amplitude are first calculated by analysis of the circuit. Experimental verification of the frequency of oscillation is provided by measurements on a prepared circuit which uses variable inductors and capacitors.

§1. はじめに

フレミング（Fleming）が 1904 年に作った 2 極真空管の原理をもとに，ド・フォレスト（De Forest）は 2 年後に 3 極真空管を作った．この 3 極真空管により電流増幅が可能となり，1913 年にマイスナー（Meissner）は，増幅器に正の帰還（フィードバック）をかけることにより回路内部の振動振幅を増幅させる発振器を作った．その後，多くの人たちにより種々の発振回路が考案されたが，1921 年にコルピッツ（Colpitts）によって開発されたものがよく知られている．現在は，真空管に代わってトランジスターが使われている．

発振回路は，電波の発生や電子機器の動作になくてはならないものである．発振波形は図 1 に示すように正弦波，矩形波，三角波等と種類が多く，用途により選択される．この実験では発振回路の原理を理解した後，典型的な回路例としてコルピッツ発振器をとり上げて発振実験を行う．

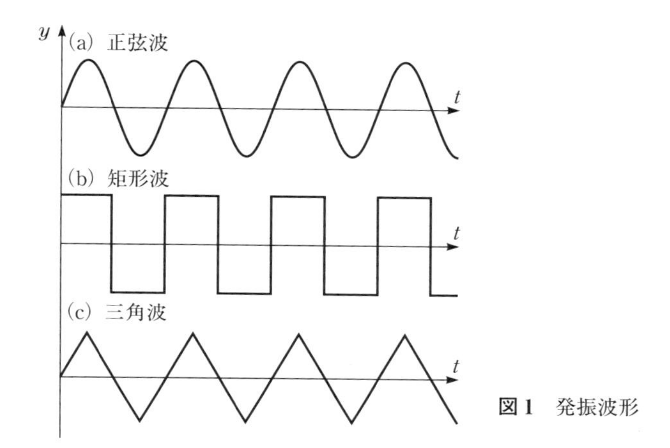

図 1　発振波形

§2. 原　理

2－1　共振周波数

発振回路の原理を理解するのに必要な，共振周波数と負の抵抗について解説する．そのために，図 2 に 2 つの共振回路を示した．

図 2(a)のコンデンサー C を充電して電圧が V_0 になったところで，スイッチ S を入れて L に電流を流す．時刻 t の電流を I，コンデンサーに蓄えられている電荷を Q とすると，回路方程式はキルヒホッフの法則により

$$L\frac{dI}{dt}-\frac{Q}{C}=0 \qquad (1)$$

となる．この方程式に，$I=-dQ/dt$ および C の両極間の電圧 V に対する

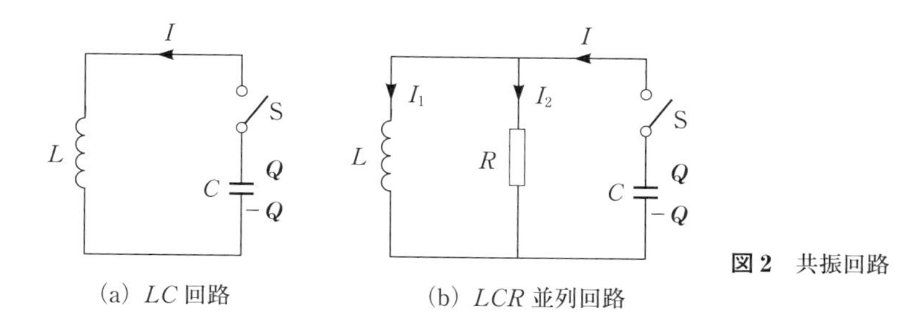

図 2　共振回路

関係 $Q = CV$ を代入すると，2階の微分方程式（振動方程式）

$$\frac{d^2V}{dt^2} + \frac{V}{LC} = 0 \tag{2}$$

が得られる．この式を初期条件（$t = 0$ で $V = V_0$，$dV/dt = 0$）で解くと

$$V = V_0 \cos \omega t \tag{3}$$

が得られる．ただし，$\omega = 1/\sqrt{LC}$ である．この回路にはエネルギーを消費する抵抗が入っていないので，回路内の電気エネルギーは失われず，角周波数 ω（$= 2\pi f$，f：周波数）の正弦振動が無限に持続する．この ω を LC 回路の共振周波数とよんでいる．

次に，抵抗 R が並列に入っている図2(b)の回路を考える．この回路について，（1）式と同様にキルヒホッフの法則を当てはめると

$$L\frac{dI_1}{dt} - \frac{Q}{C} = 0 \tag{4}$$

$$RI_2 - \frac{Q}{C} = 0 \tag{5}$$

が得られる．ただし，$I = I_1 + I_2$ である．

これらの方程式と $Q = CV$ および $I = -dQ/dt$ の関係を組み合わせると，電圧 V についての次の関係式が得られる．

$$\frac{d^2V}{dt^2} + \frac{1}{RC}\frac{dV}{dt} + \frac{V}{LC} = 0 \tag{6}$$

この式を初期条件（$t = 0$ で $V = V_0, I = I_2 = V_0/R$ より $dV/dt = -V_0/RC$）で解くと

$$V = V_0 \exp\left(-\frac{t}{2RC}\right)\left(\cosh \gamma t - \frac{1}{2RC\gamma}\sinh \gamma t\right) \tag{7}$$

が得られる．ただし，$\sinh \gamma t = (e^{\gamma t} - e^{-\gamma t})/2$，$\cosh \gamma t = (e^{\gamma t} + e^{-\gamma t})/2$，$\gamma = \sqrt{1/4R^2C^2 - 1/LC}$ である．

（7）式は複雑に見えるが，回路素子の値が次の条件を満たす場合は簡単化される．

（a）　$1/4RC \gg R/L$ の場合

$$V \approx V_0 \exp\left(-\frac{t}{RC}\right) \tag{8}$$

となる．電圧 V は時間とともに指数関数的に減衰する（図 3(a)）．減衰の速さを示す指標として，時定数 $\tau = RC$ が使われる．ここで，時定数とは指数関数的に変化する物理量について，$1/e$ になる時間のことをいう．

（b）　$1/4RC \ll R/L$ の場合

$$V \approx V_0 \exp\left(-\frac{t}{2RC}\right) \cos \frac{1}{\sqrt{LC}} t \tag{9}$$

となる．図 3(b)に示すように，電圧 V は時間とともに減衰する．時定数は $\tau = 2RC$ である．（8），（9）式が示す電圧の減衰は，回路にエネルギーを消費する抵抗 R が入っているためである．$R = \infty$ であれば（9）式は（3）式と一致し，図 2(a)の回路と同じ減衰のない振動となる．

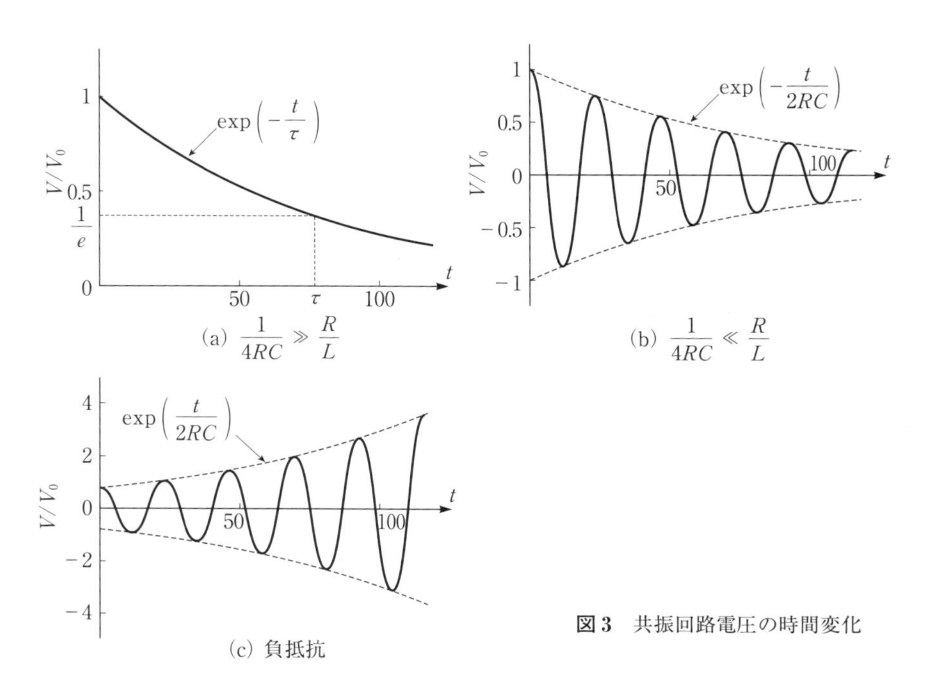

図 3　共振回路電圧の時間変化

抵抗 R の代わりに負の抵抗 $-R$ の存在を仮定すると，（9）式は

$$V \approx V_0 \exp\left(\frac{t}{2RC}\right)\cos\frac{1}{\sqrt{LC}}t \tag{10}$$

となって，振動の振幅は時間とともに指数関数的に増加する（図3(c)）．これは，負の抵抗部分が回路にエネルギーを供給しているため，振幅の増加が起こるとも考えられる．このような類推から，負の抵抗を発生させる等価的な電子回路素子（増幅回路）を $-R$ の代わりに用いれば，発振器ができることがわかる．

2-2 発振条件

共振回路の電圧振動を持続させるには，抵抗成分による減衰を補うための増幅回路が必要となる．この目的に使われる図4の帰還発振回路を説明する．増幅回路の出力の一部を帰還回路に戻して入力側に供給すると，外部からの入力信号がなくても振動が持続する．入力信号 V_1 と出力信号 V_2 の間には

$$V_2 = A(V_1 + \beta V_2) \tag{11}$$

の関係がある．ここで A は増幅率，β は帰還率である．この式から電圧の比を作ると

$$\frac{V_2}{V_1} = -\frac{A}{A\beta - 1} \tag{12}$$

が得られ，

$$A\beta - 1 = 0 \tag{13}$$

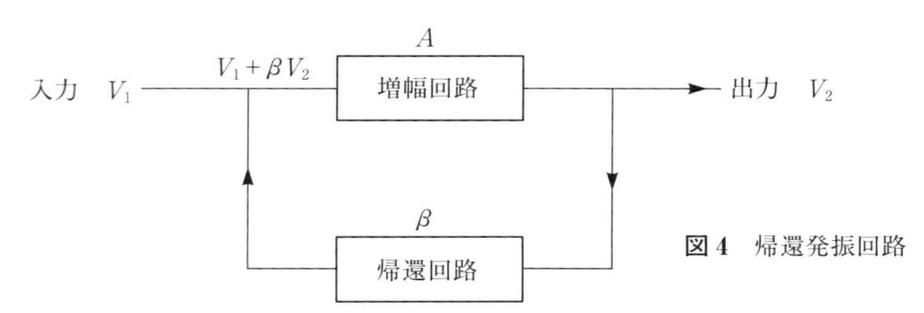

図4 帰還発振回路

を満足するときには，入力信号の大きさによらずに発振が継続することがわかる．この A と β には L や C によるリアクタンス分が含まれているので，一般に複素数である．したがって，この式の $A\beta$ は実数部と虚数部に分けられるから，発振条件は

$$\mathrm{Re}\,[A\beta]-1=0, \qquad \mathrm{Im}\,[A\beta]=0 \tag{14}$$

の2つになり，前者が振幅条件，後者が周波数条件を与える．

増幅回路にトランジスターを使用した発振回路の基本形が図5(a)である．エミッター電流の一部が，帰還回路を通してベース電流に戻されている．帰還回路の構成により，RC 発振器，LC 発振器が作られる．前者は低周波発振用であるが，後者は高周波発振用である．LC 発振器の代表例として，コルピッツ発振器（図5(b)）をとり上げて，発振条件を導く．

コルピッツ発振器とその交流信号に対する等価回路を図5(c)に示す．

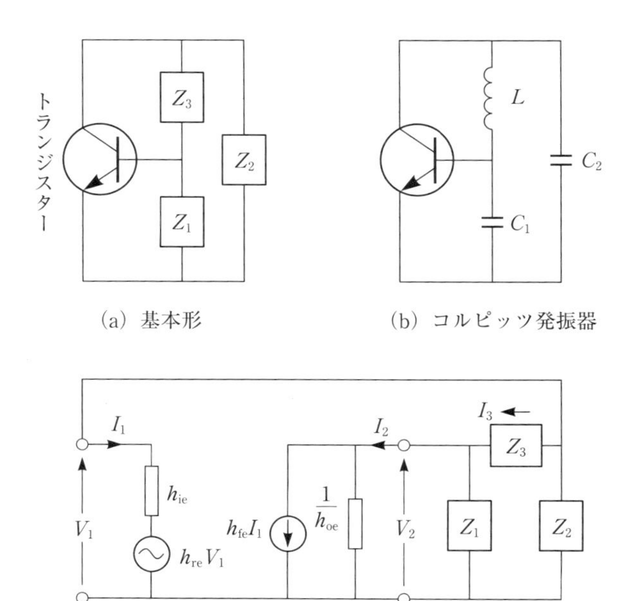

図5　コルピッツ発振器の構成

この等価回路にキルヒホッフの法則を適用すると次式が作られる.

$$V_1 = h_{ie}I_1 + h_{re}V_2 \tag{15}$$

$$I_2 = h_{fe}I_1 + h_{oe}V_2 \tag{16}$$

$$V_2 = Z_2(I_3 - I_2) = V_1 - Z_3I_3 \tag{17}$$

$$V_1 = -Z_1(I_1 + I_3) \tag{18}$$

h_{re} および h_{oe} は非常に小さいので省略し, V_1, V_2, I_1, I_2, I_3 を消去すると, 発振に必要なインピーダンスの相互関係が求まる.

$$h_{fe} + \frac{Z_2 + Z_3}{Z_2} + h_{ie}\frac{Z_1 + Z_2 + Z_3}{Z_1Z_2} = 0 \tag{19}$$

h パラメーターが実数, 帰還回路の各素子が純リアクタンスで構成されていれば, 第1, 2項は実数, 第3項は虚数となる. したがって, (14) 式より振幅条件

$$h_{fe} + \frac{Z_2 + Z_3}{Z_2} = 0 \tag{20}$$

および周波数条件

$$Z_1 + Z_2 + Z_3 = 0 \tag{21}$$

が得られる. (21) 式を (20) 式に代入すると

$$h_{fe} = \frac{Z_1}{Z_2} \tag{22}$$

となる. $h_{fe} > 0$ であるから, Z_1 と Z_2 は同符号である. したがって, (21) 式より Z_3 は Z_1, Z_2 に対して異符号でなければならない. もし Z_3 がインダクタンスならば Z_1 と Z_2 はコンデンサー, Z_3 がコンデンサーのときには Z_1 と Z_2 はインダクタンスとなる. 前者の組合せをコルピッツ回路, 後者の組合せをハートレー (Hartley) 回路とよんでいる. 実際には Z_1, Z_2, Z_3 に抵抗分があり, 高周波領域では h パラメーターは複素数になる等の理由で, 振幅条件や周波数条件は上式と多少異なってくる.

コルピッツ回路では $Z_1 = -i/\omega C_1$, $Z_2 = -i/\omega C_2$, $Z_3 = i\omega L$ であるから, 発振周波数は (21) 式より

$$f = \frac{\omega}{2\pi} = \frac{1}{2\pi}\sqrt{\frac{C_1 + C_2}{LC_1C_2}} \tag{23}$$

となる．

§3. 実　験

3-1　実験装置および器具

発振器，デジタルオシロスコープ，直流電源，デジタルボルトメーター，LCR 並列回路実験盤，コルピッツ発振器実験盤

LCR 並列回路実験盤およびコルピッツ発振器実験盤の回路素子は，必要に応じて種々の値を選択することができるように作られている．発振器は LCR 回路の入力用に使われるもので，矩形波と正弦波をとり出すことができる．コルピッツ発振器の発振周波数は，デジタルオシロスコープの波形分析またはデジタル表示機能により知ることができる．

3-2　実験方法

（1）*LCR* 回路

（i）LCR 並列回路実験盤（図 6）に発振器とデジタルオシロスコープを接続し，実験盤の LCR を組み合わせて並列共振回路を作る．

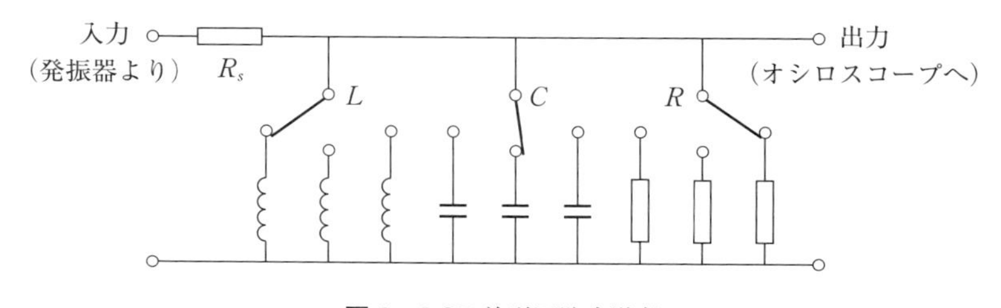

図 6　LCR 並列回路実験盤

（ii） 発振器から矩形波を入力して，LCR 回路に励起される電気振動をオシロスコープで確認する（図 7）．得られた共振波形から，共振周波数と減衰過程における時定数 τ を求める．

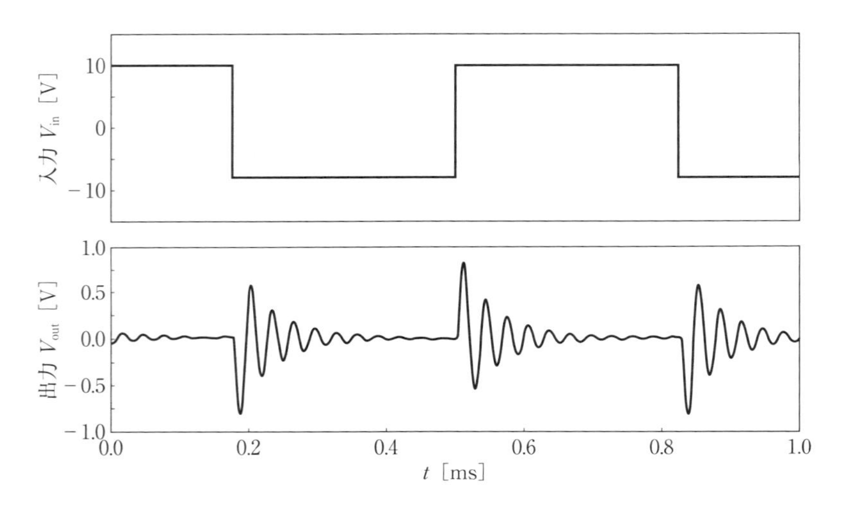

図 7　矩形波入力と発振波形（$L = 120\,\mu$H，$C = 0.2\,\mu$F，$R = 1\,$kΩ）

（iii） 実験盤の LCR の組み合わせを変えて，（ii）の測定を繰り返す．

（2） 共振曲線の測定

（i） LCR 並列回路実験盤の出力端子にデジタルボルトメーターを接続し，発振器から正弦波を共振回路に入力する．L，C の値は（i）の実験で使った組み合わせにし，抵抗は接続しない．

（ii） 発振器の正弦波周波数を変化させ，その出力振幅 V_{out} を測定する．周波数範囲を 1～60 kHz に変化させて測定することで，LC 回路の出力振幅についての周波数依存性を測定する（図 8）．

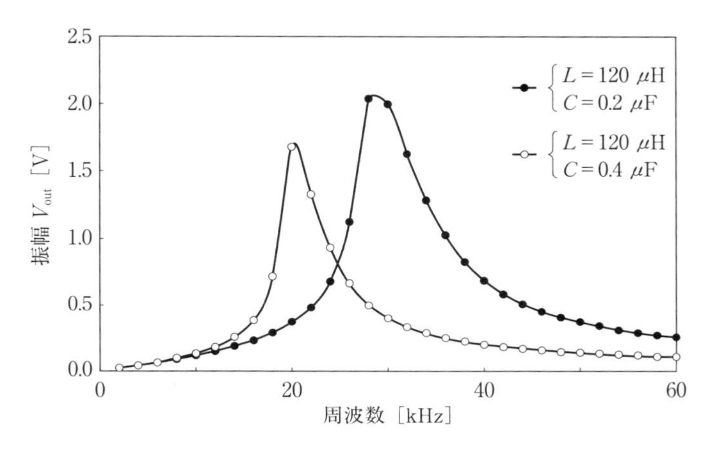

図 8　LC 回路の周波数依存性

(3)　コルピッツ発振器

(i)　コルピッツ発振器実験盤（図 9）に直流電源および発振周波数観測用のデジタルオシロスコープを接続する.

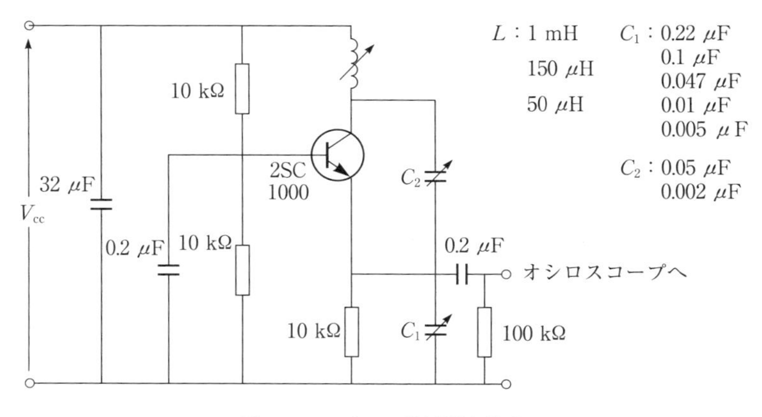

図 9　コルピッツ発振器実験盤

（ii） 直流電源を実験盤の電源端子に接続し，9 V の入力電圧 V_{cc} を加えて発振器を動作させる．C_1，C_2，L をそれぞれ任意に変化させて，発振波形（図 10）の発振周波数および振幅をデジタルオシロスコープから読みとる．

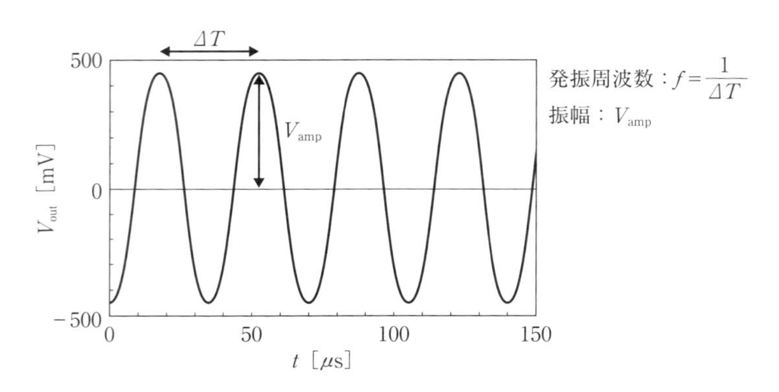

図 10　発振波形（$L = 1$ mH，$C_1 = 0.1\ \mu$F，$C_2 = 0.05\ \mu$F）

§4. 課　題

（1） （6）式の微分方程式を解いて，（7）式を導出せよ．初期条件は $t = 0$ で $V = V_0$，$I = I_2 = V_0/R$ より $dV/dt = -V_0/RC$ を用いよ．

（2） LCR 回路に矩形波入力して得られた電圧波形（図 7）を解析し，共振周波数および時定数を表にまとめよ．この共振周波数を理論値 $f = 1/2\pi\sqrt{LC}$ と比較せよ．

（3） LCR 回路に正弦波を入力したときの実験結果を，横軸を周波数，縦軸を振幅 V_{out} とする図にまとめよ（図 8）．V_{out} が極大となる振動数を求め，使用した LC 回路の共振周波数の理論値と比較せよ．

（4） コルピッツ発振器の実験で測定された発振周波数と (23) 式から求められる理論値との関係を図示せよ．

§5. 参 考 書

1） 霜田光一, 桜井捷海：「物理学選書　エレクトロニクスの基礎（新版）」（裳華房）

2） 丹野頼元：「電子回路（第2版）」（森北出版）

3） 関根慶太郎：「電子回路」（電子情報通信学会）

4） 吉田裕一：「電子回路」（電気学会）

5） 久保重美, 尾崎祐澄：「解説 電子回路（下巻）」（近代科学社）

6） 細田悦資：「発振回路と変換技術」（産報出版）

7） 志村正道：「電子回路Ⅰ（リニア編）」（昭晃堂）

14. *LCR* 回路の過渡特性と周波数特性

(Pulse and Frequency Responses of *LCR* Circuits)

A square wave and a sinusoidal wave are applied in turn to *LCR* circuits in order to determine their pulse and frequency response characteristics. Measured time constants are compared to the theoretically calculated values. The amplitude and phase dependence of the response of the circuits is studied as a function of the exciting frequency (a Bode plot).

§1. はじめに

本実験では電気回路を一つのシステムと考え，そのシステムに過渡的および周期的な変化を与えた場合の応答を調べる．システムの過渡特性および周波数特性は，それぞれ1階および2階の微分方程式で表される．前者においては，矩形波入力に対する応答特性から時定数の概念を理解する．後者においては，過渡応答が回路定数の条件によって振動的あるいは非振動的になることを理解する．上記のシステムに正弦波入力を印加した場合，そのシステムの周波数特性を知ることができる．以上の実験を通して，過渡特性と周波数特性が密接な関係にあることを理解する．さらに，微分回路および積分回路のはたらきや，その動作条件などを理解する．

§2. 原　理

2-1　過渡特性

図1(a)，(b)に示す RC 直列回路は，それぞれ微分回路および積分回路とよばれる．RC 直列回路の動作を記述する方程式は，入力電圧を v_i，電気容量 C のコンデンサーに蓄えられる電荷を q，回路の抵抗を R とした場合，キルヒホッフ（Kirchhoff）の第2法則より，時間に対する1階の線形微分方程式となる．

$$R\frac{dq}{dt}+\frac{1}{C}q=v_\mathrm{i} \tag{1}$$

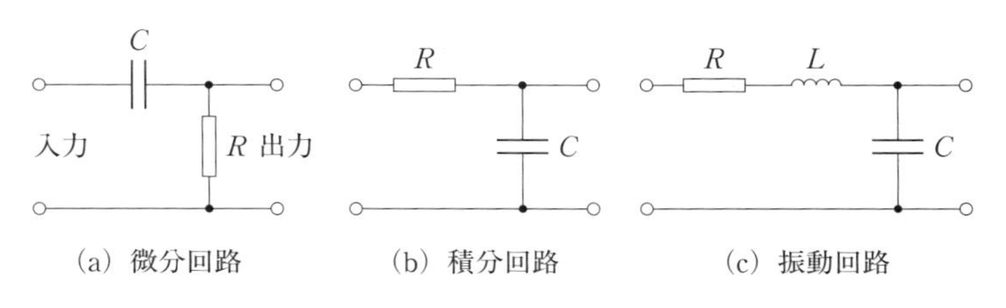

図1　LCR 回路

このような RC 直列回路の過渡特性を調べる場合，階段状の信号（矩形波）を入力波形として用いるとよい．RC 直列回路に階段状の直流電圧 V_i を入力した場合の回路方程式(1)の解は，コンデンサーの初期電荷をゼロとすると

$$q=CV_\mathrm{i}\left\{1-\exp\left(-\frac{t}{RC}\right)\right\} \tag{2}$$

となる．ここで RC は時定数とよばれ，時間の次元をもつ．時定数とは過渡的な変化に対する応答の速さを表す量であり，計測技術における動的な測定に必須の概念である．

微分回路および積分回路における出力電圧 v_o はそれぞれ次式となる．

（i） 微分回路

$$v_o = R\frac{dq}{dt} = V_i \exp\left(-\frac{t}{RC}\right) \tag{3}$$

（ii） 積分回路

$$v_o = \frac{q}{C} = V_i\left\{1 - \exp\left(-\frac{t}{RC}\right)\right\} \tag{4}$$

図 2(a)，(b)に微分回路および積分回路の典型的な過渡特性を示す．（3），（4）式を用いると，それぞれの回路の時定数を求めることができる．微分回路の場合，（3）式の t に RC を代入すると

$$v_o\Big|_{t=RC} = \frac{V_i}{e} \tag{5}$$

となる．つまり，時刻 RC で出力電圧 v_o が入力電圧 V_i の $1/e$ に減少することがわかる．この時間 RC が回路の時定数となる．

図 1(c)に示す LCR 直列回路は振動回路とよばれる．この電気回路に直流電圧 V_i を入力した場合の回路方程式は，時間に対する 2 階の線形微分方程式となる．

$$L\frac{d^2q}{dt^2} + R\frac{dq}{dt} + \frac{1}{C}q = V_i \tag{6}$$

この LCR 直列回路の過渡特性は，コンデンサーにかかる出力電圧が $v_o = q/C$ であることから次の 3 通りに分類される．

（i） 過減衰 $\left(R > 2\sqrt{\dfrac{L}{C}}\right)$

$$\begin{aligned} v_o = \frac{q}{C} &= V_i\left\{1 - \exp(-\alpha t)\left(\frac{\alpha}{\omega_1}\sinh\omega_1 t + \cosh\omega_1 t\right)\right\} \\ &= V_i\left\{1 - \sqrt{\left(\frac{\alpha}{\omega_1}\right)^2 - 1}\,\exp(-\alpha t)\sinh(\omega_1 t + \varphi_1)\right\} \end{aligned} \tag{7}$$

ただし，

$$\alpha = \frac{R}{2L}, \qquad \omega_1 = \sqrt{\left(\frac{R}{2L}\right)^2 - \frac{1}{LC}}, \qquad \tanh\varphi_1 = \frac{\omega_1}{\alpha}$$

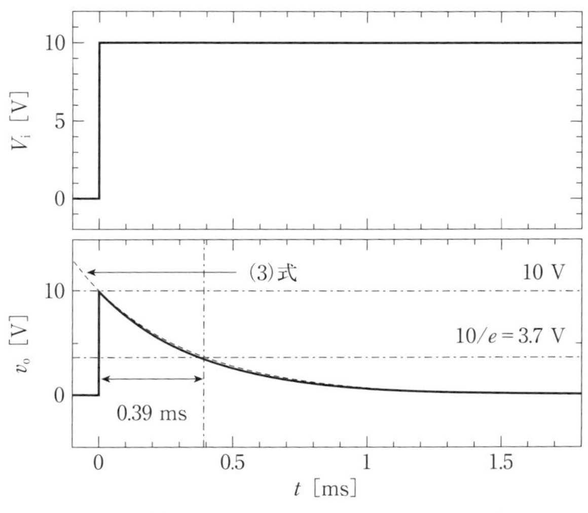

(a) 微分回路($R = 120$ kΩ, $C = 3.3$ nF)

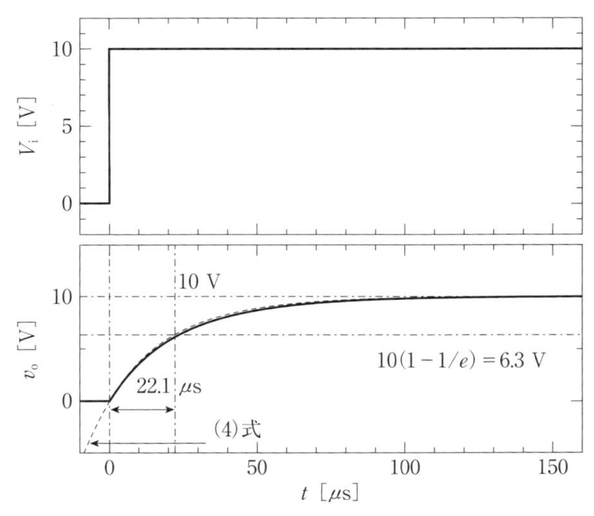

(b) 積分回路($R = 6.7$ kΩ, $C = 3.3$ nF)

図 2　*RC* 回路の過渡特性

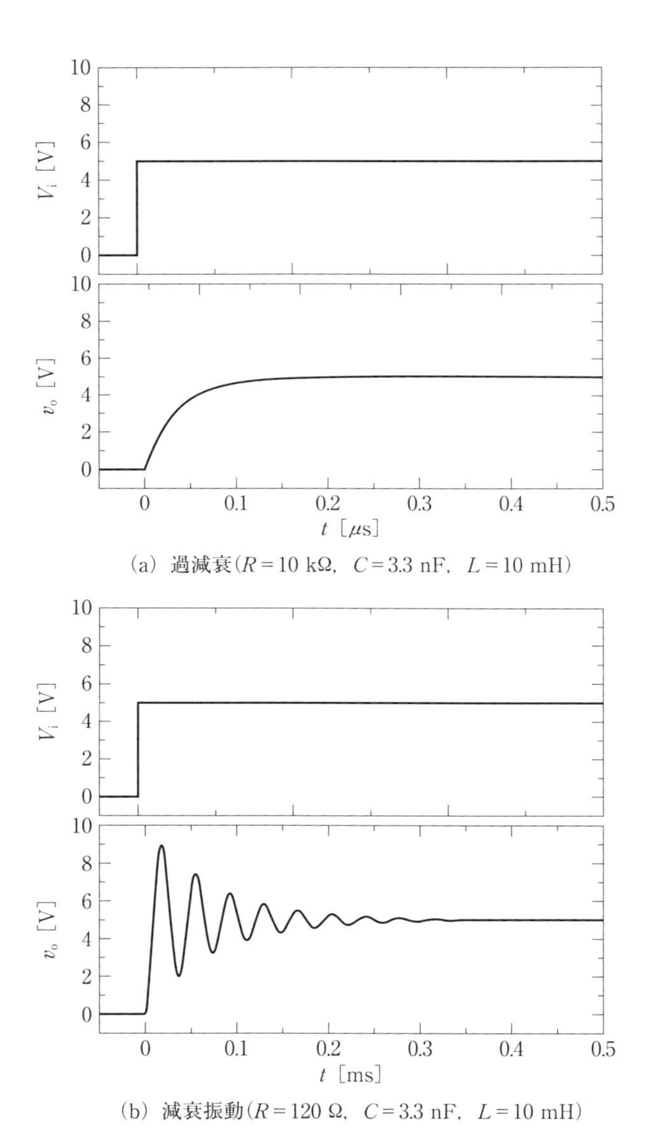

(a)　過減衰($R=10$ kΩ，$C=3.3$ nF，$L=10$ mH)

(b)　減衰振動($R=120$ Ω，$C=3.3$ nF，$L=10$ mH)

図 3　過減衰と減衰振動

（ii） 臨界減衰$\left(R = 2\sqrt{\dfrac{L}{C}}\right)$

$$v_\mathrm{o} = V_\mathrm{i}\{1 - (1 + \alpha t)\exp(-\alpha t)\} \quad (8)$$

（iii） 減衰振動$\left(R < 2\sqrt{\dfrac{L}{C}}\right)$

$$\begin{aligned} v_\mathrm{o} &= V_\mathrm{i}\left\{1 - \exp(-\alpha t)\left(\frac{\alpha}{\omega_2}\sin\omega_2 t + \cos\omega_2 t\right)\right\} \\ &= V_\mathrm{i}\left\{1 - \sqrt{\left(\frac{\alpha}{\omega_2}\right)^2 + 1}\exp(-\alpha t)\sin(\omega_2 t + \varphi_2)\right\} \end{aligned} \quad (9)$$

ただし，

$$\omega_2 = \sqrt{\frac{1}{LC} - \left(\frac{R}{2L}\right)^2}, \qquad \tan\varphi_2 = \frac{\omega_2}{\alpha}$$

振動回路の過渡応答が過減衰，減衰振動になる場合の一例を図3に示す．それぞれの実験で回路素子の値が過減衰（(7)式）および減衰振動（(9)式）の条件を満たしていることが確認できる．

2-2　入力電圧の微分と積分

図1(a)，(b)に示すRC直列回路の入力電圧v_iを周期Tで変化させた場合を考える．このv_iの時間変化にともなってコンデンサーに蓄えられる電荷qも周期Tで変化する．回路の時定数RCがTに比べて十分小さい場合($RC \ll T$)，(1)式は

$$\frac{q}{C} = v_\mathrm{i} \quad (10)$$

となり，抵抗Rに流れる電流iは

$$i = \frac{dq}{dt} = C\frac{dv_\mathrm{i}}{dt} \quad (11)$$

となる．つまり，図1(a)の回路の出力電圧v_oは

$$v_\mathrm{o} = Ri = RC\frac{dv_\mathrm{i}}{dt} \quad (12)$$

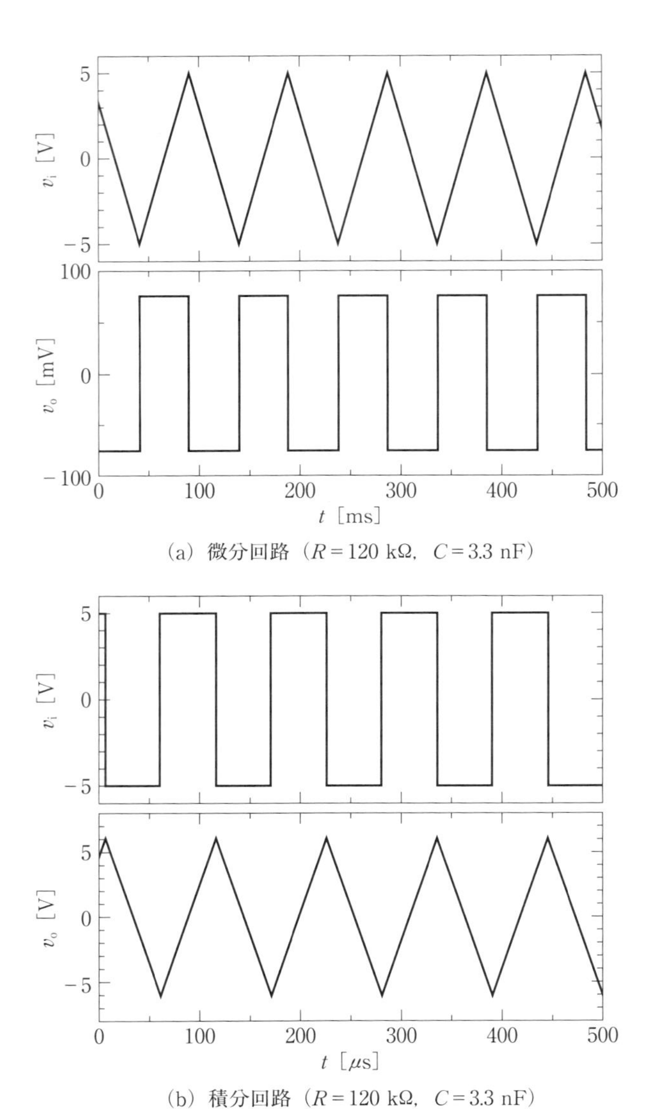

(a) 微分回路（$R=120$ kΩ, $C=3.3$ nF）

(b) 積分回路（$R=120$ kΩ, $C=3.3$ nF）

図 4　入力電圧の微分と積分

となり，入力電圧 v_{i} の微分値に比例することがわかる．この回路の入力に三角波電圧 v_{i} を入力した場合の出力電圧 v_{o} を図 4(a)に示す．出力電圧 v_{o} は入力電圧 v_{i} の微分形であることが確認できる．この実験では入力電圧 v_{i} の周期 T が約 80 ms であり，回路の時定数 RC が約 0.4 ms であることから，微分回路の条件 $(RC \ll T)$ を満たしていることがわかる．

一方，時定数 RC が周期 T に対して十分大きい場合 $(RC \gg T)$，(1) 式は

$$R\frac{dq}{dt} = v_{\mathrm{i}} \tag{13}$$

となり，C に蓄えられる電荷は

$$q = \frac{1}{R}\int v_{\mathrm{i}}dt \tag{14}$$

となる．つまり，図 1(b)の回路の出力電圧 v_{o} は

$$v_{\mathrm{o}} = \frac{q}{C} = \frac{1}{RC}\int v_{\mathrm{i}}dt \tag{15}$$

となり，入力電圧 v_{i} の積分値に比例することがわかる．この回路に矩形波電圧 v_{i} を入力した場合の出力電圧 v_{o} を図4 (b) に示す．入力電圧 v_{o} は入力電圧 v_{i} の積分形であることが確認できる．この実験では，入力電圧 v_{i} の周期 T が約 80 ms であり，回路の時定数 RC が約 400 ms であることから，積分回路の条件 $(RC \gg T)$ を満たしていることが確認できる．

2-3　周波数特性

前節では，階段状の入力電圧を用いて LCR 回路の過渡特性を調べた．ここでは，入力電圧に角周波数 ω の正弦波入力を用いて LCR 回路の周波数特性を調べる．回路に正弦波電圧を加えると，初めは過渡的な波形が出力されるが，やがて出力は定常状態になる．定常状態では出力電圧も正弦波となり，出力電圧の振動周波数も入力電圧の周波数と等しくなる．ここで出力電圧の大きさや入出力電圧の位相には周波数依存性が現れる．図 1 に示す微分回路，積分回路，振動回路の入出力電圧を，ベクトル記号法表示を用いて

$\dot{V}_\mathrm{i}$，$\dot{V}_\mathrm{o}$ と表す（実験 12 を参照）．各回路素子に印加される端子間電圧はそれぞれのインピーダンス比に内分されるので，

$$\dot{V}_\mathrm{o} = \frac{\dot{Z}_R}{\dot{Z}_R + \dot{Z}_C}\dot{V}_\mathrm{i} \tag{16}$$

$$\dot{V}_\mathrm{o} = \frac{\dot{Z}_C}{\dot{Z}_R + \dot{Z}_C}\dot{V}_\mathrm{i} \tag{17}$$

$$\dot{V}_\mathrm{o} = \frac{\dot{Z}_C}{\dot{Z}_R + \dot{Z}_C + \dot{Z}_L}\dot{V}_\mathrm{i} \tag{18}$$

となる．一般に $\dot{V}_\mathrm{o}/\dot{V}_\mathrm{i}$ を周波数応答関数 $F(i\omega)$ とよび，それぞれ

$$F(i\omega) = \frac{iRC\omega}{1 + iRC\omega} \tag{19}$$

$$F(i\omega) = \frac{1}{1 + iRC\omega} \tag{20}$$

$$F(i\omega) = \frac{1}{1 - LC\omega^2 + iRC\omega} \tag{21}$$

となる．ゲイン特性および位相差は一般的に以下のように定義される．

$$G \equiv 20\log_{10}\left|\frac{\dot{V}_\mathrm{o}}{\dot{V}_\mathrm{i}}\right| \tag{22}$$

$$\theta \equiv \frac{180}{\pi}\arg\left(\frac{\dot{V}_\mathrm{o}}{\dot{V}_\mathrm{i}}\right) \tag{23}$$

ここでゲイン特性，位相差の単位はそれぞれ [dB]，[deg] であり，arg（　）は偏角を意味する．微分回路，積分回路，振動回路におけるゲイン特性 G，位相差 θ の理論式はそれぞれ(24)～(29)式のように求まり，この G と θ の角周波数 ω 依存性を表した図をボーデ図とよぶ．

（ｉ）　微分回路

$$G = 20\log_{10}\frac{RC\omega}{\sqrt{1 + (RC\omega)^2}} \quad \mathrm{[dB]} \tag{24}$$

$$\theta = \frac{180}{\pi} \arctan\left(\frac{1}{RC\omega}\right) \quad [\mathrm{deg}] \tag{25}$$

（ii）　積分回路

$$G = 20 \log_{10} \frac{1}{\sqrt{1 + (RC\omega)^2}} \quad [\mathrm{dB}] \tag{26}$$

$$\theta = -\frac{180}{\pi} \arctan(RC\omega) \quad [\mathrm{deg}] \tag{27}$$

（iii）　振動回路

$$G = 20 \log_{10} \frac{1}{\sqrt{(1 - LC\omega^2)^2 + (RC\omega)^2}} \quad [\mathrm{dB}] \tag{28}$$

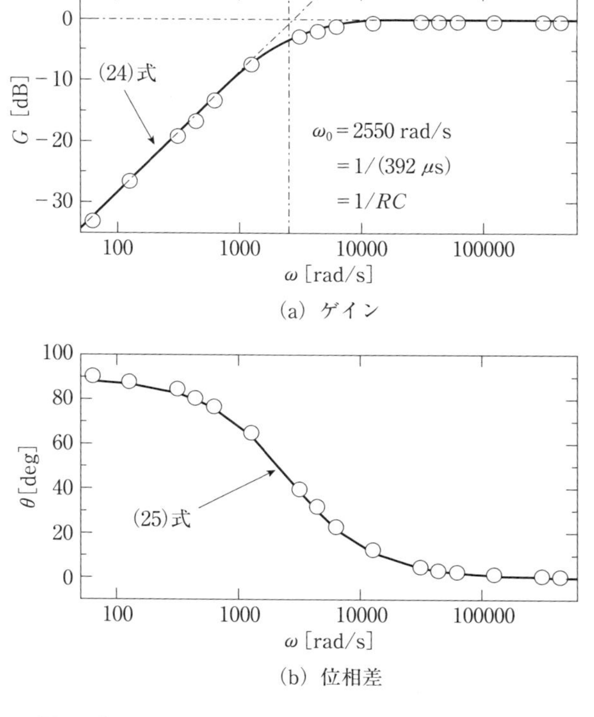

図 5　微分回路のボーデ図（$R = 118\ \mathrm{k\Omega}$，$C = 3.3\ \mathrm{nF}$）

$$\theta = -\frac{180}{\pi}\arctan\left(\frac{RC\omega}{1-LC\omega^2}\right)\ \ [\mathrm{deg}] \tag{29}$$

微分回路におけるボーデ図の一例を図５に示す．実線が理論式から計算した値であり，○が実験データである．

角周波数 ω が次の条件を満足するとき，微分回路および積分回路のゲイン特性はそれぞれ以下の漸近線で表される．

（ｉ） 微分回路

$$\omega \ll \frac{1}{RC}\ \text{のとき}\quad G = 20\log_{10} RC + 20\log_{10}\omega \tag{30}$$

$$\omega \gg \frac{1}{RC}\ \text{のとき}\quad G = 0 \tag{31}$$

（ii） 積分回路

$$\omega \ll \frac{1}{RC}\ \text{のとき}\quad G = 0 \tag{32}$$

$$\omega \gg \frac{1}{RC}\ \text{のとき}\quad G = -20\log_{10} RC - 20\log_{10}\omega \tag{33}$$

この２つの漸近線の交点に対応する角周波数を ω_0 とすると $\log_{10} RC\omega_0 = 0$ より，ω_0 の逆数が時定数 RC と等しいことがわかる．

§3. 実　験

3-1　実験装置および器具

オシロスコープ，ファンクションジェネレーター，LCR メーター，ブレットボード，回路素子

3-2　実験方法

（1） 過渡特性

（ｉ） 回路素子 (R, C, L) を準備し，抵抗値，インピーダンス，インダクタンスの値を測定する．

（ii）図6に示す実験装置構成と回路図1(a)を参考にして，微分回路を組み立てる．実験には回路素子，ブレットボード，ファンクションジェネレーターを用いる．入出力電圧の計測にはオシロスコープを用いる．

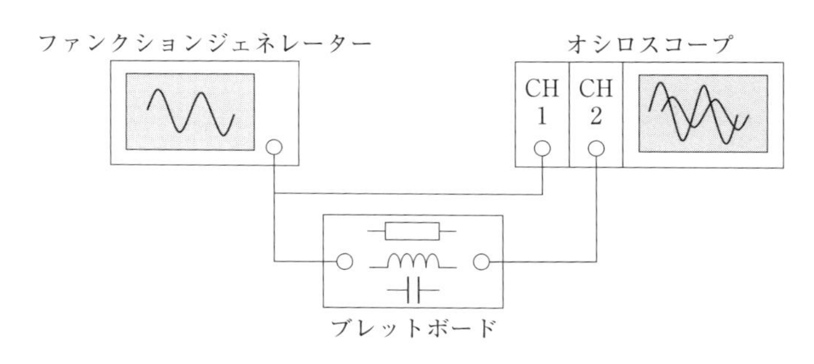

図6　実験装置構成

（iii）適切な周波数の矩形波電圧を微分回路に入力する．図2を参考にして入力電圧に対する出力電圧をオシロスコープで観測する．得られた波形から微分回路の時定数を求める．

（iv）同様の実験を積分回路においても行う．

（v）振動回路においても矩形波入力電圧を用いて過渡特性の実験を行う．この実験では抵抗値を変え，回路素子の条件により出力波形が過減衰，減衰振動になることを確認する．

（2）周波数特性

（i）回路素子，ブレットボードを用いて微分回路を作る．

（ii）回路の入力に適切な周波数の正弦波電圧を入力し，入力電圧に対する出力電圧の大きさをオシロスコープで観測する．また出力電圧の周期，入力電圧と出力電圧のずれ時間を計測する．

（iii）入力電圧の角周波数 ω を変化させ，ω に対するゲイン G および位相差 θ を求める．

（iv）積分回路，振動回路においても同様の実験を行う．振動回路においては過減衰および減衰振動となる抵抗値を選択して実験を行う.

§4. 課　題

（1）　微分回路，積分回路の過渡特性から回路の時定数を求めよ．実験で求めた時定数を理論値と比較せよ.

（2）　振動回路の過渡特性から得られた入出力電圧の関係を（7）～（9）式に示された回路素子の条件をもとに説明せよ.

（3）　微分回路，積分回路，振動回路の周波数特性の実験からボーデ図を描け．実験結果と理論値（(24)～(29)式）を比較せよ．また微分回路，積分回路については漸近線から回路の時定数を求めよ.

§5. 参 考 書

1）　秋月影雄：「回路理論の基礎」（日新出版）
2）　大野克郎：「現代過渡現象論」（オーム社）
3）　吉岡芳夫：「過渡現象の基礎」（森北出版）
4）　小林邦博：「電気回路の過渡現象」（産業図書）
5）　北村覚一：「基礎過渡現象論」（昭晃堂）
6）　安田一次：「線形回路理論」（北海道大学図書刊行会）
7）　向坂正勝：「物理のためのエレクトロニクス」（共立出版）

15. トランジスター増幅回路

(The Transistor Amplifier)

The values of resistors and capacitors to be used in a given amplifier circuit design are calculated by reference to the characteristic curves of the transistor. The amplifier is constructed and the voltage amplification, frequency characteristics, input voltage dependence of an amplification factor, input impedance and output impedance are measured.

§1. はじめに

ショックレーとブラッテンは，バーディーンと協力して真空管に代る増幅作用をもつ半導体の研究を行った．彼らは1947年に，2本の極細の金属線を接触させたゲルマニウムが増幅作用をもつことを発見した．また，今日使われている接合型トランジスターはショックレーにより1949年に理論的に研究された．

トランジスターが抵抗，コンデンサー，インダクタンスと大きく違う点はその増幅作用である．それを組み込んだ増幅回路は，入力された微弱な電気信号を大きな信号に変える非常に有用な回路である．

この実験では，トランジスターの特性曲線を用いて増幅回路を設計し，実際に組み立てて，その諸特性を評価する．

§2. 原　理

2-1　増幅作用

トランジスターを用いて交流信号（交流電流）を増幅するには，増幅すべき交流信号に十分大きな直流電流を加える．これを直流増幅し，それによって得られた信号の中から交流成分だけをとり出す．この直流電流を与えるための電圧を直流バイアスといい，適切な直流バイアスを与えることを動作点を決めるという．

増幅回路の基本的な部分をとり出したものが図1である．ベース－エミッター間電圧 $\tilde{V}_{BE}$ は直流電圧 V_{BE} と交流電圧 v_{BE} の和で与えられる．

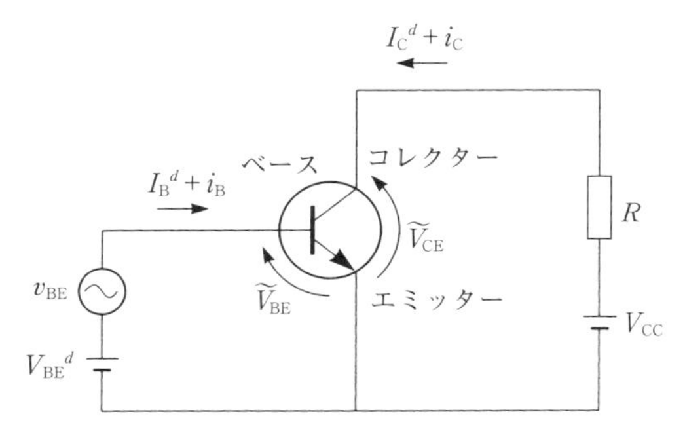

図1　増幅回路の概念図

$$\tilde{V}_{BE} = V_{BE} + v_{BE} \tag{1}$$

以後，直流信号を大文字で，交流信号を小文字で表す．ただし，図1では直流電圧 $V_{BE}{}^d$ が加えられている．

図2にトランジスターの諸特性を示す．図(a)によると，$\tilde{V}_{BE}$ が $V_{BE}{}^d$ を中心に微小振動すると，それにともなってベース電流 $\tilde{I}_B$ も $I_B{}^d$ を中心に微小振動する．ここでは v_{BE} と i_B は同位相である．図(b)によると，$\tilde{I}_B$ が $I_B{}^d$ を中心に微小振動すると，コレクター電流 $\tilde{I}_C$ も $I_C{}^d$ を中心に微小振動する．通常，直流成分を考えると I_B は μA，I_C は mA の程度であるので，大きな電流増幅が行われる．この i_B と i_C も同位相である．一般に，コレクター－エミッター間電圧 $\tilde{V}_{CE}$ の直流成分 V_{CE} は直流電圧 V_{CC} と I_C を用いて，

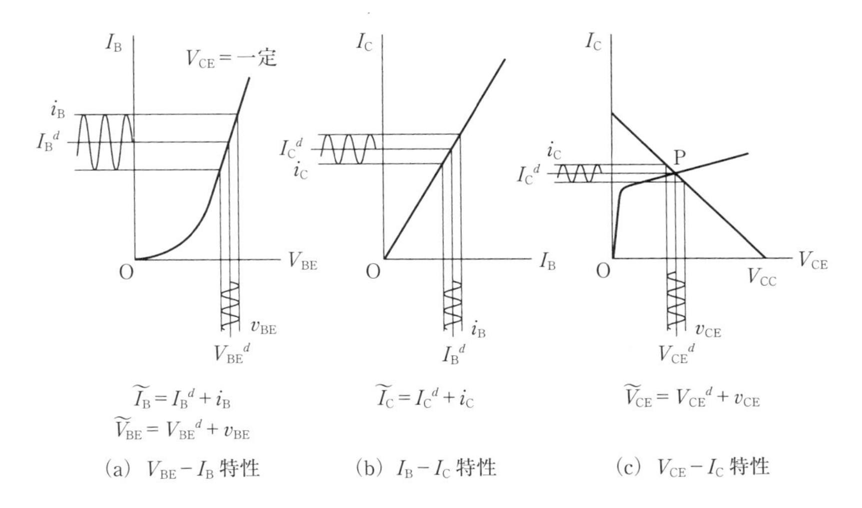

(a) $V_{BE}-I_B$ 特性　(b) I_B-I_C 特性　(c) $V_{CE}-I_C$ 特性

図 2　トランジスターの諸特性

$$V_{CE} = V_{CC} - RI_C \tag{2}$$

と表される（R は回路の抵抗）．これは直流負荷直線とよばれ，図(c)中に示されている．これによると，$\tilde{I}_C$ が P 点の値 $I_C{}^d$ を中心に微小振動すると，$\tilde{V}_{CE}$ も P 点の値 $V_{CE}{}^d$ を中心に微小振動する．このとき，i_C と v_{CE} は逆位相になっている．この v_{CE} が出力電圧である．したがって，入力電圧 v_{BE} と出力電圧 v_{CE} は逆位相になる．また，この P 点を動作点とよぶ．

2-2　バイアス回路

トランジスターの各端子間に適切な直流バイアスを加えるために必要な回路をバイアス回路という．この実験では，電流帰還バイアス回路を用いる．それは，この回路が温度に対する安定度が高く，回路素子やトランジスターそのものの特性のばらつきに対しても影響を受けにくい等の特徴があるためである．

増幅回路全体の構成を図 3 に示し，各回路素子の役割を簡単に説明する．

（1）　コレクター抵抗 R_C はコレクター電流の変化を電圧変化に変え

る．これが交流負荷抵抗になる．

（2） エミッター抵抗 R_E は安定度を増すためにコレクター電流に負帰還をかける．

（3） ブリーダー抵抗 R_A，R_B はベース-エミッター間電圧 V_{BE} を決める．通常，これらの抵抗を流れるブリーダー電流はベース電流 I_B の 10 倍以上である．

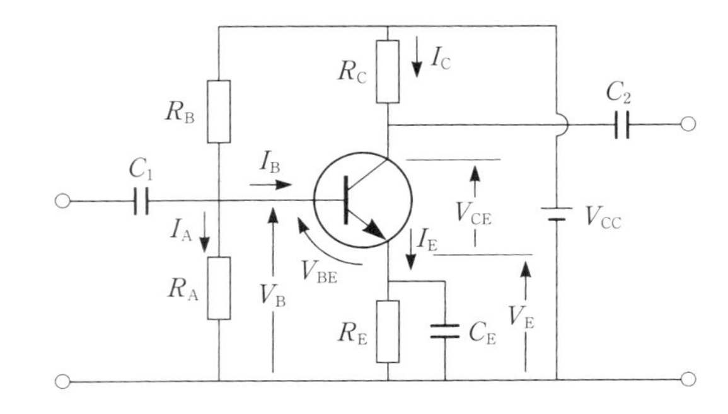

図 3　電流帰還バイアス回路を用いた増幅回路

（4） 結合コンデンサー C_1，C_2 は交流成分のみを通し，直流成分を遮断する．

（5） バイパスコンデンサー C_E は交流信号による負帰還がコレクター電流に影響しないようにする．

2-3　安定係数

電流帰還バイアス回路では，周囲温度の上昇などによりコレクター電流 I_C が増加すると，図 4 に示すようなループで I_C が減少し，回路全体の安定化がはかられる．

図 3 の回路より，直流成分について

$$V_{CC} = (I_A + I_B)R_B + I_A R_A \quad (3)$$

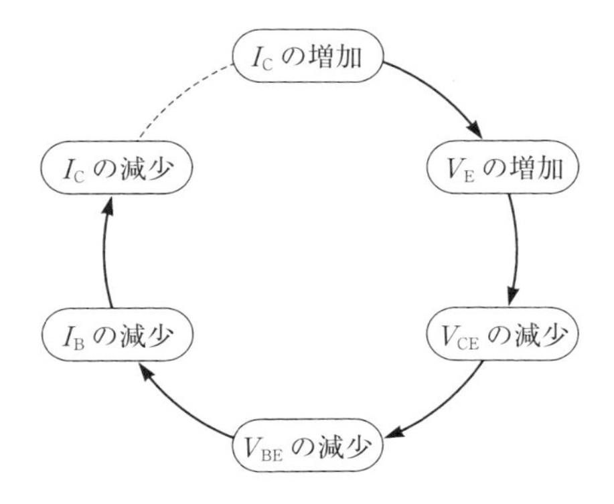

図 4　増幅回路の安定化の流れ図

$$I_{\mathrm{A}}R_{\mathrm{A}} = (I_{\mathrm{B}} + I_{\mathrm{C}})R_{\mathrm{E}} + V_{\mathrm{BE}} \tag{4}$$

が得られる．また，I_{C} とベース電流 I_{B} には

$$I_{\mathrm{C}} = h_{\mathrm{FE}}I_{\mathrm{B}} + I_{\mathrm{CE0}} \tag{5}$$

が成り立つ．ここで I_{CE0} はエミッター接地コレクター遮断電流，h_{FE} はエミッター接地直流電流増幅率である．さらに，I_{CE0} とベース接地コレクター遮断電流 I_{CB0} の関係

$$I_{\mathrm{CE0}} = (1 + h_{\mathrm{FE}})I_{\mathrm{CB0}} \tag{6}$$

を用いると，I_{C} は

$$I_{\mathrm{C}} = \frac{\dfrac{h_{\mathrm{FE}}}{1 + h_{\mathrm{FE}}}\left\{\dfrac{V_{\mathrm{CC}}R_{\mathrm{A}}}{R_{\mathrm{E}}(R_{\mathrm{A}} + R_{\mathrm{B}})} - \dfrac{V_{\mathrm{BE}}}{R_{\mathrm{E}}}\right\} + I_{\mathrm{CB0}}\left\{1 + \dfrac{R_{\mathrm{A}}R_{\mathrm{B}}}{R_{\mathrm{E}}(R_{\mathrm{A}} + R_{\mathrm{B}})}\right\}}{1 + \dfrac{1}{1 + h_{\mathrm{FE}}}\dfrac{R_{\mathrm{A}}R_{\mathrm{B}}}{R_{\mathrm{E}}(R_{\mathrm{A}} + R_{\mathrm{B}})}} \tag{7}$$

となる．

ここで，I_{CB0}，V_{BE}，h_{FE} の変化が I_{C} に与える影響を考える．

$$\begin{aligned}\Delta I_{\mathrm{C}} &= \frac{\partial I_{\mathrm{C}}}{\partial I_{\mathrm{CB0}}}\Delta I_{\mathrm{CB0}} + \frac{\partial I_{\mathrm{C}}}{\partial V_{\mathrm{BE}}}\Delta V_{\mathrm{BE}} + \frac{\partial I_{\mathrm{C}}}{\partial h_{\mathrm{FE}}}\Delta h_{\mathrm{FE}} \\ &= S_1\Delta I_{\mathrm{CB0}} + S_2\Delta V_{\mathrm{BE}} + S_3\Delta h_{\mathrm{FE}}\end{aligned} \tag{8}$$

としたとき，この S_1，S_2 および S_3 を安定係数という．これらの値は小さいほどよい．この中で最も大きいのは S_1 で

$$S_1 = \frac{\partial I_{\mathrm{C}}}{\partial I_{\mathrm{CB0}}} = \frac{1 + h_{\mathrm{FE}}}{1 + \dfrac{h_{\mathrm{FE}}}{1 + \dfrac{R_{\mathrm{A}}R_{\mathrm{B}}}{R_{\mathrm{E}}(R_{\mathrm{A}} + R_{\mathrm{B}})}}} \tag{9}$$

である．この S_1 は $R_{\mathrm{E}} \to \infty$ のとき 1 に，$R_{\mathrm{E}} \to 0$ のとき $h_{\mathrm{FE}}(\gg 1)$ となるので，R_{E} は大きいほどよいが，あまり大きくなると出力電圧が小さくなり，高い増幅率が得られなくなる．このため，回路の目的により適切な値を選ぶ必要がある．

2-4　電圧増幅率と電流増幅率

トランジスターの h パラメーターを用いて交流増幅回路の電圧増幅率 A_v と電流増幅率 A_i を求めてみる．交流信号源の内部抵抗を R_g，負荷抵抗を R_C，R_A と R_B の並列抵抗を R_1 とすると

$$R_1 = \frac{R_\mathrm{A} R_\mathrm{B}}{R_\mathrm{A} + R_\mathrm{B}} \tag{10}$$

であり，増幅回路の等価回路は図5のようになる．これから次の5つの回路方程式が得られる．

$$v_\mathrm{i} = h_\mathrm{ie} i_\mathrm{B} + h_\mathrm{re} v_\mathrm{o} \tag{11}$$

$$i_\mathrm{C} = h_\mathrm{fe} i_\mathrm{B} + h_\mathrm{oe} v_\mathrm{o} \tag{12}$$

$$e = R_\mathrm{g} i_1 + v_\mathrm{i} \tag{13}$$

$$i_1 = i_\mathrm{B} + \frac{v_\mathrm{i}}{R_1} \tag{14}$$

$$-v_\mathrm{o} = R_\mathrm{C} i_\mathrm{C} \tag{15}$$

これより入出力信号の電圧比 $v_\mathrm{o}/v_\mathrm{i}$ は

$$\frac{v_\mathrm{o}}{v_\mathrm{i}} = -\frac{h_\mathrm{fe} R_\mathrm{C}}{h_\mathrm{ie} + R_\mathrm{C} \Delta h} \qquad \text{ただし，} \Delta h = h_\mathrm{ie} h_\mathrm{oe} - h_\mathrm{re} h_\mathrm{fe} \tag{16}$$

となり，A_v はこの比を用いて

$$A_\mathrm{v} = 20 \log_{10} \left| \frac{v_\mathrm{o}}{v_\mathrm{i}} \right| \quad [\mathrm{dB}] \tag{17}$$

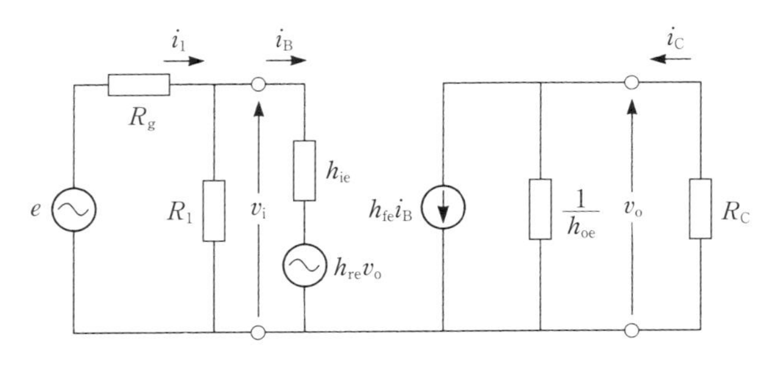

図5　h パラメーターを用いた等価回路

で与えられる．また，入出力信号の電流比 i_C/i_1 は

$$\frac{i_C}{i_1}=\frac{h_{fe}-\dfrac{h_{ie}h_{fe}}{R_1\left(1+\dfrac{h_{ie}}{R_1}\right)}}{1+h_{oe}-\dfrac{h_{fe}h_{re}R_C}{R_1\left(1+\dfrac{h_{ie}}{R_1}\right)}} \tag{18}$$

となり，A_i はこの比を用いて

$$A_i=20\log_{10}\left|\frac{i_C}{i_1}\right| \quad [\mathrm{dB}] \tag{19}$$

で与えられる．

2-5　*h* パラメーターの近似的な評価

増幅率の理論的な見積りには h パラメーターの値を知ることが必要である．トランジスターの特性表には h パラメーターの V_{CE} 依存性，I_C 依存性が記載されているが，V_{CE} 依存性における I_C の値 ($I_C{}^p$)，I_C 依存性における V_{CE} の値 ($V_{CE}{}^p$) は必ずしも動作点の値と一致しているわけではない．そこで，動作点における h パラメーターの値を次のようにして評価する．

まず，V_{CE} 依存性を使って，動作点電圧 $V_{CE}{}^d$ における h パラメーター h_1 を読みとる．ただし，コレクター電流 $I_C{}^p$ は動作点での値 $I_C{}^d$ と一致していない．そこで，次に，I_C 依存性を使って，$I_C{}^p$ での h パラメーター h_2，$I_C{}^d$ での h_3 をそれぞれ読みとる．この 3 つの値を用いて，動作点での h パラメーター h^d を以下の式で評価する．

$$h^d=h_1\frac{h_3}{h_2} \tag{20}$$

この操作を 4 つの h パラメーターについて行えば，動作点におけるすべてのパラメーターを決定することができる．

§3. 実　験

3-1　実験装置および器具

オシロスコープ，発振器，ディジタルボルトメーター，直流電源，トランジスター（NPN 型 2 SC 1000 または 2 SC 2240），抵抗，コンデンサー

増幅回路の製作に必要なトランジスターの特性表を検討する．実験方法の手順にしたがって増幅回路を設計し，組み立てる．回路を動作させ，そのときの動作点の電圧，電流および電圧増幅率，入出力インピーダンスを測定する．

3-2　実験方法

(1)　増幅回路の設計

電源電圧 V_{CC} は，ベース-コレクター間電圧 V_{BC} およびコレクター-エミッター間電圧 V_{CE} が最大定格を超えないように，9～15 V の間の値にする．

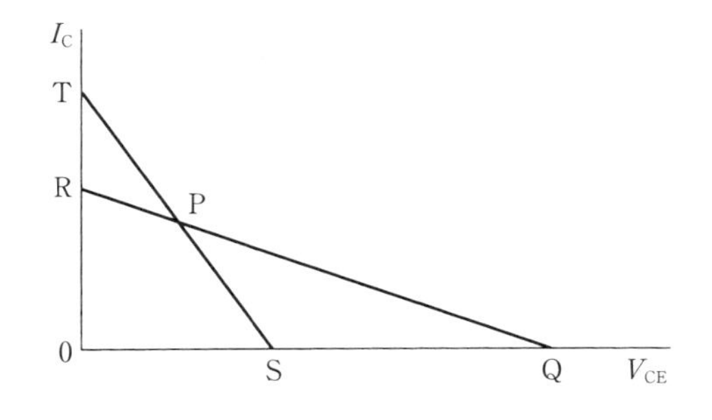

図 6　直流および交流負荷直線

I_{C} - V_{CE} 曲線より動作点（P 点）を決める（図 6）．この点を決めると，動作時のコレクター電流 $I_{\mathrm{C}}{}^{d}$，コレクター-エミッター間電圧 $V_{\mathrm{CE}}{}^{d}$，ベース電流 $I_{\mathrm{B}}{}^{d}$ の設計値が求められる．V_{CE} 軸上に電源電圧の値を記入する（Q 点）．この点と動作点を結び，I_{C} 軸まで延長する（R 点）．これが直流負荷直線である．この直線の傾きの逆数から，直流抵抗 R_{DC}（$= R_{\mathrm{E}} + R_{\mathrm{C}}$）が求まる．

$$I_{\mathrm{C}}{}^{d} = \frac{V_{\mathrm{CC}} - V_{\mathrm{CE}}{}^{d}}{R_{\mathrm{E}} + R_{\mathrm{C}}} \tag{21}$$

R_E と R_C の比を経験的に 1：3 ～ 1：4 にすると，R_E と R_C の値が決まる．

図 3 の回路では，交流抵抗 R_{AC} は R_C であるので，動作点 P を通り，傾きが $-1/R_{AC}$ の直線を引くと，これが交流負荷直線になる．交流負荷直線の V_{CE} 軸，I_C 軸との交点をそれぞれ S，T としたとき，線分 PS の長さと線分 PT の長さがほぼ等しくなるように動作点が決まっていればよい．

（9）式において，$R_A \ll R_B$ および $h_{FE} \gg 1$ を用いると

$$R_A = \frac{R_E h_{FE}(S_1 - 1)}{h_{FE} - S_1} \tag{22}$$

となる．トランジスターの特性曲線もしくは特性表から h_{FE} の値を読みとる．また，S_1 としては 4 ～ 10 の値がよく用いられる．

次に，ブリーダ電流 $I_A{}^d$ を求める．$I_B{}^d \ll I_C{}^d$ であるので図 3 より

$$I_A{}^d = \frac{V_{BE}{}^d + I_C{}^d R_E}{R_A} \tag{23}$$

であり，また，$V_{BE}{}^d$ は約 0.7 V である．R_B はこの $I_A{}^d$ を用いて

$$R_B = \frac{V_{CC} - (V_{BE}{}^d + I_C{}^d R_E)}{I_A{}^d + I_B{}^d} \tag{24}$$

と表される．

結合コンデンサー C_1，C_2 は 5 ～ 10 μF，バイパスコンデンサー C_E は 10 ～ 100 μF にする．

（2）　動作点の確認

設計時に決めた電源電圧を組み立てた回路に加え，$I_C{}^d$，$V_{CE}{}^d$，$V_{BE}{}^d$，$I_B{}^d$ および $I_A{}^d$ を測定する．

（3）　増幅率の測定

（i）　入出力電圧特性

発振器の周波数を 1 kHz に固定する．入力信号 v_i の振幅を変化させ，電圧増幅率 A_v を測定する．

（ii） 周波数特性

入出力電圧特性が線形になる範囲に入力信号の大きさを固定する．入力信号の周波数を変化させ，電圧増幅率 A_v を測定する．測定例を図7に示す．

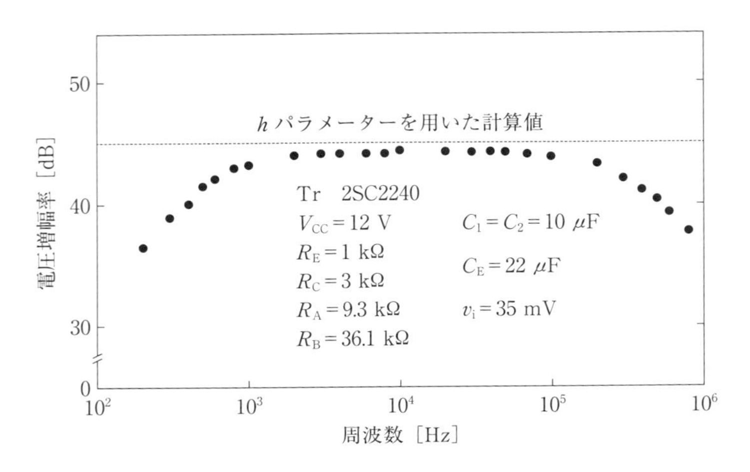

図7　電圧増幅率 A_v の周波数依存性

（4） 入出力インピーダンスの測定

（i） 入力インピーダンス

図8のように増幅回路の入力端子に抵抗 R_S を接続する．R_S としては入力インピーダンスと同程度のものを用いる．その目安は，R_A と R_B の並列接続から得られる合成抵抗 R_1 である．入力端子間の電圧を v_2，発振器の出力電圧を v_1 とすると，入力インピーダンス R_I は次式で与えられる．

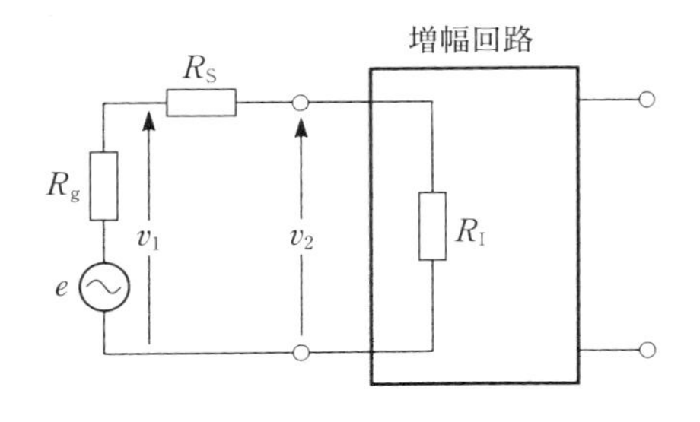

図8　入力インピーダンスの測定法

$$\frac{R_\mathrm{I}}{R_\mathrm{S}+R_\mathrm{I}}=\frac{v_2}{v_1} \tag{25}$$

（ii）出力インピーダンス

図9(a)のように出力端子を開放して出力電圧を測定する．これを v_1 とする．次に，図(b)のように出力端子に抵抗 R_L を接続する．R_L としては出力インピーダンスと同程度のものを用いる．その目安は R_C である．抵抗 R_L の両端の電圧を測定し，これを v_2 とする．これらを用いて出力インピーダンス R_O は次式で与えられる．

$$\frac{R_L}{R_L + R_O} = \frac{v_2}{v_1} \tag{26}$$

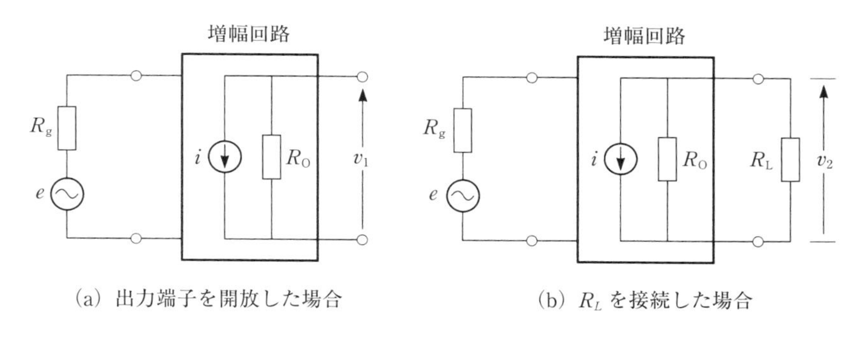

(a) 出力端子を開放した場合　(b) R_L を接続した場合

図9　出力インピーダンスの測定法

§4. 課　題

（1）増幅回路における抵抗の計算値と製作に用いた値を表にまとめよ．

（2）増幅回路で使用したコンデンサーの値を示せ．

（3）設計時の動作点と組み立てた回路の動作点を比較せよ．

（4）入出力特性および周波数依存性を図示し，設計した電圧増幅率と比較せよ．入力電圧が大きくなると出力電圧が歪むが，その原因をトランジスターの静特性曲線を用いて簡単に説明せよ．

（5）入力インピーダンスおよび出力インピーダンスを示せ．

§5. 参考書

1) 霜田光一, 桜井捷海:「物理学選書 エレクトロニクスの基礎(新版)」(裳華房)

2) 丹野頼元:「電子回路」(森北出版)

3) 鶴田孝磨:「増幅回路設計のポイント」(産業図書)

16. 論理回路の基礎

(Fundamentals of Logic Circuits)

Logic circuit elements which perform the AND, OR, NOR, BISTABLE, etc. Functions are studied in order to understand the electrical realization of Boolean algebra. Several logic circuits, for example the circuitry necessary to convert a decimal counter to a binary counter, are constructed using a combination of these elements. The operation of the logical circuits is observed both with an oscilloscope and with an array of lamps.

§1. はじめに

ライプニッツ（Leibniz）は1666年に人間の思考の一部分が機械でおきかえられるという記号論理を提案し，この仕事はド・モルガン（de Morgan），パース（Peirce）に受け継がれた．ド・モルガンは数学による方法論的基礎理論に目を向け，1847年に記号論理学を完成させた．そしてその影響で1848年にブール（Boole）は論理代数の理論を提出した．1948年にシャノン（Shannon），中嶋 章は，スイッチの組合せが記号論理学の形式に従うことに気がつき，論理計算の基礎を築いた．

この実験では，電子計算機のハードウェアの基礎となるブール代数と論理回路素子を理解し，いくつかの簡単な論理回路を作成する．

§2. 原　理

2-1　ブール代数

論理回路は2値的に区分された電圧信号（1ビット）を扱う基本回路の総称である．この論理回路の設計，解析および構成には，次の公理，定理から成るブール代数の理論が用いられる．なお，X，Y，Z等は論理変数といわれ，0または1をとり得る．

(1)　公　理

$0 \cdot 0 = 0$　(0 and 0)　　$0 + 0 = 0$　(0 or 0)　　$\overline{1} = 0$　(1 bar)

$1 \cdot 0 = 0 \cdot 1 = 0$　　$1 + 0 = 0 + 1 = 1$

$1 \cdot 1 = 1$　　$1 + 1 = 1$　　$\overline{0} = 1$

(2)　定　理

(i)　交換法則

$$X + Y = Y + X, \qquad X \cdot Y = Y \cdot X$$

(ii)　結合法則

$$X + (Y + Z) = (X + Y) + Z, \qquad X \cdot (Y \cdot Z) = (X \cdot Y) \cdot Z$$

(iii)　分配法則

$$X \cdot (Y + Z) = X \cdot Y + X \cdot Z$$

(iv)　ド・モルガンの定理

$$\overline{X + Y + Z + \cdots} = \overline{X} \cdot \overline{Y} \cdot \overline{Z} \cdot \cdots, \quad \overline{X \cdot Y \cdot Z \cdot \cdots} = \overline{X} + \overline{Y} + \overline{Z} + \cdots$$

ド・モルガンの定理を用いることにより，すべての論理回路は次に述べるNAND回路またはNOR回路だけで作ることができる．

(3)　論理式の整理について

与えられた論理式をそのまま回路にしてもよいが，与えられた式を変形して簡約化を行い，最少の素子数で回路を構成するのが一般的である．

（例）

$$
\begin{aligned}
f &= (X+Y+Z)\cdot(X+Y+\overline{Z})\cdot(\overline{X}+Y+Z) \\
&= \{(X+Y)\cdot(X+Y)+Z\cdot(X+Y)+\overline{Z}\cdot(X+Y)+Z\cdot\overline{Z}\} \\
&\qquad \cdot(\overline{X}+Y+Z) \\
&= \{(X+Y)+(Z+\overline{Z})\cdot(X+Y)\}\cdot(\overline{X}+Y+Z) \\
&\qquad\qquad (\because\ A\cdot\overline{A}=0,\ A\cdot A=A) \\
&= (X+Y)\cdot(\overline{X}+Y+Z) \qquad (\because\ A+\overline{A}=1,\ A+A=A) \\
&= (X+Y)\cdot(\overline{X}+Y)+(X+Y)\cdot Z \\
&= Y+X\cdot Z+Y\cdot Z \\
&= (1+Z)\cdot Y+X\cdot Z \\
&= Y+X\cdot Z \qquad (\because\ 1+A=1)
\end{aligned}
$$

2-2　論理回路素子

基本的な論理演算を行う回路素子には図1の6つがある．それらの論理回路素子の記号表示はいろいろあるが，ここでは図中の記号を使う．OR回路やAND回路をNOR回路で構成してみると図2のようになる．このような

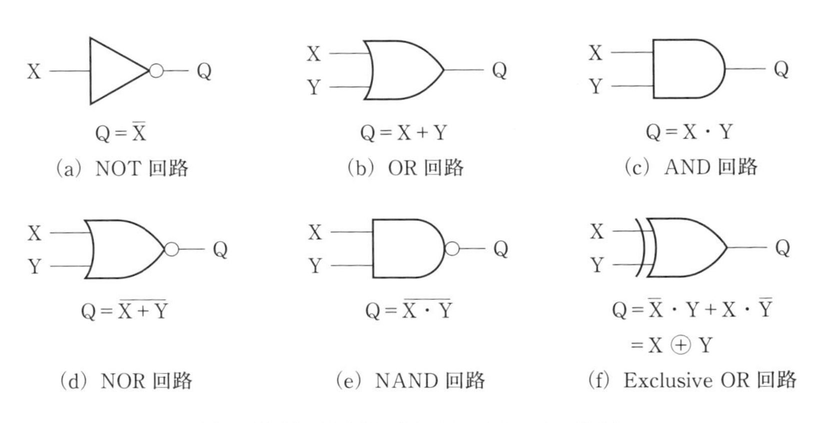

図1　論理回路素子（X，Y：入力，Q：出力）

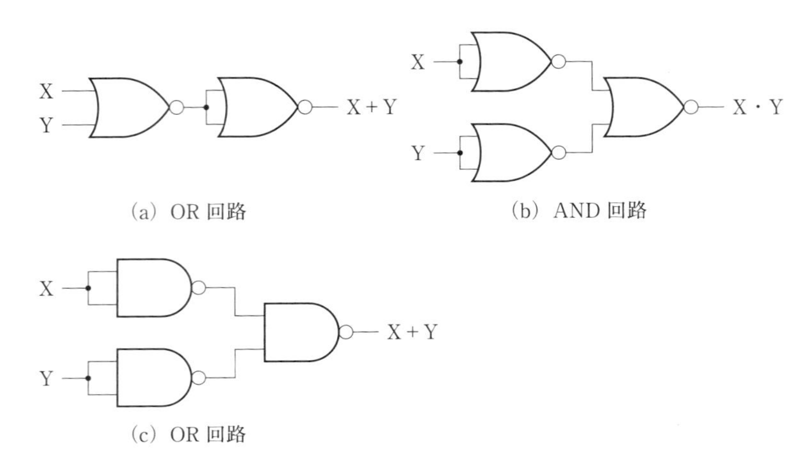

図 2 NOR 回路および NAND 回路を用いた論理回路

表 1 論理回路素子の真理値表

(a) NOT 回路

X	Q
0	1
1	0

(b) OR 回路

X	Y	Q
0	0	0
0	1	1
1	0	1
1	1	1

(c) AND 回路

X	Y	Q
0	0	0
0	1	0
1	0	0
1	1	1

(d) NOR 回路

X	Y	Q
0	0	1
0	1	0
1	0	0
1	1	0

(e) NAND 回路

X	Y	Q
0	0	1
0	1	1
1	0	1
1	1	0

(f) Exclusive OR 回路

X	Y	Q
0	0	0
0	1	1
1	0	1
1	1	0

論理回路は入力変数の組合せだけで出力が決まるので，組合せ回路とよばれている．

論理変数とそれらを組み合わせて作られる論理関数（例えばX・YやX＋Y）の関係を具体的に表現する方法として真理値表というものが使われる．図1の論理回路素子に対する真理値表を表1に示す．

2-3　フリップ・フロップ

組合せ回路に対して，過去にどのような入力がなされていたかが出力に関係するものを順序回路という．さらに，これは同期式と非同期式に分けられる．前者は情報の移動や演算がクロックパルス（CP）またはトリガー(T)に同期して実行されていく方式である．後者はCPを用いず，各部の動作は一つ前の動作が終了すると，その信号によって次の回路が動作していく方式である．順序回路の代表的な例であるフリップ・フロップ（FF）回路は2つの安定点をもった記憶素子で，1ビットの情報を記録することができる．

FF回路は論理機能からみて次の4つに分けることができる．それらの回路記号と真理値表を図3および表2に示す．

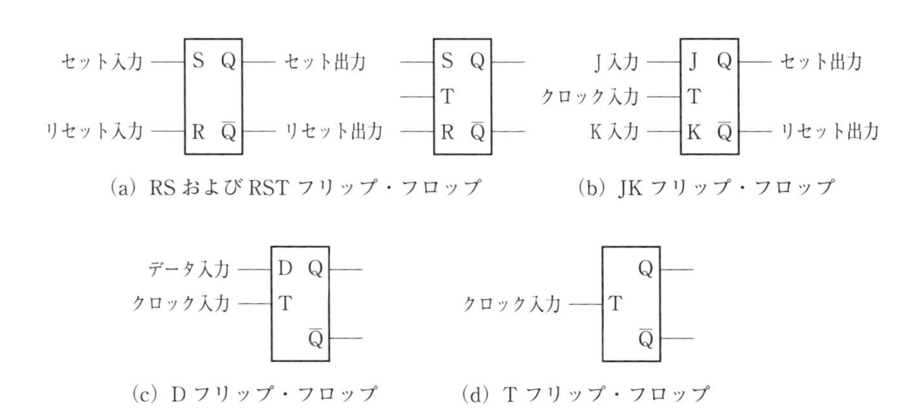

図3　いろいろなフリップ・フロップ

表2　フリップ・フロップの真理値表

(a)　RS および RST フリップ・フロップ

R	S	Q_{n+1}
0	0	Q_n
0	1	1
1	0	0
1	1	×(禁止)

(b)　JK フリップ・フロップ

J	K	Q_{n+1}
0	1	0
0	0	Q_n
1	0	1
1	1	$\bar{Q}_n$

(c)　D フリップ・フロップ

D	Q_{n+1}
0	0
1	1

(d)　T フリップ・フロップ

T	Q_{n+1}
0	Q_n
1	$\bar{Q}_n$

Q_n：現在の状態，Q_{n+1}：次の状態

順序回路の１つである RS-FF 回路は，図 3(a)のようにセット入力 S およびリセット入力 R をもち，出力には Q とその否定 $\overline{Q}$ をもっている．その動作は入力条件によって図 4 のように出力が変化する．すなわち，入力 S および R がともに 0 のときは出力 Q_{n+1} は変化せず，前の状態 Q_n を保っている（図 4 ②）．もし入力 S に 1 が入ると出力 Q は 1 にセットされる（図 4 ③）．次に入力 R に 1 が入ると出力 Q は 0 にリセットされる（図 4 ④）．一般に両方の入力が同時に 1 になると，出力 Q および $\overline{Q}$ はどちらが 1 になるか定まらず，このような入力は許されない．これを禁止入力という．RS-FF 回路の動作を CP に同期させるようにしたものを RST-FF 回路という．表 2(a)にその真理値表を示す．

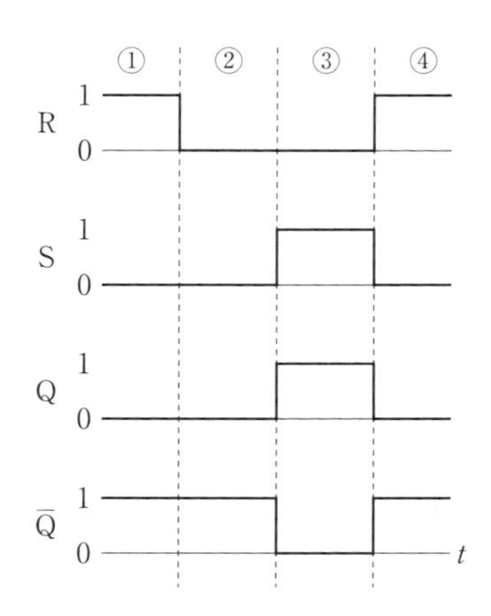

図4　RS フリップ・フロップ回路の動作波形

2-4　半加算器と全加算器

演算回路で最も基本的なものが加算器である（図5）．半加算器は1桁の2進数の加算を行う回路であり，全加算器は下位からの繰上げを加えて，その位の2進数の加算を行う回路である．2進数AとBの和は次のようにして行われる．

	2^3の位	2^2の位	2^1の位	2^0の位
A	A_3	A_2	A_1	A_0
B	B_3	B_2	B_1	B_0
C（繰上げ）	C_2	C_1	C_0	
S（和）	S_3	S_2	S_1	S_0

半加算器の論理式は，和をS_0，繰上げをC_0とすると

$$\left.\begin{aligned} S_0 &= \overline{A}_0 \cdot B_0 + A_0 \cdot \overline{B}_0 = A_0 \oplus B_0 \\ C_0 &= A_0 \cdot B_0 \end{aligned}\right\} \quad (1)$$

で与えられる．Exclusive OR（排他的論理和）回路を用いた半加算器は図6の通りである．全加算器の論理式は和をS_i，繰上げをC_i，1つ前の繰上げをC_{i-1}とすると

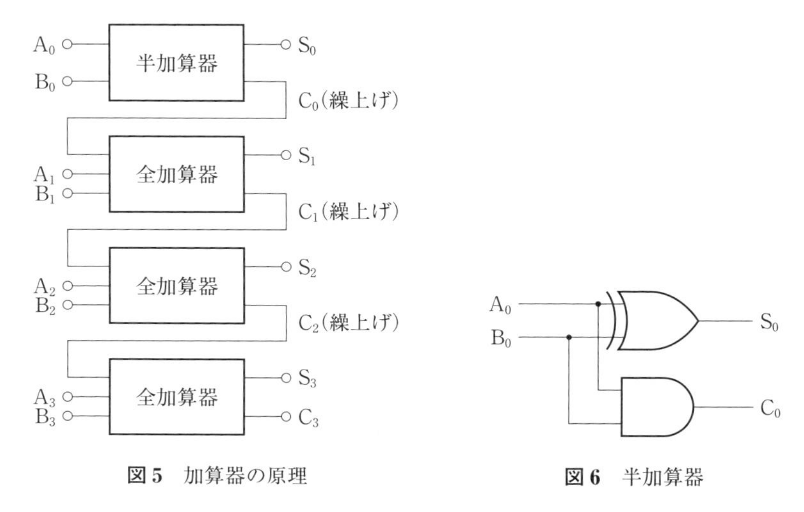

図5　加算器の原理

図6　半加算器

$$\left.\begin{aligned}S_i &= \overline{A}_i \cdot \overline{B}_i \cdot C_{i-1} + \overline{A}_i \cdot B_i \cdot \overline{C}_{i-1} + A_i \cdot \overline{B}_i \cdot \overline{C}_{i-1} + A_i \cdot B_i \cdot C_{i-1} \\ C_i &= \overline{A}_i \cdot B_i \cdot C_{i-1} + A_i \cdot \overline{B}_i \cdot C_{i-1} + A_i \cdot B_i \cdot \overline{C}_{i-1} + A_i \cdot B_i \cdot C_{i-1}\end{aligned}\right\} \quad (2)$$

で与えられる．これらを Exclusive OR 回路を用いて表現すると

$$\left.\begin{aligned}S_i &= A_i \oplus B_i \oplus C_{i-1} \\ C_i &= A_i \cdot B_i + (A_i \oplus B_i) \cdot C_{i-1}\end{aligned}\right\} \quad (3)$$

となる．Exclusive OR 回路を用いた全加算器は図 7 の通りである．

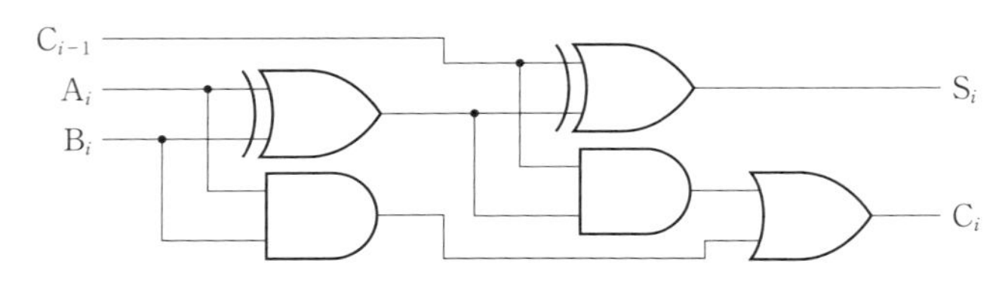

図 7　全加算器

2-5　エンコーダーとデコーダー

10 進数を 4 ビットの 2 進数に変換する論理回路をエンコーダーという．

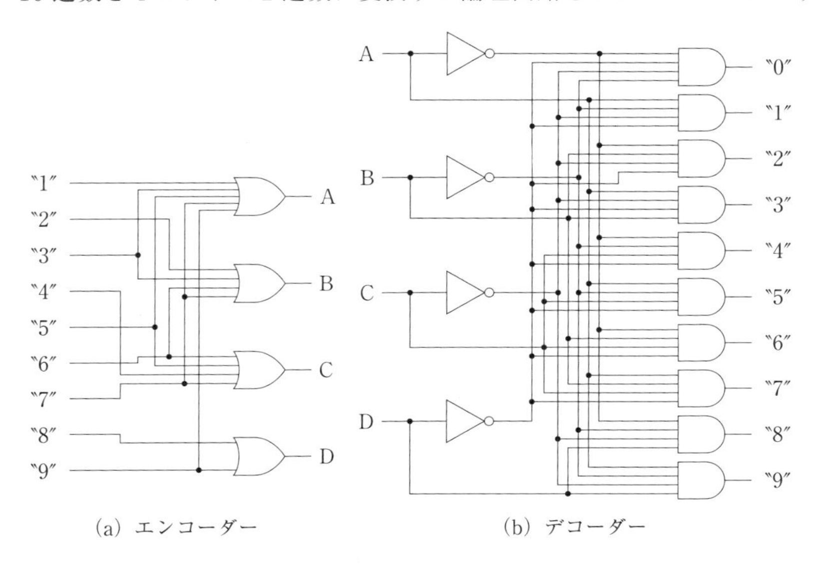

図 8　エンコーダーとデコーダーの論理回路

逆に，4 ビットの 2 進数をもとの 10 進数に戻す論理回路をデコーダーという．エンコーダーおよびデコーダーの論理回路を図 8 に示す．

2-6　*N* 進カウンター

JK-FF 回路では，入力パルスの立ち上がりもしくは立ち下がりのときに，その直前の J，K の値に応じて出力が決まる．例えば，J，K がともに 1 のときには，入力パルスの立ち上がりもしくは立ち下がりで出力が反転する．図 9 は立ち下がりの場合を示す．2 個の入力パルスで 1 個の出力パルスが得られて，もとの状態に戻る．これが 2 進カウンターの原理である．

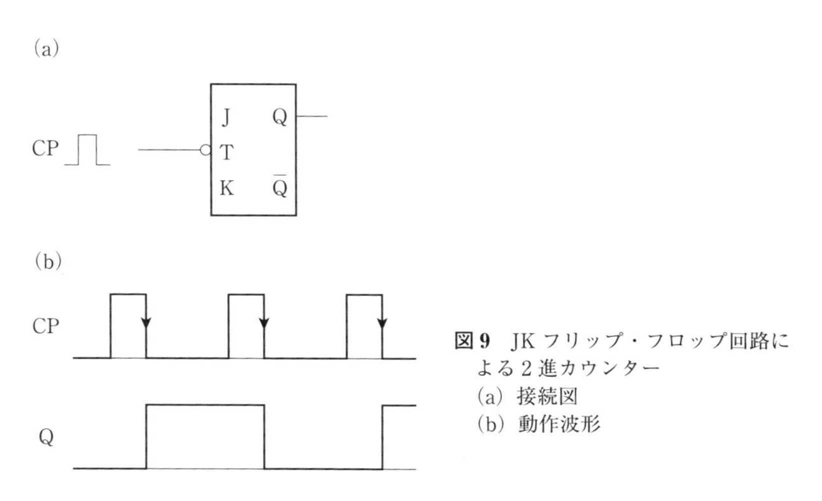

図 9　JK フリップ・フロップ回路による 2 進カウンター
(a) 接続図
(b) 動作波形

2 進カウンターを図 10 のように 4 個接続すると非同期式 16 進カウンターが，n 個接続すると非同期式 2^n 進カウンターが得られる．N 個の入力パルスを計数するごとに繰上げ信号を出すものを N 進カウンターとよぶ．2^n 進カウンター以外の N 進カウンターを作るには 2^n 進カウンターを基本にして，計数が N のときに初期状態になるように適当な修正をほどこせばよい．10 進カウンターの一例を図 11 に示す．

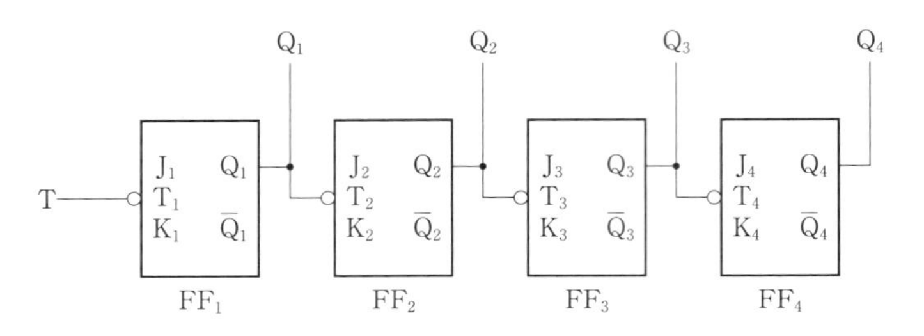

図 10　非同期式 16 進カウンター

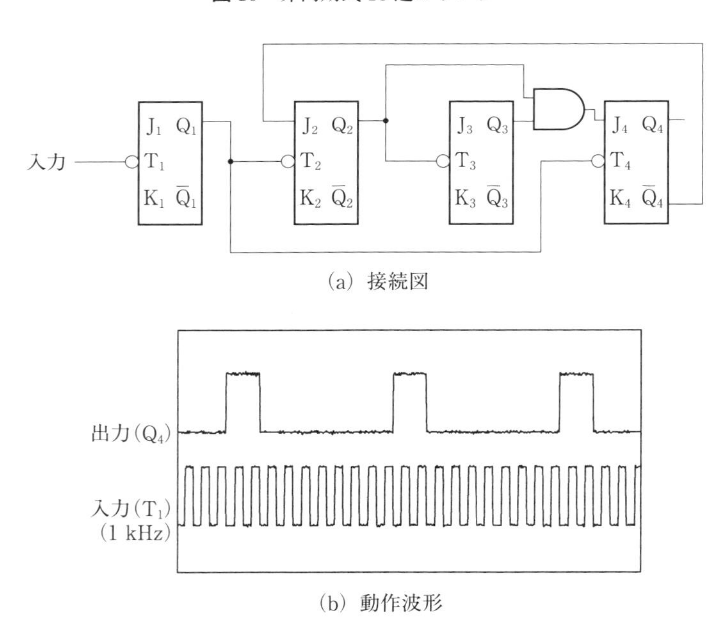

(a) 接続図

(b) 動作波形

図 11　非同期式 10 進カウンター

§3. 実　験

3－1　実験装置および器具

論理回路実習装置，オシロスコープ

(注意)

(1)　論理回路素子をリード線でつなぐときは，回路素子の損傷を防ぐために必ず電源スイッチを切った状態で行うこと．

（2） 回路素子からリード線を抜くときは，断線を防ぐためにリード線先端のソケットを持って行うこと．

3-2 実験方法

（1） 図1の各論理回路素子が表1の真理値表通りに動作することを実習装置を使って確認する．

（2） 以下の等式の両辺に対応する論理回路および真理値表を作り，実験結果と比較する．作成した論理回路の接続図および真理値表を記録する．

（i） $\overline{X \cdot Y \cdot Z} = \overline{X} + \overline{Y} + \overline{Z}$

（ii） $\overline{X + Y + Z} = \overline{X} \cdot \overline{Y} \cdot \overline{Z}$

（iii） $X \cdot Y + X \cdot Z = X \cdot (Y + Z)$

（iv） $X + X \cdot Y = X$

（v） $X + \overline{X} \cdot Y = X + Y$

（vi） $X \cdot Y + X \cdot \overline{Y} = X$

（vii） $Z \cdot X + Z \cdot \overline{X} \cdot Y = Z \cdot X + Z \cdot Y$

（viii） $(Z + X) \cdot (Z + \overline{X} + Y) = (Z + X) \cdot (Z + Y)$

（ix） $X \cdot Y + \overline{X} \cdot Z + Y \cdot Z = X \cdot Y + \overline{X} \cdot Z$

（x） $(X + Y) \cdot (\overline{X} + Z) \cdot (Y + Z) = (X + Y) \cdot (\overline{X} + Z)$

（xi） $X \cdot Y + \overline{X} \cdot Z = (X + Z) \cdot (\overline{X} + Y)$

（xii） $(X + Y) \cdot (\overline{X} + Z) = X \cdot Z + \overline{X} \cdot Y$

（3） （i） 図2(a)，(b)に示すNOR回路素子で作られるOR回路やAND回路の真理値表を表1で確かめる．実習装置によりそれぞれの回路を作り，動作確認をする．

（ii） 図2(c)と表1はNAND回路素子のみで作られるOR回路の1例と真理値表である．真理値表を示し，実習装置により回路の動作確認をする．

（iii）　2個のNAND回路素子のみを使ってできるAND回路を設計する．その真理値表を示し，実習装置により回路の動作確認をする．

（4）　実習装置にあるExclusive OR回路素子を用いた半加算器，全加算器の動作が（1），（3）式で記述されることを理解した後，それぞれの回路に0，1の信号を入力して和の値を確認する．次に，図12に示したExclusive OR回路素子を用いない半加算器の真理値表および回路を作り，動作確認する．この回路と実習装置の全加算器を組み合わせた加算器を作り，表3(a)から(d)の2進数A，Bを入力して和Sを求める．

表3　2進数A，Bと和S

	2進数の位	2^2	2^1	2^0
(a)	A		0	1
	B		0	0
	S			
	2進数の位	2^2	2^1	2^0
(b)	A		0	1
	B		0	1
	S			
	2進数の位	2^2	2^1	2^0
(c)	A		0	1
	B		1	1
	S			
	2進数の位	2^2	2^1	2^0
(d)	A		1	1
	B		1	1
	S			

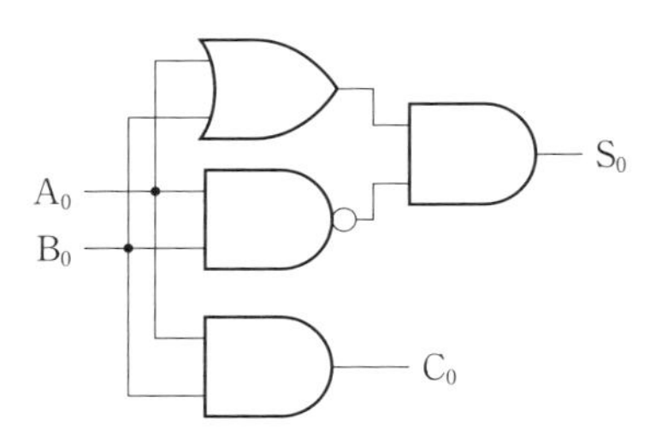

図12　Exclusive OR回路素子を用いない半加算器

（5） エンコーダーおよびデコーダーを図8を参考にして作り，それぞれ入力に対する出力を求める．

（6） （i） JKフリップ・フロップ（JK-FF）回路の基本動作を知るために実習装置を使って図3(b)のように接続する．J，Kへの入力を変えて単発クロックパルス（CP）を入力する前後での出力Qの値と表2(b)の真理値表を比較する．

（ii） 図9に示したJK-FF回路による2進カウンターを作り，入力Tに1 kHzの連続CPを入力する．J，Kへの入力を1，0としたときの出力Qが(i)の結果と一致することをオシロスコープで確かめる．J，Kへの入力が共に1のときの出力Qを記録する．

（7） 図13の3進カウンターの動作を示す図14のタイミングチャート

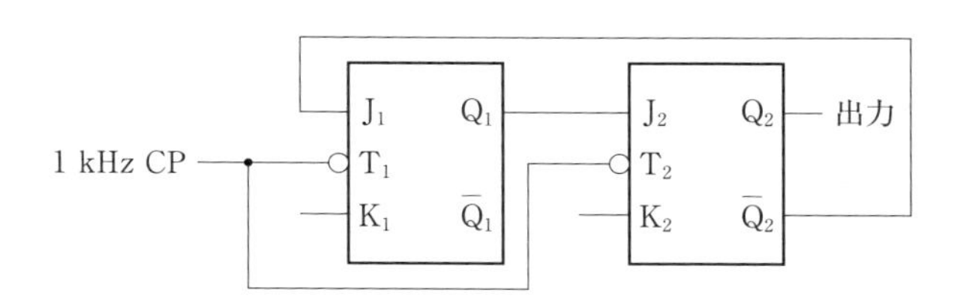

図13　3進カウンター

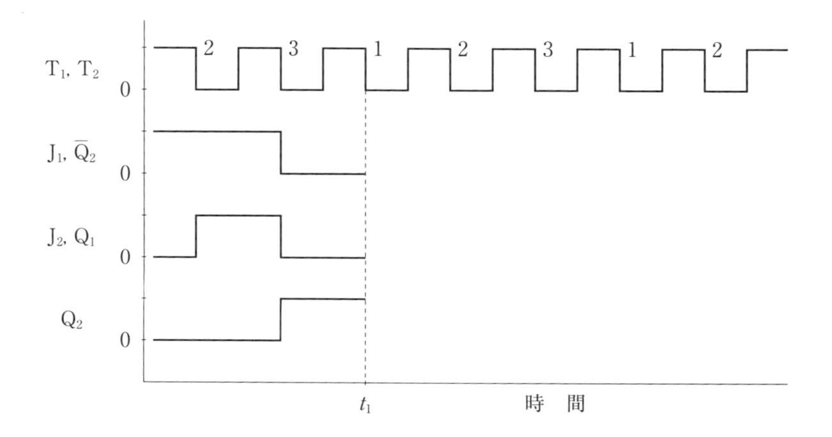

図14　3進カウンターのタイミングチャート

の t_1 以降の波形を JK-FF 回路の真理値表を基にして完成させる．実習装置により 3 進カウンターを作り，各端子の出力波形を入力波形（1 kHz CP）と共にオシロスコープで測定する（ただし，K_1，K_2 は 1 を入力する）．測定結果とタイミングチャートを比較する．

（8） JK-FF 回路を用いて図 10 に示す非同期式 16 進カウンターを作り，単発 CP による動作を表示器により確認する（ただし，J，K はすべて 1 を入力する）．次に，入力に 1 kHz の連続 CP を入力し，オシロスコープを用いて動作波形を確認する．Q_1 ～ Q_4 の波形を入力信号と共に記録する．

（9） 図 11 に示した回路により 10 進カウンターを作り，動作の確認をする（ただし，接続されていない J，K はすべて 1 を入力する）．入力信号と 10 進カウンターの出力波形を記録する．

§4. 課　題

（1） 自分の学生番号から 2 桁の 10 進数を 3 個作り，2 進数で表せ．

（2） 実験（2）で確認した論理式に対する真理値表と両辺の論理回路を示せ．

（3） 実験（3）（ⅱ）の NAND 回路のみで作った OR 回路と真理値表を示せ．

（4） 実験（3）（ⅲ）で設計した AND 回路と真理値表を示せ．

（5） 加算器の実験で得られた表 3 を示せ．

（6） エンコーダーおよびデコーダーの出力表を示せ．

（7） JK-FF 回路による 2 進カウンターの実験で得られたオシロスコープ波形を示し，簡単な説明を加えよ．

（8） 3 進カウンターの動作を示すタイミングチャートとオシロスコープ波形を整理して比較せよ．

（9）　非同期式 16 進カウンターの実験で得られたオシロスコープ波形を整理して添付し，簡単な説明を加えよ．

（10）　非同期式 10 進カウンターの動作を示すオシロスコープ波形を添付し，簡単な説明を加えよ．

§5. 参考書

1）　田丸啓吉：「論理回路の基礎」（工学図書）
2）　三堀邦彦，斉藤利通：「わかりやすい論理回路」（コロナ社）
3）　井澤祐司：「論理回路入門」（プレアデス出版）

17. レーザー光の偏光と回折

(The Polarization and Diffraction of Laser Light)

The diameter and divergence of a light beam emitted from a helium-neon laser are examined. Then the laser beam is converted to circularly polarized light by a quarter wavelength retarder plate. A diffraction pattern is observed when the laser beam passes through a narrow slit. By analysis of the pattern, the width of the slit can be determined.

§1. はじめに

レーザーは Light Amplification of Stimulated Emission of Radiation の頭文字をとったもので，誘導放出を利用して光の増幅と発振を行う装置である．レーザー光は，波長と位相がそろった指向性に優れた光である．レーザー光の発明は，1916 年のアインシュタイン（Einstein）による電磁場と物質の相互作用による誘導放射現象の理論的研究がきっかけとなった．タウンズ（Townes）はマイクロ波の増幅方法に工夫を加え，1954 年にメーザーの発振に成功した．その後，彼はシャウロウ（Schawlow）とともに可視光のレーザーを研究し，1860 年にその発振に成功した．レーザーの研究は，旧ソ連のバソフ（Basov）とプロホロフ（Prokhorov）によってもほぼ同時期に行われた．ノーベル物理学賞が 1964 年にタウンズ，バソフ，プロホロフに与えられた．

この実験では，レーザー光の基本的な性質を理解し，優れた単色性と指向性をもつレーザー光による偏光と回折現象を観察する.

§2. 原　理

2-1　レーザー光

原子は，原子核とその周りを回っている電子から構成されている．ボーアは，原子内の電子は離散的なエネルギー状態しかとれないと考えた．そのような離散的な状態をエネルギー準位という.

原子内の電子に外部からエネルギーを与えると，電子は励起されて高いエネルギー準位に移る．高いエネルギー準位の電子の方が多くなると，励起された電子は低いエネルギー準位に戻ろうとして光を放出する．この光が他の電子を励起して，高いエネルギー準位に遷移させる．その後，この電子が光を放射する．このように光の放出と遷移が次々と繰り返され，特定の波長の光だけが増幅されていく.

電子のエネルギーが E_2 から E_1 ($E_2 > E_1$) の準位に遷移すると，ボーアの振動数条件

$$h\nu_0 = E_2 - E_1 \qquad (1)$$

に従って周波数 ν_0 の単色光が放射される(図 1)．ここで h はプランク定数である．このように外部からエネルギーを与えられることによって誘起されて放射する光を誘導放射とよんでいる.

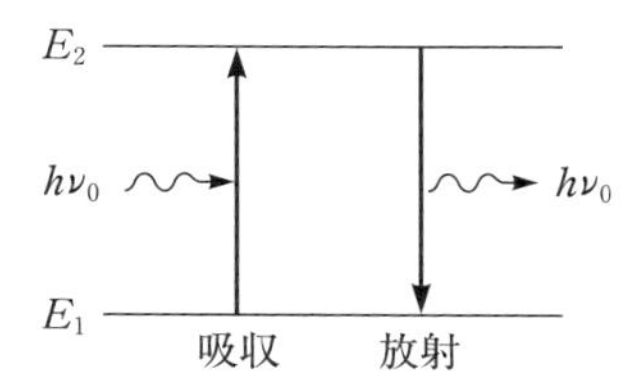

図 1　ボーアの振動数条件

温度 T で熱平衡状態にある原子あるいは分子の集団において，電子のエネルギーが E_2, E_1 の準位にある原子の数をそれぞれ N_2, N_1 とすると

$$\frac{N_2}{N_1} = \exp\left(-\frac{E_2 - E_1}{k_B T}\right) \qquad (2)$$

の関係がある．ここで k_B はボルツマン定数である．通常，$E_2 > E_1$ であるから $N_2/N_1 < 1$ である．ところが，$N_2/N_1 > 1$ となる状態（反転分布）を作ると，特定の波長の光だけが増幅される．この状態は，(2) 式において

温度が負となった状態に相当するので，負温度状態ともよばれる．

反転分布を実現する手段は，励起あるいはポンピングとよばれている．そして，ポンピング方法の違いにより，光ポンプレーザー，気体放電レーザー，半導体レーザー，自由電子レーザーなどのレーザーが開発されている．

レーザー増幅器は，増幅媒質と共振器から構成される．増幅媒質は光を誘導放射により増幅する物質で，共振器は平行に置かれた2枚の反射鏡である(図2)．光ポンプレーザーの場合は，共振器に入射した微弱な光がレーザー媒質に誘導放射を促し，それが2枚の反射鏡を何度も往復することにより誘導放射が繰り返され，位相のそろった強い光に成長していく．

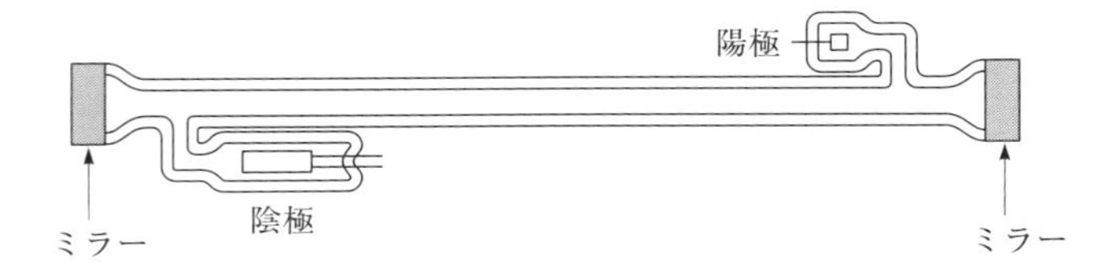

図2　He(ヘリウム)-Ne(ネオン)レーザー管

2-2　He-Neレーザー

HeとNeの混合気体が，図2のレーザー管の中に70～400 Paの圧力で封入されている．レーザー管に大電流を流すと，混合気体が電離してプラズマが作られる．最初に，プラズマ中の電子との衝突によりHe原子の電子が励起される．その電子のエネルギーがNe原子の電子に移行することにより，Ne原子が反転分布状態となる．Neの気体だけでも発振するが，Heの気体と混合させると効率が良くなる．代表的な発振波長は，可視光では632.8 nmの赤い光，赤外では3.39 μmである．

レーザー光には，発振出力，光強度分布，発振スペクトル，ビーム径，ビームの発散角などの性能を示す諸量がある．

レーザー光断面の光強度分布はガウス（Gauss）分布になっていて，中心部が強く，周辺にいくほど弱くなっている．ビーム径Dの求め方は，以下の2通りがある.

(i) ビーム中心を通るように局所的な強度を測定し，最大ビーム強度の $1/e^2$（e：自然対数の底）になる幅を D とする（図3).

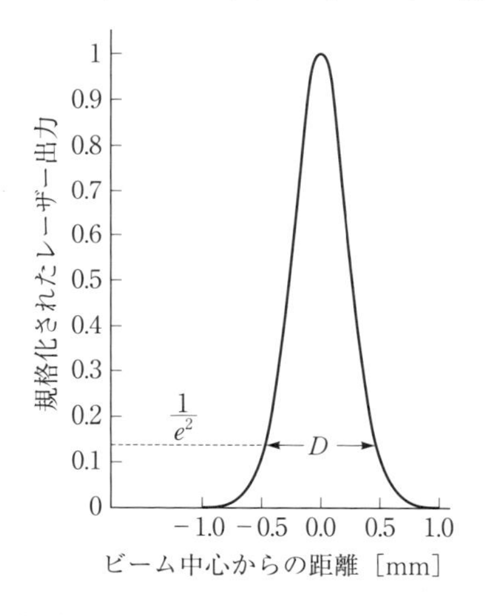

図3　レーザー光断面の光強度分布

(ii) 光強度がガウス分布をしている場合のビームの全出力を A とすると，微小面積 $dx\,dy$ の出力は

$$dA = \frac{2A}{\pi\left(\frac{D}{2}\right)^2}\exp\left[\frac{-2(x^2+y^2)}{\left(\frac{D}{2}\right)^2}\right]dx\,dy \qquad (3)$$

と表される．図4(a)のようにナイフエッジでビーム断面の一部を遮蔽すると，通過ビームの出力は

$$A(b) = \frac{\sqrt{2}A}{\sqrt{\pi}\,\frac{D}{2}}\int_{-\infty}^{b}\exp\left[-\frac{2x^2}{\left(\frac{D}{2}\right)^2}\right]dx \qquad (4)$$

となる．b はナイフエッジの位置である．正規確率紙を用いて $A(b)/A$ と x の関係を図示すると図4(b)となる．$b_1 = -D/2, b_2 = D/2$ で $A(b)/A$ はそれぞれ2.3％，97.7％になることが知られているので，$b_2 - b_1$ より D が得られる.

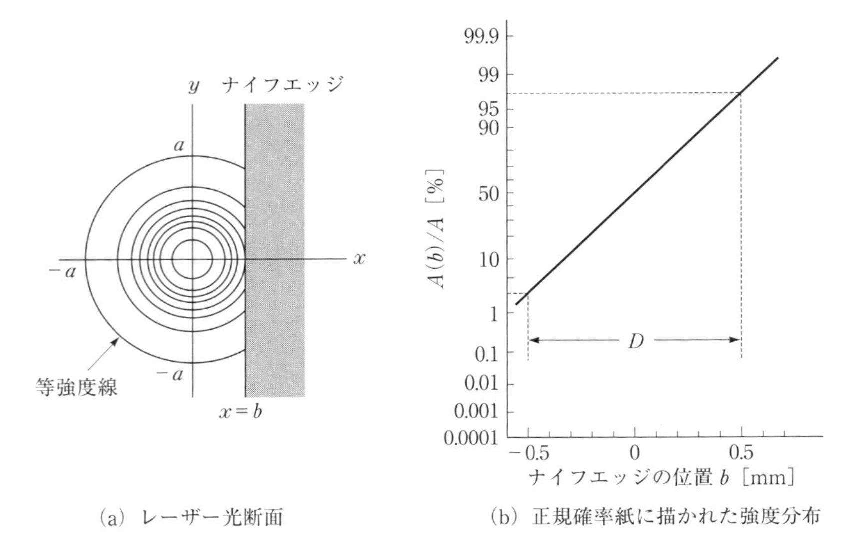

(a) レーザー光断面　　(b) 正規確率紙に描かれた強度分布

図4　ナイフエッジによるビーム径測定

2-3　偏　光

光は電磁波の一種であり，電場と磁場は互いに垂直な方向に振動した横波である．偏光とはこの振動方向が偏ることであるが，自然光の振動方向は任意の方向に一様に分布している．すなわち，電場の振動の向きが無秩序であるため，非偏光とよばれている．他方，次のような電場の振動の向きが一定な直線偏光や回転する円偏光などがある．

（1）　直線偏光

光の電場の振動方向が一定であるものを直線偏光とよぶ．直線偏光を作るためには偏光板が用いられる．偏光板に使用されている偏光膜は，高分子膜を伸張させた細長い高分子膜からなっている．偏光板に非偏光な光を入射させると，光の透過方向は細長い高分子膜に垂直な方向となる．

（2）　円偏光

電場の振動が伝播方向の周りにらせん状に回転する光を円偏光とよんでいる．円偏光は，直線偏光を波長板とよばれる光学素子に透過させることによって作ることができる．波長板は複屈折性結晶（方解石）によって作られる．

直線偏光を図5(a)に示すように結晶の x - y 面に垂直に，x 軸に対して電場が角度 φ となるように入射させる．図中の $\boldsymbol{k}$ は波数ベクトルで光の伝播方向を示し，波長 λ とは $|\boldsymbol{k}| = 2\pi/\lambda$ の関係で結ばれている．波長板は電場の x 成分と y 成分に対する屈折率が異なるので，各々の位相速度に差が生じる．この位相差が $\pi/2$（光路差にすると1/4波長）になるような厚さに作られた結晶板を1/4波長板とよんでいる．

入射光の成分を

$$\left.\begin{aligned} E_x &= E_0 \cos\varphi \cos\left(\frac{2\pi z_1}{\lambda} - \omega t_1\right) \\ E_y &= E_0 \sin\varphi \cos\left(\frac{2\pi z_1}{\lambda} - \omega t_1\right) \end{aligned}\right\} \quad (5)$$

とすると，透過光の成分は

$$\left.\begin{aligned} E_x &= E_0 \cos\varphi \cos\left(\frac{2\pi z_2}{\lambda} - \omega t_2\right) \\ E_y &= E_0 \sin\varphi \cos\left(\frac{2\pi z_2}{\lambda} - \omega t_2 + \frac{\pi}{2}\right) \end{aligned}\right\} \quad (6)$$

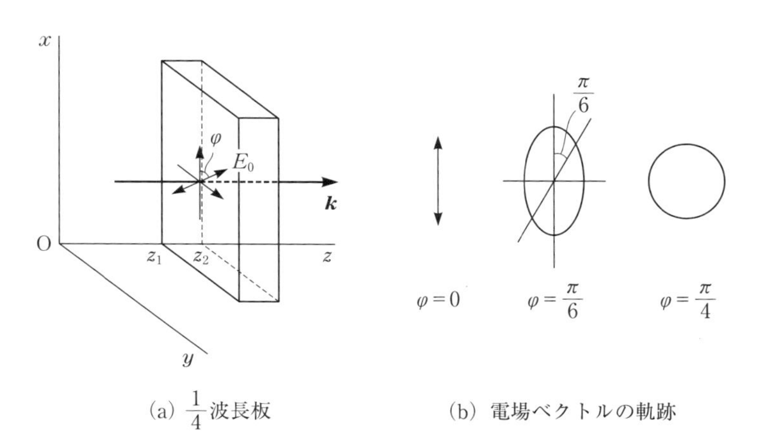

(a) $\frac{1}{4}$ 波長板　　(b) 電場ベクトルの軌跡

図5　$\frac{1}{4}$ 波長板と透過光

となる．したがって，透過光の電場の振動の先端の軌跡は，$\varphi \neq n\pi/2\,(n = 0, 1, 2, \cdots)$ のとき

$$\frac{E_x{}^2}{\cos^2\varphi} + \frac{E_y{}^2}{\sin^2\varphi} = E_0{}^2 \tag{7}$$

となる．一般に電場の振動の軌跡は楕円となるが，特に $\varphi = n\pi/4$ $(n = 1, 3, 5, \cdots)$ では円となる．また，$\varphi = n\pi/2\,(n = 0, 1, 2, \cdots)$ では，直線偏光のまま透過してくる．$\varphi = 0$，$\pi/6$，$\pi/4$ の場合を図 5(b)に例示した．

2-4　フラウンホーファー（Flaunhofer）回折

レーザー光の波長程度の幅をもつスリットにレーザー光を入射し，スリット後方の十分離れた位置にできる回折像（フラウンホーファー回折像）を観測する．図 6 に，スリットを通過する回折波の光路の 1 つを示した．入射波が平面波であるから，$\overline{\mathrm{AB}}$ 上のいたるところで電場ベクトルの位相は一定である．入射波と θ の角度をもつ十分遠方にある点 P での光は，$\overline{\mathrm{AB}}$ 上の各部分から送り出された波を合成したものである．点 Q から送り出された波を点 A から送り出された波と比較すると，点 P に到達するときに $2\pi\overline{\mathrm{QQ'}}/\lambda$ だけ位相の遅れがある．したがって，dx 部分から点 P に到達する波の電場の強さは

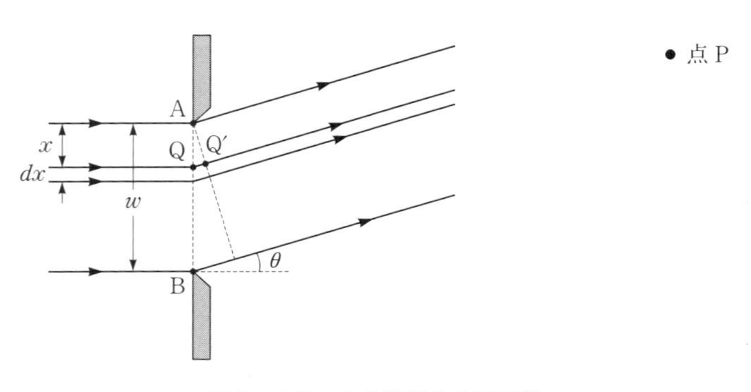

図 6　スリットを通過する平面波

$$E_0\,dx\cos\left\{\frac{2\pi}{\lambda}\,(\overline{\mathrm{QQ'}}+\overline{\mathrm{Q'P}})-\omega t\right\} \tag{8}$$

に比例する．ここでスリットでの初期位相をゼロとしている．$\overline{\mathrm{QQ'}}\simeq x\sin\theta$，$\overline{\mathrm{AP}}\simeq\overline{\mathrm{Q'P}}$ であるから，$\overline{\mathrm{AB}}$ 上のすべての部分から送り出されてきた波を点 P で合成すると，振幅は

$$\begin{aligned} E &= CE_0\int_0^w \cos\left\{\frac{2\pi}{\lambda}\,(x\sin\theta+\overline{\mathrm{AP}})-\omega t\right\}dx \\ &= CE_0 w\,\frac{\sin\alpha}{\alpha}\cos\left\{\frac{2\pi}{\lambda}\left(\frac{w\sin\theta}{2}+\overline{\mathrm{AP}}\right)-\omega t\right\} \end{aligned} \tag{9}$$

となる．ただし，C は比例定数，w はスリットの間隔である．ここで

$$\frac{\pi w\sin\theta}{\lambda}=\alpha \tag{10}$$

とおいた．点 P での電場のエネルギー I は振幅の 2 乗に比例するので，比例係数を C_1 として

$$I = C_1{}^2E_0{}^2w^2\left(\frac{\sin\alpha}{\alpha}\right)^2 \tag{11}$$

と書くことができる．この関数は図 7 のように $\alpha=n\pi$ ($n=\pm1,\pm2,\cdots$) で極小をもち，表 1 で示す値の近傍で極大となる．

表 1　$\left(\dfrac{\sin\alpha}{\alpha}\right)^2$ の極大値

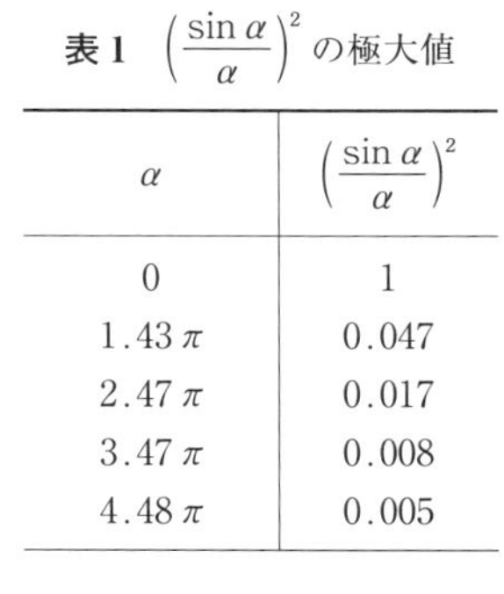

α	$\left(\dfrac{\sin\alpha}{\alpha}\right)^2$
0	1
1.43 π	0.047
2.47 π	0.017
3.47 π	0.008
4.48 π	0.005

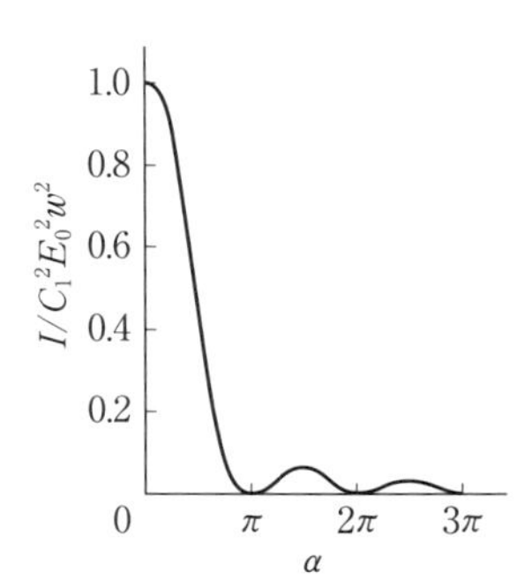

図 7　$\left(\dfrac{\sin\alpha}{\alpha}\right)^2$ のグラフ

§3.　実　験

3-1　実験装置および器具

He-Ne レーザー（波長 632.8 nm, 発振出力 5 mW 以上, ビーム径 0.8 mm, 広がり角 1.0 mrad，偏光ランダム），レーザー光検出器（太陽電池），デジタルボルトメーター，スリット，ナイフエッジ，偏光板，1/4 波長板，ND

フィルター，ピンホール板（ピンホール直径 0.2 mm，直径 0.4 mm）

この実験では，He - Ne レーザーから出力されたレーザー光を利用する．図 8 のように，光源と光検出器の間に目的に応じてナイフエッジや 1/4 波長板などを設置する．光検出器の出力はデジタルボルトメーターにより測定する．

(注意)　失明の恐れがあるので，レーザー光を直接目に入れてはならない．

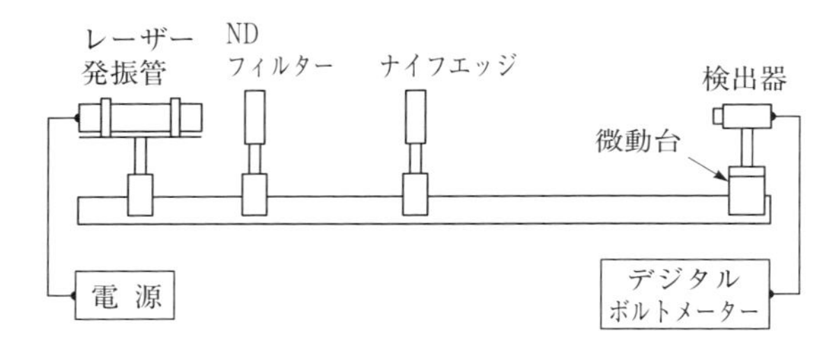

図 8　レーザー光による回折実験装置

3 - 2　実 験 方 法

(1)　ビーム径およびビームの広がり角測定

(ｉ)　片方の端にレーザーを，他端にピンホール板（直径 0.2 mm）を取り付けた検出器を設置する．そして，レーザー光がピンホールの中央に当たるように検出器の位置を調節する．

(ii)　レーザーの先端とピンホール板の間の距離を記録する．検出器ホルダーの微動ネジを 0.1 mm ずつ動かして，レーザー光の断面の光強度分布を測定する（図 3）．

(iii)　レーザーと検出器の間隔を半分に縮めて，同様の測定を行う．

(iv)　ピンホール板を外した検出器を光学台の一端に設置し直し，レーザー光が検出器の中央に当たるように調節する．検出器の出力が 150 mV を超える場合は，ND フィルターをレーザーの前に設置して光量を調節する．このときの出力が (4) 式の A である．ナイフエッジをレーザーと検出器の間に置き，レーザーの先端とナイフエッジの間の距離を記録する．

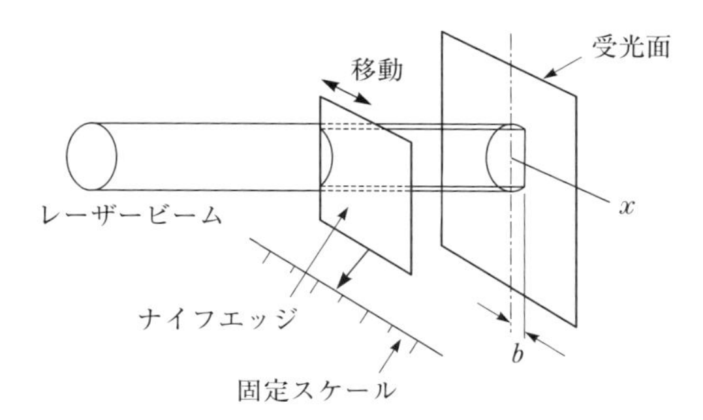

図 9　ナイフエッジによる実験

ナイフエッジに付いている微動ネジを 0.1 mm ずつ動かして $A(b)$ を求める（図 4，9）.

（v）　ナイフエッジをレーザーに近づけて，同様の測定を繰り返す.

（2）　偏光の実験

（i）　ピンホール板を取り外した状態で，検出素子にレーザー光が当たるように調節する．ND フィルターを使って，検出器の出力が 150 mV 以下になるように調節する．その後，検出器とレーザーの間に偏光板，1/4 波長板，偏光板の順に設置する.

（ii）　1/4 波長板を透過したレーザー光の偏光状態を知るために，1/4 波長板の回転角 φ をある値に固定し，偏光板を回転して透過光の強度を

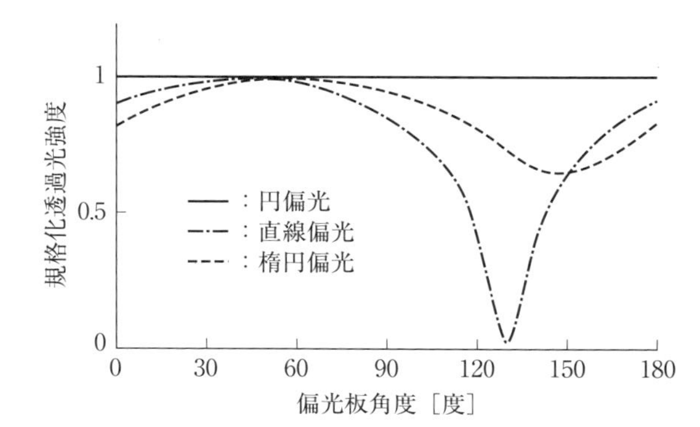

図 10　種々の偏光と透過光強度分布

観測する．1/4 波長板の角度を少し変化させて同様の観測を繰り返しながら，図 5(b)に示した直線偏光，楕円偏光，円偏光となる回転角 φ を見つける. これらの角度に 1/4 波長板を固定した後, 偏光板を少しずつ（5 度）回転させながら透過光強度を記録する（図 10).

（3） フラウンホーファー回折の実験

（i） レーザーから約 50 cm 離れた場所にスリットを設置し，ピンホール板（直径 0.4 mm）を検出器に取り付ける.

（ii） レーザー光をスリット中央に当て，スリット間隔を調節して，検出器の前に置いた白い紙に回折像を作る.

（iii） 明暗の縞を 2 ～ 3 mm 周期に作ることができたら，スリットと検

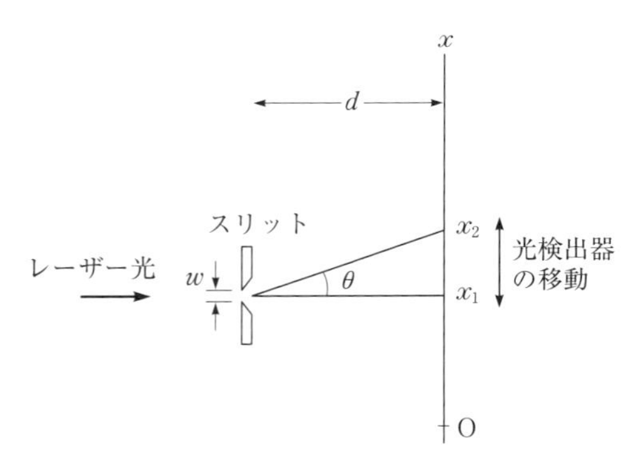

図 11 フラウンホーファー回折実験

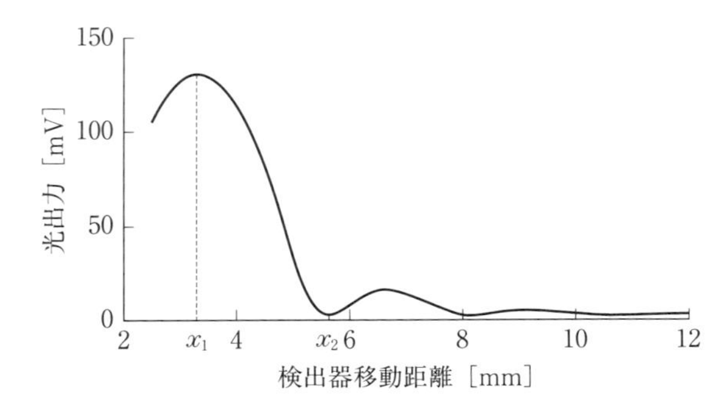

図 12 回折光の光強度分布

出器の間の距離 d を記録する（図 11）．その後，回折像の中心にピンホール板の穴がくるように調節し，左右どちらかの方向に 0.1 mm ずつ移動させて回折像の光の強度を記録する．少なくとも明暗の縞を 2 回以上測定する（図 12）．

§4. 課　題

（1） レーザー光断面の光強度分布を図に描き，測定位置ごとのビーム径 D およびレーザー管出口でのビーム径 D_0 を求めよ．また，ビームの広がり角 θ を求めよ．

（2） ナイフエッジによるビーム径測定実験の結果を正規確率紙を使って整理し，測定位置ごとの D, D_0, θ を求めよ．

（3） レーザー光は，レーザー管出口のミラーの中央にある小さな窓から外に出てくる．このときレーザー光はフラウンホーファー回折を受けるため，レーザー管から離れるほどビーム径が大きくなる．(11) 式および図 7 を参照すると，(10) 式で定義された α が π のとき電場のエネルギー（光強度）がゼロとなる．すなわち，レーザー管出口のビーム径 D_0 は，(10) 式に $\alpha=\pi$, $w \simeq D_0$, $\sin\theta \simeq \theta$ を代入すると

$$D_0 \simeq \frac{\lambda}{\theta} \tag{12}$$

により求めることができる．λ にレーザー光の波長，θ に（1），（2）で求めたビームの広がり角を代入して D_0 を求めよ．

（4） 3 種類の方法で求めたレーザー管出口のビーム径 D_0 を表にまとめ，カタログ値と比較検討せよ．

（5） 1/4 波長板を挿入して得られた直線偏光，楕円偏光，円偏光の各場合の測定結果を，偏光板の回転角を横軸に，検出器の出力を縦軸にした図にまとめよ（図 10）．

（6） フラウンホーファー回折の実験結果を図 12 のようにまとめ，光

強度が最大となる位置 x_1（(11) 式および図 7 の $\alpha = 0$ に対応）とゼロとなる位置 x_2（$\alpha = \pi$ に対応）を求めよ．図 11 を参照して，x_1, x_2 およびスリットと検出器の間の距離 d を使って $\sin\theta$ を計算せよ．この値および $\alpha = \pi$ を (10) 式に代入し，スリットの間隔 w を求めよ．

§5. 参考書

1）　霜田光一：「レーザー物理入門」（岩波書店）
2）　大井みさほ 編：「光学素子の基礎と活用法」（学会出版センター）

18. 光ファイバーの伝送特性

(Optical Transmission Properties of an Optical Fiber)

The path taken by light in an optical fiber is determined by the change of refractive index as a function of radius of the fiber. A measurement is made of the transmission and distortion of the light signal travelling in a plastic fiber.

§1. はじめに

大容量通信の端緒となるレーザーが1960年に作られ，空間伝播型光通信の研究が開始された．また，光通信の伝送路に使われる低損失光ファイバーの試作が1965年頃に成功し，1970年には実用化された．この時期に半導体レーザーが開発されて，光通信が急速に普及し始めた．現在は，高性能光ファイバーが全国通信ネットワーク，海底ケーブル，ハイテクビルの生命線として張り巡らされて，情報化社会の重要な役割を担っている．

この実験では，光ファイバーの構造や伝送特性の基礎を理解し，プラスチックファイバーを試料として，光の入射角特性，伝送損失率，信号歪みなどを測定する．

§2. 原　理

2-1　光ファイバーの構造

電気信号は2本の導線，同軸ケーブル，導波管などを使って伝送されるが，光信号は透明なプラスチック，光学ガラス，石英ガラスなどの細い繊維

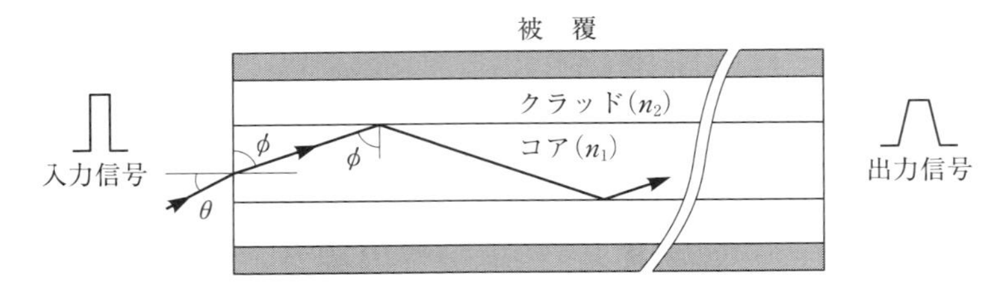

図1　光ファイバーの構造と光路

(ファイバー) の中を伝送される．ファイバーの外へ光が漏れて損失するのを防ぐために，中心部分の屈折率 n_1 を壁付近の屈折率 n_2 より 0.3 ～ 3％程度大きくしてある．図1に示すように，外側部分をクラッド，中心部分をコアとよび，ほとんどの光はクラッドとコアの境界で全反射を繰り返しながらコア内を伝播する．一番外側の被覆はファイバーに傷が付かないように保護するためのもので，簡便なものはプラスチックが使われる．

コア中の光の伝播速度 v_{p} は，c を真空中の速度とすると

$$v_{\mathrm{p}} = \frac{c}{n_1} \qquad (1)$$

であるが，クラッドへの入射角によって光路長が異なる．光ファイバーの全長を L とすると，角度 θ で入射した光の $\theta = 0$ で入射した光に対する遅れ時間 Δt は

$$\begin{aligned}\Delta t &= \frac{1}{\sin\phi}\frac{L}{v_{\mathrm{p}}} - \frac{L}{v_{\mathrm{p}}} \\ &= \frac{n_1 L}{c}\left(\frac{n_1}{\sqrt{{n_1}^2 - \sin^2\theta}} - 1\right) \qquad (2)\end{aligned}$$

となる．ここでスネルの屈折の法則 $n_1 = \sin\theta/\sin(\pi/2 - \phi)$ (ϕ はクラッドへの入射角) を使った．ϕ が小さい (θ が大きい) ほど長い光路を経由するため，遅れ時間は大きくなり，この遅れにより信号が歪むことになる．この現象は，マルチモード光ファイバーとよばれる，コアの直径が光の波長に比べて十分大きいファイバーで起こり，入力信号のパルス幅が短く (高周波

信号)，ファイバーが長いほど深刻となる．他方，コアの直径が波長の数倍程度になると，Δt が小さくなって光信号はファイバーに沿って直進するようになる．したがって，波形の歪みが非常に少なくなる．このように作られたファイバーはシングルモード光ファイバーとよばれ，長距離通信用に使われる．

典型的なマルチモード光ファイバーのクラッドおよびコアの直径は，各々 $125\,\mu$m，$50 \sim 85\,\mu$m である．また，使用波長 $1.3\,\mu$m 用のシングルモード光ファイバーでは，クラッドの直径はマルチモード光ファイバーとほぼ同じであるが，コアの直径は $5 \sim 10\,\mu$m と小さく作られている．

2-2　光ファイバーの特性

(1)　最大入射角

ファイバーに角度 θ で入射した光が，図1のようにコアの中を全反射を繰り返しながら伝播する条件を求める．スネルの屈折の法則をコアからクラッドに入射する光に適用すると（図2）

$$\frac{n_2}{n_1} = \frac{\sin \phi_1}{\sin \phi_2} \tag{3}$$

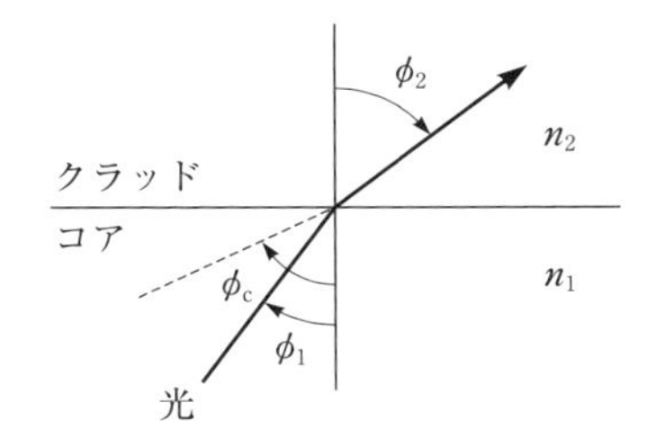

図2　光の屈折

となり，$\phi_2 = \pi/2$ のときに全反射となる．すなわち，臨界角は

$$\phi_c = \sin^{-1} \frac{n_2}{n_1} \tag{4}$$

で表される．ファイバーへの入射角 θ が大きくなると ϕ が臨界角 ϕ_c より小さくなり，全反射条件は満足されなくなる．このような入射光はクラッドに進入して減衰するので，光信号の伝送には ϕ_c が重要なパラメーターとなる．

この ϕ_c に対応する最大入射角 θ_m が存在する．この角度の正弦が開口数 N. A.（Numerical Aparture）と定義され，比屈折率差 Δ と次式で結ばれている．

$$\mathrm{N.\,A.} = \sin\theta_{\mathrm{m}} = n_1 \cos\phi_{\mathrm{c}} = n_1\sqrt{2\Delta} \qquad (5)$$

$$\Delta = \frac{{n_1}^2 - {n_2}^2}{2{n_1}^2} \simeq \frac{n_1 - n_2}{n_1} \qquad (6)$$

(2) コアの屈折率分布

コアの代表的な3つの屈折率分布を図3に示す．それらは，屈折率が一様なステップインデックス型，クラッドに近い部分の屈折率が連続的に n_1 から n_2 に変化する擬似インデックス型，コアの中央部分から連続的に変化するグレーデッドインデックス型である．シングルモード光ファイバーは，ステップインデックス型の使用が一般的である．マルチモード光ファイバーでグレーデッドインデックス型を使うと，入射角依存性が少なくなって波形歪みが少なくなる．ごく近距離に使われるプラスチック光ファイバーは，安価に製造できるステップインデックス型が用いられている．

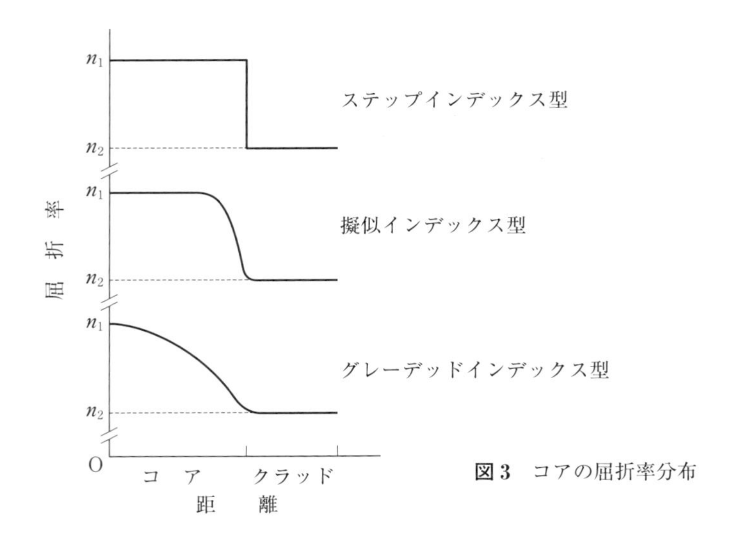

図3　コアの屈折率分布

(3) 伝送損失

ファイバーの材料に使われるプラスチックやガラスの組成は完全に一様なわけではなく，わずかな粗密が存在する．そのために，伝播中の光はレイリー散乱を受ける．散乱される光量は光の波長の4乗に逆比例するから，短波長ほど強く散乱される．コアの太さが一定ではないなどの構造の不均一から生じる散乱もある．また，ファイバーに含まれるMn（マンガン），Ni（ニッケル）などの金属不純物や水酸基（O-H基）などにより光の一部が吸収される．ファイバー材料に固有な吸収損失もある．例えば，石英ガラスでは，Si-O結合による吸収が1.6 μm以上の波長領域で，プラスチックでは，C-H基による吸収が0.7 μm以上で顕著になる．

このような散乱と吸収により，ファイバー内を伝播する光は距離とともに減衰する．強度Iの光が距離dz進む間にdIだけ変化すると，減衰率は

$$\frac{dI}{dz} = -\alpha I \qquad (7)$$

と表せる．αは減衰定数で，光の強度に依存しないと仮定すると

$$I = I_0 \exp(-\alpha z) \qquad (8)$$

となる．I_0は光の入射位置$(z = 0)$の強度である．この式から，光の強度は距離とともに指数関数的に減少することがわかる．このような光損失を記述するために，L［m］の長さのファイバーを通過後の光強度I_1とI_0の比を常用対数で表した

$$N = -\frac{10}{L}\log_{10}\frac{I_1}{I_0} \quad [\mathrm{dB/m}] \qquad (9)$$

が使われる．Nは光ファイバーの伝送損失率とよばれ，単位に含まれる［dB］はデシベルとよばれる．減衰定数αとは，$N = 10\alpha\log_{10} e$の関係で結ばれている．

§3. 実　験

3-1　実験装置および器具

光源（ハロゲンランプ，発光ダイオード），プラスチック光ファイバー，波長フィルター（透過波長：青色フィルター；420～500 nm，緑色フィル

ター；480 ～ 560 nm，赤色フィルター；550 ～ 750 nm)，光検出器（フォトダイオード)，ピンホール（直径 0.4 mm)，発振器，デジタルオシロスコープ，信号増幅器，デジタルボルトメーター，光ファイバー端面処理工具

表 1　プラスチック光ファイバーの特性（典型例）

材質	単繊維直径	1.0 mm
	コア	高純度メタクリル樹脂（$n_1 = 1.495$）
	クラッド	特殊フッ素樹脂（$n_2 = 1.402$）
N. A.		0.5
最大入射角		30 度（平均）
伝送損失率		≦ 0.20 dB/m（波長 650 nm）

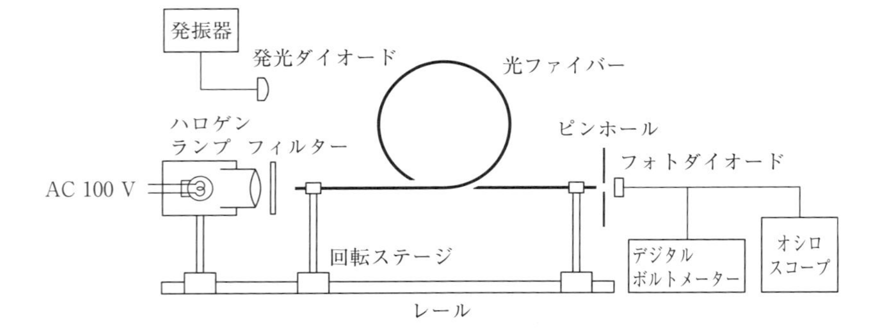

図 4　光ファイバーの特性実験装置

表 1 に示すプラスチック単繊維光ファイバー（マルチモード光ファイバー）の波長特性，入射角特性，伝送損失率を求める実験（図 4）をハロゲンランプ（図 5）を光源として行う．また，発光ダイオードに発振器を接続して光信号を発生させ，光ファイバー通過後の信号波形の歪みをオシロスコープで観測する．光ファイバーをホルダーに固定する際に，強く締めすぎないように注意しなければいけない．なぜなら，応力歪みにより内部の屈折率が変り，光の透過率に影響を与えるため，実験誤差の原因となるからである．また，光ファイバーの端面処理の良し悪しが実験結果を大きく左右する．

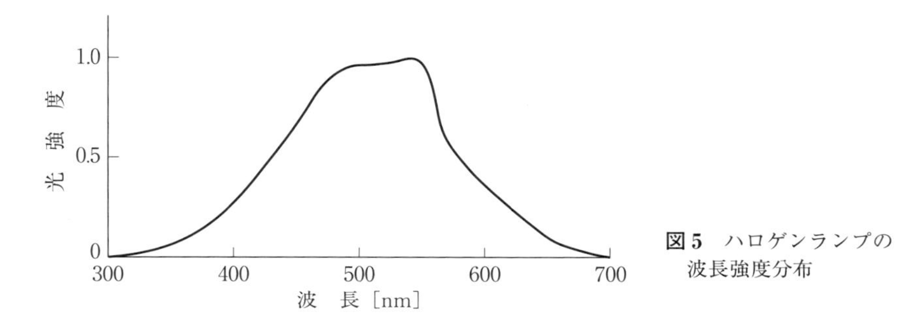

図5　ハロゲンランプの波長強度分布

何度か試みて，平面度の良い試料を作製しなければならない．

3-2　実験方法

（1）　光強度分布測定

（i）　光検出器にピンホールを取り付ける．ハロゲンランプを点灯し，20 cm 程度離れた位置に光検出器を置く．光出力をデジタルボルトメーターで観測しながら，光検出器をハロゲンランプからレールに沿って 1 m 程度遠ざける．光出力が大きく変るようであったら，ハロゲンランプの前面にある凸レンズの位置を調節する．光の平行度が良くなると，光出力が変動しなくなる．

（ii）　ハロゲンランプの前に光検出器を戻し，微調ネジを動かしてレールに沿った方向(測定範囲：5 cm)および直角方向(測定範囲：±1.5 cm)の光強度分布図を作るための光出力を記録する．

（2）　入射角特性

（i）　光検出器のピンホールを取り外す．端面処理した長さ 1 m の光ファイバーをファイバーホルダーに取り付け，ハロゲンランプの光を入射する．光ファイバーの出口近くに光検出器を置き，光出力が最大になるように光ファイバーと光検出器の相対位置を決める．

（ii）　回転ステージを回すと光の入射角が変化する．光出力が最大値の

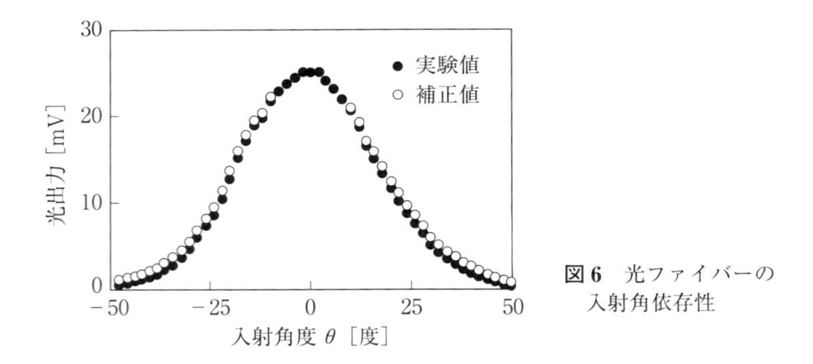

図 6　光ファイバーの入射角依存性

5％程度に減少する角度まで測定を続ける（図6）．

（3）　波長特性

（ｉ）　ハロゲンランプの前にピンホールを取り付けた光検出器を移動し，その間にフィルターホルダーを置く．

（ii）　波長フィルターを挿入しない場合および3種類の波長フィルターを挿入した場合の各々の光出力を記録する．

（iii）　光検出器を光源から離し，ピンホールを取り外す．端面処理した長さ約1mの光ファイバーを，図4のようにフィルターホルダーと光検出器の間に取り付ける．（ii）の場合に対応するそれぞれの光出力を記録する．

（4）　伝送損失率測定（カットバック法）

（ｉ）　端面処理した長さ10mの光ファイバーを用意し，ハロゲンランプとピンホールを取り外した光検出器の間に挿入する．光ファイバーの出口と光検出器の相対位置を調整し，光出力が最大になるようにする．この位置は伝送損失率測定実験が終わるまで変えてはいけない．このときの光出力を記録する．

（ii）　光ファイバーの入力端をホルダーからはずし，1cm短く切断して端面処理する．再びホルダーに取り付けて光出力を記録する．さらに1cm短く切断して同様の測定を行う．

（iii）光ファイバーを入力端から 98 cm 切断して端面処理した後，ホルダーに取り付けて光出力を測定する．その後，（ii）と同様の測定を繰り返す．

（iv）光ファイバーの残りが 1 m になるまで（iii）の操作を繰り返す（図 7）．

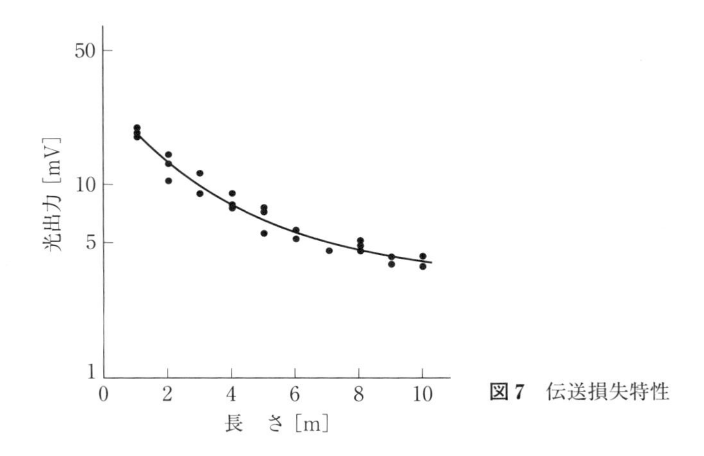

図 7　伝送損失特性

（5）パルス伝送実験

（i）発光ダイオードに発振器を接続し，正弦波電圧を加えて発光させる．

（ii）発光ダイオードの前にピンホールを取り外した光検出器を置き，光パルスをオシロスコープで観測する．発振器の出力波形をのこぎり歯状波や矩形波にし，発振周波数を変化させて光パルスを観測する．それぞれの典型的なオシロスコープ波形をプリンターに出力し，記録媒体に保存する．

（iii）発光ダイオードと光検出器の間に，20 m および 200 m の光ファイバーを入れて，透過光の遅れ時間や信号歪みをオシロスコープで観測する．光パルスの繰り返し時間が短いほど，信号歪みがはっきり現れる．

光損失が大きくて光出力が小さいときには，信号増幅器により光出力を増幅してからオシロスコープで観測する．この場合には，信号増幅器による信号歪みにも注意を払わなければならない．

（iv）遅れ時間や信号歪みを示す典型的なオシロスコープ波形をプリンターに出力し，記録媒体に保存する．

§4. 課　題

（1）ハロゲンランプを光源にした実験で測定した光強度分布を図示し，光源の一様性について述べよ．

（2）光ファイバーの入射角依存性を図示せよ．図8に示すように，光ファイバーを傾けていくと実効的な受光面積が減少する．光軸に対して角度 θ 傾けると，断面積 S の光ファイバーの実効的な受光面積は $S\cos\theta$ となる．光出力 (V) に受光面積の補正 ($V/\cos\theta$) を行え（図6）．光出力の最大値 V_m が V_m/e^2 となる角度を最大入射角 θ_m とし，（5）式を使って開口数（N. A.）を求めよ．また，表1に示した屈折率から計算される θ_m と実験値を比較検討せよ．

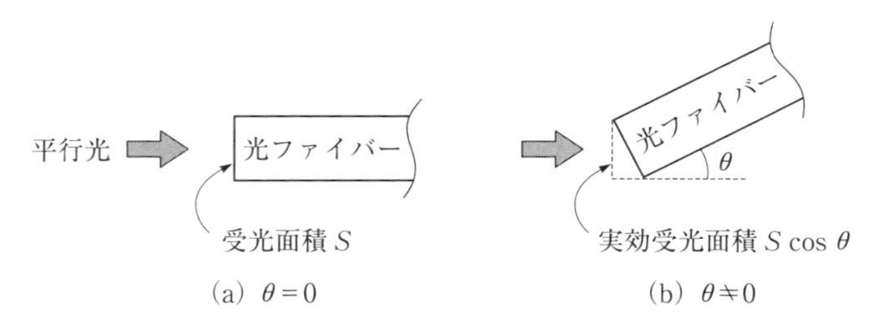

図8　実効的な受光面積

（3）波長特性の実験結果を，光の透過率 V/V_0（V：波長フィルターを挿入した場合の光出力，V_0：波長フィルターを挿入しない場合の光出力）を使ってまとめよ．

（4） 伝送損失率実験の結果を図7のように整理し，伝送損失率を求めて表1の値と比較せよ.

（5） パルス特性実験の結果を整理して，伝達信号の遅れ時間および波形歪みを具体的に示せ.

§5. 参 考 書

1） 大久保勝彦：「光ファイバー技術」（理工学社）

2） 加藤大典：「光ファイバーの基礎と応用」（総合電子出版）

19. 熱 の 伝 播
(Thermal Waves)

Thermal waves are studied by observing the time dependence of temperature along an aluminum rod which is periodically heated at one end. These waves are an example of a diffusion process and are therefore dispersive. This implies that the wave velocity and the amplitude of the wave as a function of distance both depend on the period of the wave.

§1. はじめに

熱力学で取扱う現象の多くは熱平衡状態を仮定するが，自然界には熱平衡にない状態が多数存在する．その現象を取扱った非平衡熱力学は，1911 年にデュエム（Duhem）によって初めて理論的に取扱われたが，その後オンサガー（Onsager）とプリゴジン（Prigogine）が理論を完成させた．その功績により，1968 年にオンサガーに，1977 年にプリゴジンにノーベル物理学賞が授与された．

物質中に温度勾配があると，非可逆的な熱の拡散が起こる．この実験では熱拡散の簡単な例として，導体棒に沿った 1 次元の熱の伝播を扱う．例えば光がガラスのような透明な物質中を伝播するときの性質は，ニュートン（Newton）によって 1704 年に詳しく調べられた．彼は，屈折によって白色光が虹色になることを発見した．後になって，この現象は，物質中の光の速度が振動数に依存するためであると理解された．全く同じように，導体中の熱の伝播速度も，温度変化の振動数に依存することが知られている．

非平衡熱流の身近な例として，太陽に1日周期または1年周期で繰り返し熱せられる地表温度の地中への伝播や，人工衛星が大気圏に突入する際に発生する熱の衛星内部への伝播がある．

この実験では，Al（アルミニウム）棒の一端をヒーターで断続的に加熱して，非平衡熱流を作り出す．そして，ヒーターから離れた位置で測定された温度の時間変化をフーリエ分解し，熱の伝播速度の振動数依存性を明らかにする．また，伝播速度の理論値と実験値の比較からAlの熱伝導率を導出する．

§2. 原　理

媒質中を伝播する熱エネルギーの振舞いは，次式のエネルギー保存則により説明される．

$$\frac{\partial Q}{\partial t} + \nabla \cdot \boldsymbol{\Gamma} = 0 \qquad (1)$$

ここで，Q は単位体積中に含まれる熱エネルギー，$\boldsymbol{\Gamma}$ は単位体積から単位時間に流れ出るエネルギー量である．それらを媒質の比熱 C，密度 ρ，温度 T，熱伝導率 κ で表すと

$$Q = C\rho T, \qquad \boldsymbol{\Gamma} = -\kappa \nabla T \qquad (2)$$

となる．これらの関係を（1）式に代入すると

$$C\rho \frac{\partial T}{\partial t} - \kappa \nabla^2 T = 0 \qquad (3)$$

が得られる．

温度 T は，一般には時間 t と空間座標 r の複雑な関数となるが，平面熱流の場合は数学的に最も簡単な1次元解析が可能となる．平面熱流の方向を z 軸にとると（3）式は

$$C\rho \frac{\partial T}{\partial t} - \kappa \frac{\partial^2 T}{\partial z^2} = 0 \qquad (4)$$

となる．そこで，この方程式の変数分離解

$$T = f(t)g(z) \qquad (5)$$

を求める.

Tが時間τ_0で周期変化している場合に，$f(t)$はフーリエ級数で表すことができる.

$$f(t) = \sum_{n=-\infty}^{\infty} C_n \exp\left(i\frac{2\pi nt}{\tau_0}\right) \tag{6}$$

C_nはフーリエ係数で複素数である．また，$i=\sqrt{-1}$である．$f(t)$の第n項の解に対応する$g(z)$の解を$g_n(z)$とおくと

$$T = \sum_{n=-\infty}^{\infty} C_n g_n(z) \exp\left(i\frac{2\pi nt}{\tau_0}\right) \tag{7}$$

となる．この関係を（4）式に代入すると，次のような$g_n(z)$についての微分方程式が得られる.

$$\frac{1}{g_n(z)}\frac{d^2 g_n(z)}{dz^2} = i\frac{2\pi C\rho n}{\kappa\tau_0} \tag{8}$$

ここで，$2\pi iC\rho n/\kappa\tau_0 = p_n{}^2$とおくと（8）式は次のようになる.

$$\frac{d^2 g_n(z)}{dz^2} = p_n{}^2 g_n(z) \tag{9}$$

次の代数関係

$$2in = (1\pm i)^2|n| \tag{10}$$

を使うと，複素数p_nは実数q_nにより書き表される.（複号 ± は，nの正，負に対応している.）

$$p_n = (1\pm i)q_n \tag{11}$$

ここで

$$q_n = \sqrt{\frac{\pi C\rho|n|}{\kappa\tau_0}} \tag{12}$$

である．したがって，（9）式の一般解をq_nにより書くことができる.

$$g_n(z) = \begin{cases} A_n \exp\{(1+i)q_n z\} + B_n \exp\{-(1+i)q_n z\} & (n>0) \\ A_0 z + B_0 & (n=0) \\ A_n{}' \exp\{(1-i)q_n z\} + B_n{}' \exp\{-(1-i)q_n z\} & (n<0) \end{cases} \tag{13}$$

$z=0$ および $z=\infty$ の位置で温度が有限であるためには，$g_n(z)$ に含まれる任意定数の間に $A_n=A_0=A_n'=0$，$B_n=B_n'$ の関係が必要となる．したがって，(13) 式は

$$g_n(z)=\begin{cases} B_n\exp\{-(1+i)q_nz\} & (n>0) \\ B_0 & (n=0) \\ B_n\exp\{-(1-i)q_nz\} & (n<0) \end{cases} \tag{14}$$

となる．この解を (7) 式に代入すると

$$T=B_0C_0+\left[\sum_{n=-1}^{-\infty}B_nC_n\exp\{-(1-i)q_nz\}\right.$$
$$\left.+\sum_{n=1}^{\infty}B_nC_n\exp\{-(1+i)q_nz\}\right]\exp\left(i\frac{2\pi nt}{\tau_0}\right) \tag{15}$$

が得られる．ここで，フーリエ係数 C_n を振幅 $|C_n|$ と位相 δ_n に分け

$$C_n=\begin{cases} |C_n|\exp(i\delta_n) & (n>0) \\ |C_n|\exp(-i\delta_n) & (n<0) \end{cases} \tag{16}$$

を用いると，(15) 式は

$$T=B_0C_0+2\sum_{n=1}^{\infty}B_n|C_n|\exp(-q_nz)\cos\left(q_nz-\delta_n-\frac{2\pi n}{\tau_0}t\right) \tag{17}$$

となる．この式で，$B_0C_0=T_0$，$2B_n|C_n|=T_n$ とおきかえると

$$T=T_0+\sum_{n=1}^{\infty}T_n\exp(-q_nz)\cos\left(q_nz-\delta_n-\frac{2\pi n}{\tau_0}t\right) \tag{18}$$

となる．

右辺の第1項は場所と時間によらない定常温度であり，第2項に含まれる $\exp(-q_nz)$ は，温度が距離とともに指数関数的に減少することを示している．q_n は温度減衰率とよばれ，$\sqrt{n}$ に比例するため，n が大きいほど温度の減衰が激しいことがわかる．また，関数 $\cos(q_nz-\delta_n-2\pi nt/\tau_0)$ は，温度が z 方向に伝播する波であることを示している．その伝播速度 v_n は

$$q_n z - \delta_n - \frac{2\pi n}{\tau_0} t = 一定 \tag{19}$$

の両辺の時間微分から求められる．すなわち，

$$v_n = \frac{dz}{dt} = \frac{2\pi n}{q_n \tau_0}$$
$$= 2\pi\sqrt{\frac{\kappa n}{\pi C \rho \tau_0}} \tag{20}$$

となり，n が大きいほど伝播速度が速いことがわかる．

このように，熱伝導率 κ と振動周期 τ_0 が既知であれば，試料内部の時々刻々の温度分布や伝播速度 v_n を計算することができる．逆に，温度の z 軸依存性を測定し，q_n および v_n の値を求めれば，(12) 式および (20) 式からそれぞれ κ が求められる．

§3. 実　験

3-1　実験装置および器具

アルミ棒（直径 2.5 cm，長さ 30 cm），ヒーター（70 W），クロメル-アルメル熱電対，冷接点，デジタルボルトメーター，X-t レコーダー，タイマー，ストップウォッチ

図 1 に示すように，アルミ棒の上端部をヒーターで断続的に加熱し，下端部を水冷する．アルミ棒に沿って伝播する熱流の様子を 4.5 cm 間隔の観測点の温度変化から調べる．

図 2 は，300 秒間隔でヒーターを入り切りした場合の観測点 P_2～P_4 の熱起電力を示したものである．これらの測定データのフーリエ解析から，アルミニウムの熱伝導率が導出される．

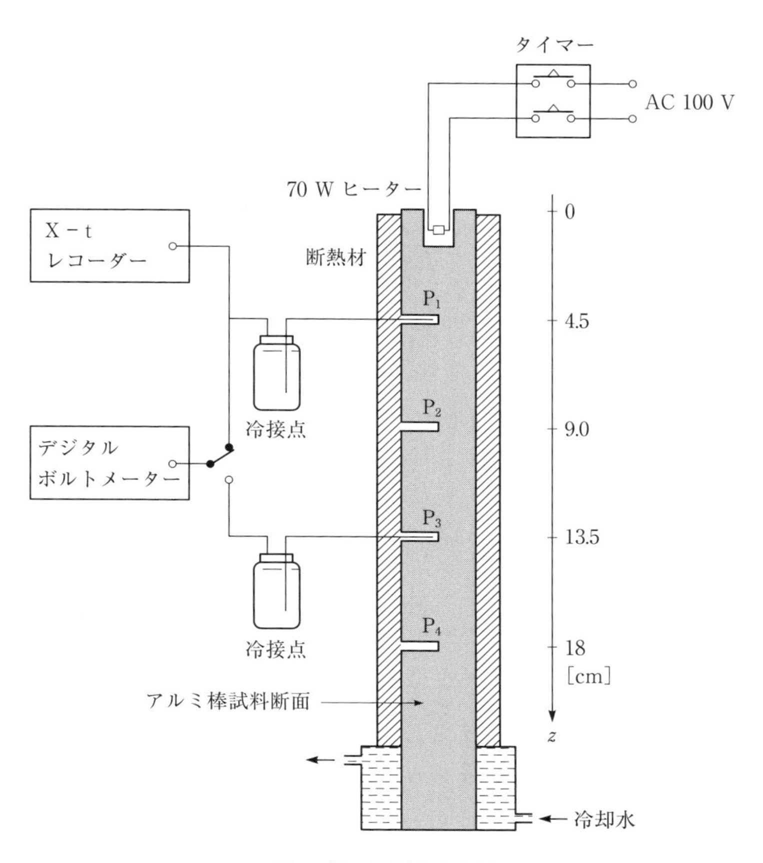

図 1　熱の伝播実験装置

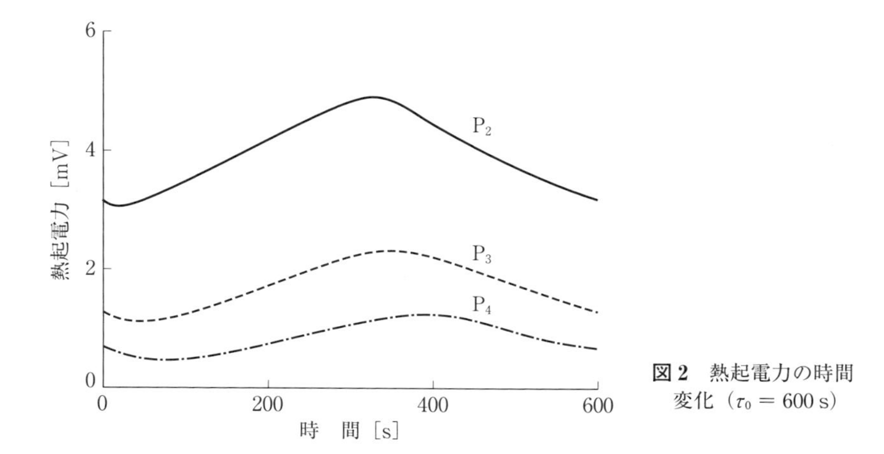

図 2　熱起電力の時間変化（$\tau_0 = 600$ s）

3-2 実験方法

（1） Al 棒に熱電対を設置した後，断熱材を巻き，冷却水を流す．

（2） Al 棒の上端部にヒーターを取り付け，タイマーの通電時間と切断時間を各々 5 分（τ_0 = 通電時間 + 切断時間 = 600 s）に設定する．

（3） ヒーターの電源を入れてアルミ棒を加熱する．観測点 P_1 の熱起電力を X - t レコーダーに描かせ，温度の周期変化が一定になるのを待つ．

（4） 観測点 P_1 の熱起電力を 10 秒間隔で 10 分間記録する．記録開始時間は，タイマーの通電開始時間に合わせる．

（5） 観測点 P_2，P_3，P_4 の熱起電力を順番に記録する（図 2）．

（6） タイマーの通電時間と切断時間を各々 2 分 30 秒（$\tau_0 = 300$ s）に設定して，同様の測定を繰り返す．

§4. 課　題

（1） 通電時間を変えて行った 2 種類の実験で得られたデータを整理し，観測点 $P_1 \sim P_4$ の熱起電力の時間変化を示す図を作れ（図 2）．

（2） 観測点 P_1 の熱起電力をフーリエ分解し，フーリエ成分 ($n = 1, 2, 3$) の時間変化を図に示せ（図 3）．熱起電力 V に次式の演算を行えば，フーリエ成分を求めることができる．最初に，第 n 項のフーリエ係数を

$$a_n = 2\frac{\Delta t}{\tau_0}\sum_{m=0}^{N-1} V\cos\left(2\pi n\frac{m\,\Delta t}{\tau_0}\right) \tag{21}$$

$$b_n = 2\frac{\Delta t}{\tau_0}\sum_{m=0}^{N-1} V\sin\left(2\pi n\frac{m\,\Delta t}{\tau_0}\right) \tag{22}$$

により求める．ここで，$N = \tau_0/\Delta t$ で，Δt は測定間隔（10 s）である．したがって，$n = 1, 2, 3$ のフーリエ成分は，上式で得られた a_1, a_2, a_3 および b_1, b_2, b_3 を使って

$$V_1 = a_1\cos\left(2\pi m\frac{\Delta t}{\tau_0}\right) + b_1\sin\left(2\pi m\frac{\Delta t}{\tau_0}\right) \tag{23}$$

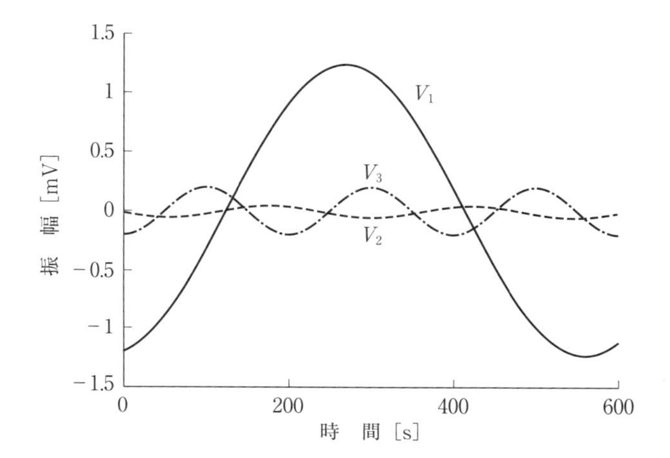

図3　観測点 P_1 の熱起電力のフーリエ成分

$$V_2 = a_2 \cos\left(4\pi m \frac{\Delta t}{\tau_0}\right) + b_2 \sin\left(4\pi m \frac{\Delta t}{\tau_0}\right) \tag{24}$$

$$V_3 = a_3 \cos\left(6\pi m \frac{\Delta t}{\tau_0}\right) + b_3 \sin\left(6\pi m \frac{\Delta t}{\tau_0}\right) \tag{25}$$

となる．時々刻々の V_1, V_2, V_3 を知るには，m を $0, 1, 2, \cdots, N-1$ と変化させればよい．例えば，$m=0$ は $t=0$，$m=1$ は $t=10\,\mathrm{s}$，$m=2$ は $t=20\,\mathrm{s}$ の V_1, V_2, V_3 となる．

（3）　観測点 P_2，P_3，P_4 の熱起電力を同様にフーリエ分解し，$P_1 \sim P_4$ の $n=1$ 成分と $n=3$ 成分をまとめた図を作れ（次頁の図4）．

（4）（3）で作成した図から各観測点の最大振幅を読みとり，縦軸を最大振幅，横軸を観測点の位置とする図に記入せよ（次頁の図5）．$n=1$ 成分の実験データを結ぶ直線の勾配から温度減衰率 q_1，$n=3$ 成分から q_3 がそれぞれ求められる．これらの値と (12) 式を使って熱伝導率 κ を求めよ（Al の比熱：$C = 8.77 \times 10^2\,\mathrm{J/(kg \cdot K)}$，密度：$\rho = 2.69 \times 10^3\,\mathrm{kg/m^3}$）．

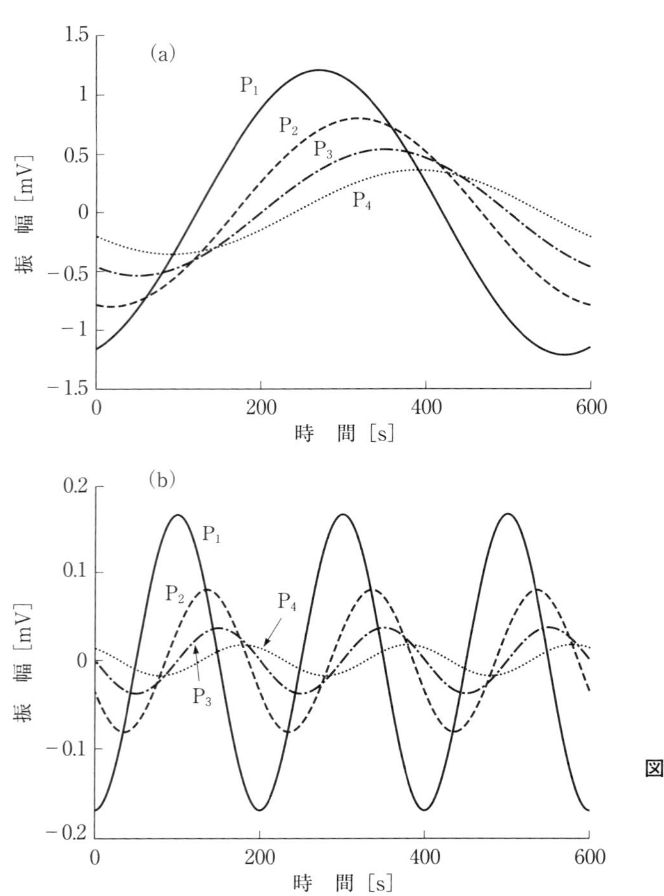

図 4　フーリエ成分の観測位置依存性
(a) $n = 1$ 成分
(b) $n = 3$ 成分

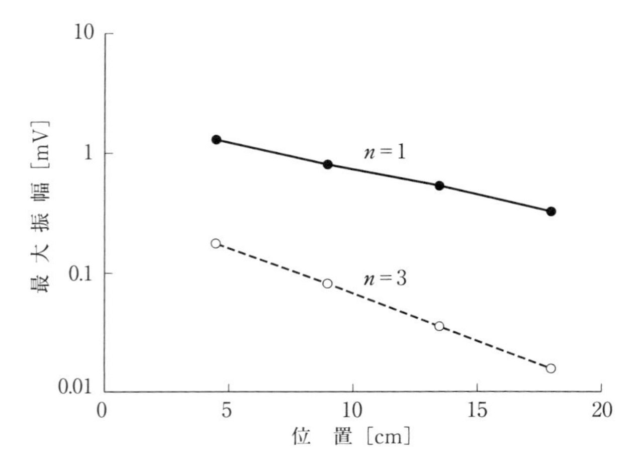

図 5　振幅減衰特性

（5） フーリエ成分の振幅が最大になる時間を読みとり，縦軸を観測点の位置，横軸を時間とする図に記入せよ（図 6）．$n = 1$ 成分の実験データを結ぶ直線の勾配から伝播速度 v_1，$n = 3$ 成分から v_3 がそれぞれ求められる．これらの値と (20) 式を使って熱伝導率 κ を求めよ．

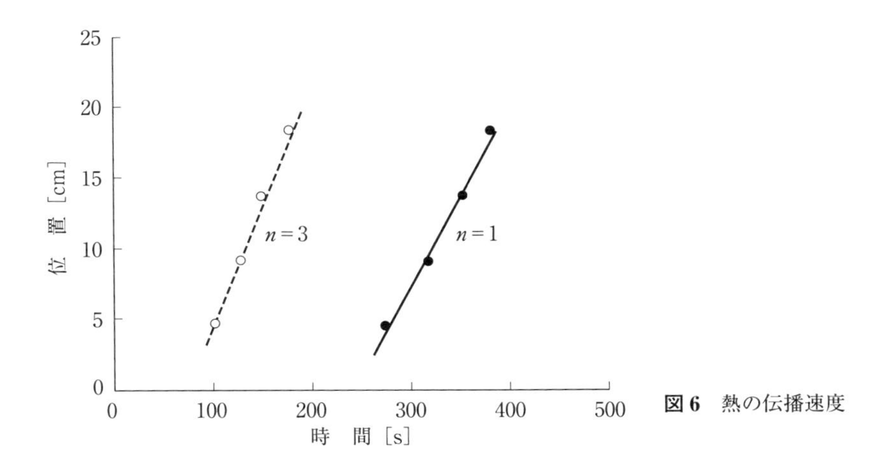

図 6 熱の伝播速度

（6） 物理定数表によると，Al の熱伝導率は $\kappa = 233$ W/(m・K)(300 ℃) である．種々の方法で求めた κ を表にまとめ，実験誤差を検討せよ．

§5. 参 考 書

1） C. キッテル 著，山下次郎，福地 充 訳：「熱物理学」（丸善出版）

2） 久保亮五 編：「大学演習　熱学・統計力学（修訂版）」（裳華房）

3） 和達三樹：「物理入門コース　物理のための数学」（岩波書店）

20. ファラデー効果
(The Faraday Effect)

The Faraday effect is one of the most well known magneto-optic effects. When a polarized electromagnetic wave passes through a dielectric material which is subject to a static magnetic field in the direction of propagation of the wave, the polarization vector of the wave is rotated. The proportionality constant, known as the Verdet constant, is determined by measuring the angle of rotation of the polarization vector as a function of the strength of the magnetic field and the path length of the electromagnetic wave in the dielectric material.

§1. はじめに

ファラデー（Faraday）は，さまざまな自然現象は相互に関係があると考えていた．彼は1831年に，電気と磁気の関係として電磁誘導現象を発見すると，1845年には，光と磁気の相互作用により，磁場中にある鉛ガラスを通過する光の偏光面が回転するという現象を見出した．この現象は，ベルデ（Verdet）によって1854年から10年間にわたり詳しく調べられた．光の偏光面の回転角 Θ は，静磁場 B_0 と試料の長さ l に比例する．

$$\Theta = VB_0 l \tag{1}$$

比例定数 V はベルデ定数とよばれ，物質に固有な値である．

ファラデー効果に代表される，物質を介した光と磁気の関係は磁気光学効

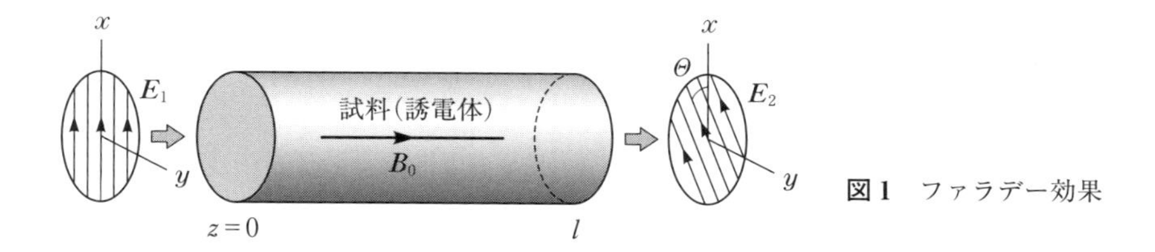

図1　ファラデー効果

果と総称され，光通信や光磁気記憶素子などに代表されるオプトエレクトロニクスの基礎となっている．また，誘電体としての性質をもつプラズマの計測法にもファラデー効果が用いられている．プラズマ中のファラデー回転は電磁波の伝播方向の磁場強度と電子密度の積の線積分に比例するため，磁場分布が既知であれば，プラズマの密度を評価することができる．このため，計測器を挿入できない高温プラズマの非接触計測として利用されている．この実験では，大きなベルデ定数をもつ磁性ガラスを試料に使い，光と磁気の関わり合いについて理解を深める．

§2.　原　理

2-1　誘電体中の電磁波

一様な誘電体中を伝播する光を考える．光は平面波で，その電場は

$$\boldsymbol{E}(\boldsymbol{r}, t) = \boldsymbol{E}_{\mathrm{c}} \exp i(\boldsymbol{k}\cdot\boldsymbol{r} - \omega t) \tag{2}$$

のように表される．ここで $\boldsymbol{k}$ は波数ベクトルであり，大きさを k とすると平面波の速さは $v = \omega/k$，波長は $\lambda = 2\pi/k$ である．ここで ω は波の角振動数であり，$\boldsymbol{E}_{\mathrm{c}}$ は振幅を表す複素電場ベクトルである．

誘電体中のマクスウェル方程式は電束密度を $\boldsymbol{D}$ として

$$\nabla \times \boldsymbol{E} = -\frac{\partial \boldsymbol{B}}{\partial t} \tag{3}$$

$$\nabla \times \boldsymbol{H} = \frac{\partial \boldsymbol{D}}{\partial t} \tag{4}$$

と書かれる．$\boldsymbol{B} = \mu_0 \boldsymbol{H}$ とおき，(4)式を(3)式に代入して(2)式の関係

を使うと

$$(\boldsymbol{k}\cdot\boldsymbol{E})\boldsymbol{k}-k^2\boldsymbol{E}+\mu_0\omega^2\boldsymbol{D}=0 \tag{5}$$

が得られる．また，電束密度 $\boldsymbol{D}$ は分極ベクトル $\boldsymbol{P}$ を用いて

$$\boldsymbol{D}=\varepsilon_0\boldsymbol{E}+\boldsymbol{P} \tag{6}$$

と表される．$\boldsymbol{P}$ は誘電体を構成している各種イオンの電気的変位 $\boldsymbol{r}_i$ による和

$$\boldsymbol{P}=\sum_i n_i q_i \boldsymbol{r}_i \tag{7}$$

で記述される．ここで n_i, q_i は i 種のイオンの数密度および電荷である．

質量 m_i のイオンの変位 $\boldsymbol{r}_i$ はニュートンの運動方程式に従い，静磁場 $\boldsymbol{B}_0$ があるとき

$$m_i\frac{d^2\boldsymbol{r}_i}{dt^2}=q_i\boldsymbol{E}+q_i\frac{d\boldsymbol{r}_i}{dt}\times\boldsymbol{B}_0-\nabla\sum_j V_{ij} \tag{8}$$

となる．ここで V_{ij} はイオン間の相互作用による静電ポテンシャルエネルギーであり，イオンの大きさは波長 λ より十分小さいとしている．右辺の第 2，3 項があるため，$\boldsymbol{r}_i$ の方向は一般的には $\boldsymbol{E}$ の方向と一致しない．すなわち，$\boldsymbol{P}$ と $\boldsymbol{E}$ は平行ではない．したがって，$\boldsymbol{D}$ と $\boldsymbol{E}$ も平行ではない．ゆえに，$\boldsymbol{D}$ と $\boldsymbol{E}$ の関係は誘電率テンソル $\boldsymbol{\varepsilon}=\varepsilon_{\alpha\beta}\,(\alpha,\beta=x,y,z)$ によって

$$\boldsymbol{D}=\boldsymbol{\varepsilon}\cdot\boldsymbol{E} \tag{9}$$

と表される．

$\boldsymbol{k}$ を z 方向にとり (9) 式を用いると，(5) 式の各成分は $\boldsymbol{E}=(E_x, E_y, E_z)$ として

$$\left.\begin{aligned}(\varepsilon_{xx}-\varepsilon_0 n^2)E_x+\varepsilon_{xy}E_y+\varepsilon_{xz}E_z=0\\ \varepsilon_{yx}E_x+(\varepsilon_{yy}-\varepsilon_0 n^2)E_y+\varepsilon_{yz}E_z=0\\ \varepsilon_{zx}E_x+\varepsilon_{zy}E_y+\varepsilon_{zz}E_z=0\end{aligned}\right\} \tag{10}$$

となる．ここで，$c^2=1/\varepsilon_0\mu$，屈折率 $n_{\mathrm{R}}=c/v$ の関係式および電磁波が横波である条件 $\boldsymbol{k}\cdot\boldsymbol{E}=0$ を使った．$\boldsymbol{E}\neq\boldsymbol{0}$ であるためには，行列式

$$\begin{vmatrix} \varepsilon_{xx} - \varepsilon_0 n^2 & \varepsilon_{xy} & \varepsilon_{xz} \\ \varepsilon_{yx} & \varepsilon_{yy} - \varepsilon_0 n^2 & \varepsilon_{yz} \\ \varepsilon_{zx} & \varepsilon_{zy} & \varepsilon_{zz} \end{vmatrix} = 0 \tag{11}$$

を満足しなければならない．これは分散方程式とよばれ，誘電率テンソルの成分 $\varepsilon_{\alpha\beta}$ を具体的に与えれば電磁波の伝播の様子がわかる．

2－2　分散方程式の解

（8）式を簡単な仮定により解き，その解を使ってファラデー効果を説明する．質量 m，電荷 q の 1 種類のイオンだけを考える．その数密度は n である．静電ポテンシャルによる復元力を $-m\omega_0{}^2\boldsymbol{r}$（$\omega_0$ はイオンの固有角振動数），$\boldsymbol{B}_0$ は z 方向 $(B_0\boldsymbol{e}_z)$ とする．イオンの変位 $\boldsymbol{r}$ は（2）式で示した平面波の電場により引き起こされるため，速度，加速度はそれぞれ $\partial\boldsymbol{r}/\partial t = -i\omega\boldsymbol{r}$，$\partial^2\boldsymbol{r}/\partial t^2 = (-i\omega)^2\boldsymbol{r}$ とおくことができる．さらに，$\boldsymbol{r}$ を分極ベクトル $\boldsymbol{P} = nq\boldsymbol{r}$ により書き換えると，（8）式は

$$(\omega^2 - \omega_0{}^2)\boldsymbol{P} - i\omega\omega_c(\boldsymbol{P} \times \boldsymbol{e}_z) = -\frac{q^2 n}{m}\boldsymbol{E} \tag{12}$$

となる．ただし，$\omega_c = qB_0/m$ である．$\boldsymbol{P}$ を（6）式により $\boldsymbol{D}$ で書き換え，x 成分を示すと

$$(\omega^2 - \omega_0{}^2)(D_x - \varepsilon_0 E_x) - i\omega\omega_c(D_y - \varepsilon_0 E_y) = -\frac{q^2 n}{m}E_x \tag{13}$$

となる．さらに，（9）式を代入して整理すると

$$\left\{(\omega^2 - \omega_0{}^2)(\varepsilon_{xx} - \varepsilon_0) - i\omega\omega_c\varepsilon_{yx} + \frac{q^2 n}{m}\right\}E_x + \{(\omega^2 - \omega_0{}^2)\varepsilon_{xy} - i\omega\omega_c(\varepsilon_{yy} - \varepsilon_0)\}E_y + \{(\omega^2 - \omega_0{}^2)\varepsilon_{xz} - i\omega\omega_c\varepsilon_{yz}\}E_z = 0 \tag{14}$$

が得られる．y 成分および z 成分について同様の計算を行うと，

$$\{(\omega^2-\omega_0{}^2)\varepsilon_{yx}+i\omega\omega_c(\varepsilon_{xx}-\varepsilon_0)\}E_x+\left\{(\omega^2-\omega_0{}^2)(\varepsilon_{yy}-\varepsilon_0)+i\omega\omega_c\varepsilon_{xy}+\frac{q^2n}{m}\right\}E_y+\{(\omega^2-\omega_0{}^2)\varepsilon_{yz}+i\omega\omega_c\varepsilon_{xz}\}E_z=0 \tag{15}$$

$$(\omega^2-\omega_0{}^2)\varepsilon_{zx}E_x+(\omega^2-\omega_0{}^2)\varepsilon_{zy}E_y+\left\{(\omega^2-\omega_0{}^2)(\varepsilon_{zz}-\varepsilon_0)+\frac{q^2n}{m}\right\}E_z=0 \tag{16}$$

が得られる．

$E_x=E_y=E_z \neq 0$ の解を得るためには，(14)～(16) 式の電場に掛かっているすべての係数がゼロにならなければならない．この条件から，誘電率テンソルの各成分が次のように導かれる．

$$\left.\begin{aligned}
&\varepsilon=\varepsilon_{xx}=\varepsilon_{yy}=\varepsilon_0-\frac{\omega^2-\omega_0{}^2}{G}\\
&\varepsilon_{zz}=\varepsilon_0-\frac{q^2n}{m(\omega^2-\omega_0{}^2)}\\
&\varepsilon_{xy}=-\varepsilon_{yx}=i\gamma\\
&\varepsilon_{xz}=\varepsilon_{zx}=\varepsilon_{yz}=\varepsilon_{zy}=0\\
&\text{ただし，}\\
&G=\frac{m}{q^2n}\{(\omega^2-\omega_0{}^2)^2-\omega^2\omega_c{}^2\}\\
&\gamma=-\frac{\omega\omega_c}{G}
\end{aligned}\right\} \tag{17}$$

これらの係数を (11) 式の分散方程式に代入すると，次の 2 つの解が求まる．

$$\left.\begin{aligned}
n_{R1}^2&=\frac{\varepsilon+\gamma}{\varepsilon_0}\\
n_{R2}^2&=\frac{\varepsilon-\gamma}{\varepsilon_0}
\end{aligned}\right\} \tag{18}$$

(10) 式より，n_{R1} に対しては $E_x=iE_y$，n_{R2} に対しては $E_x=-iE_y$ の関係があることがわかる．

2-3 円偏光

分散方程式から得られた解の性質を説明する．まず，z 方向に伝播する $E_x = iE_y$ の波に着目する．振幅を E_0 とすると波の x 成分は $E_x = E_0 \exp i(kz - \omega t)$ であるから，$E_y = -iE_x = \{\exp i(-\pi/2)\}E_0 \exp i(kz - \omega t) = E_0 \exp i(kz - \omega t - \pi/2)$ となる．実際に意味のあるのは実数項であるから，$E_x = E_0 \cos(kz - \omega t)$ に対して $E_y = E_0 \cos(kz - \omega t - \pi/2) = E_0 \sin(kz - \omega t)$ となる．

誘電体中の電場を示すと，図2の $\boldsymbol{E}_{\rm R}$ のように z 軸を右回りに回る軌跡を描く．誘電体の終端での偏光面の角度は，入射角に対して $\theta_{\rm R}$ 傾くことになる．他方，$E_x = -iE_y$ の光波は $E_y = -E_0 \sin(kz - \omega t)$ であるから，z 軸を左回りに回る．

図3の $\boldsymbol{E}_{\rm L}$ で示すように，左回り円偏光は反対側に $-\theta_{\rm L}$ 傾くことになる．誘電体を出た後は，傾き $\theta_{\rm R}$ と $-\theta_{\rm L}$ の直線偏光が図4のように合成され，

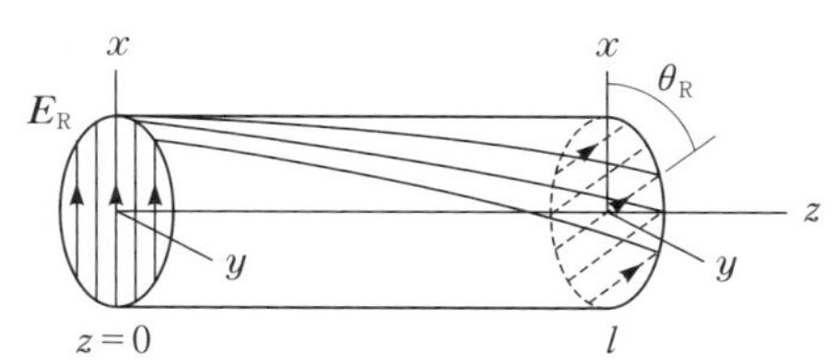

図2　右回りの円偏光（$E_x = iE_y$ の波）

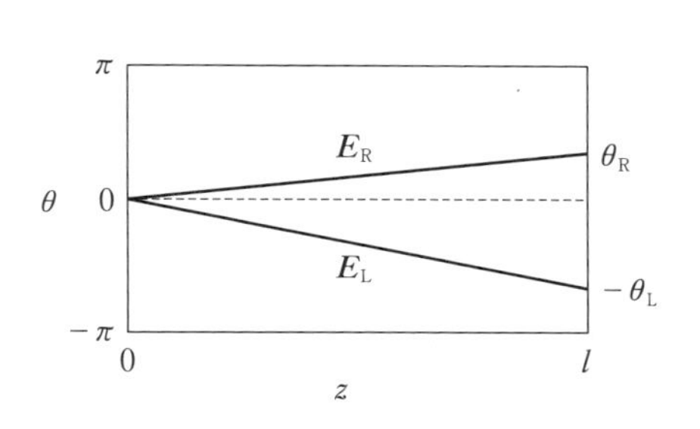

図3　円偏光の $z = l$ での位相角

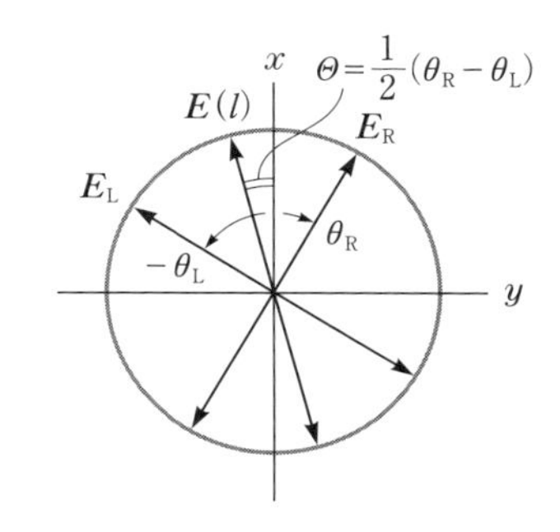

図4　$\boldsymbol{E}(l)$ の位相角 Θ

傾き $\Theta=(\theta_R-\theta_L)/2$ の平面波 $\boldsymbol{E}(l)$ が z 方向に伝播する．

(18) 式に $\omega_0{}^2 \ll \omega^2$，$\omega_c^2 \ll \omega^2$ および $\gamma \ll \varepsilon$ の仮定を使うと，Θ の近似値が求められる．

$$
\begin{aligned}
\Theta &= \frac{1}{2}(\theta_R-\theta_L) = \frac{1}{2}\left(\frac{n_{R1}}{c}-\frac{n_{R2}}{c}\right)\omega l \\
&\approx \frac{\gamma\omega}{2c\sqrt{\varepsilon\varepsilon_0}}l \approx -\frac{q^3 n}{2cm^2\omega^2\sqrt{\varepsilon\varepsilon_0}}B_0 l \qquad (19)
\end{aligned}
$$

右回り光波の速さ v_1（$=c/n_{R1}$，$\gamma<0$ に注意）が左回り光波の速さ v_2 より速いため，$z=l$ での回転角は $\theta_R<\theta_L$ となる．したがって，Θ は B_0 の増加とともに反時計回りに回転することになる．

実際の物質の誘電率テンソルは複雑な記述になるが，ベルデ定数 V を導入して $\Theta=VB_0l$ と近似する．通常，V の単位は Θ を分（1 度 = 60 分），B_0 をガウス[G]($1\,\mathrm{G}=10^{-4}\,\mathrm{T}$)で表した[分/(G·cm)]の単位が使われる．

§3. 実　験

3-1　実験装置および器具

（1）　磁場発生装置

ソレノイド（内半径 $r_c=1\,\mathrm{cm}$），磁場発生用パルス電源，遅延パルサー

（2）　測定系

試料（磁性ガラス棒：直径 5 mm，長さ 10 cm），全反射ミラー，50% 反射ミラー（ハーフミラー），受光器（フォトダイオード），光源（直線偏光レーザー），偏光板（角度可変），デジタルオシロスコープ，直流電圧計，磁場測定用コイル（巻数 $N=20$ 回），RC 積分器（$R=150\,\mathrm{k\Omega}$，$C=0.22\,\mu\mathrm{F}$）

試料に加える磁場は，ソレノイドに流すパルス電流により発生される．電流の持続時間は約 5 ms である．図 5 に示すように，試料に入射されたレーザー光の偏光面は磁場により回転するため，偏光板を透過した後に受光器で

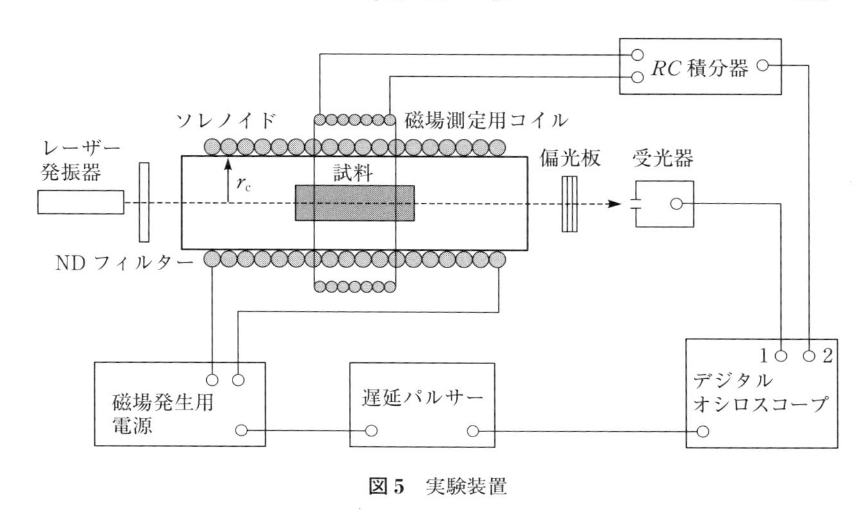

図 5　実験装置

検出されるレーザー光の光出力を，オシロスコープを用いて磁場の時間発展と同時に観測する．

このとき，レーザー光を目に入れないように注意して実験を行う．また，磁場発生用パルス電源は高電圧で運転されるため，動作中のソレノイドには手を触れないようにする．

3-2　実験方法

（1）　偏光板を外し，レーザー光がソレノイドの中心に設置された試料の中心軸を通り，受光器の窓の中央に入るように調整する．

（2）　偏光板をソレノイドと受光器の間に設置し，偏光板の角度を変えながら透過光の強度を電圧計で読みとる．レーザー光の偏光面と偏光板の偏光面が一致した場合に透過光の強度は最大値をとり，直交すると光は透過しなくなる（図 6）．レーザー光と偏光板の偏光面を直交した状態に固定する．

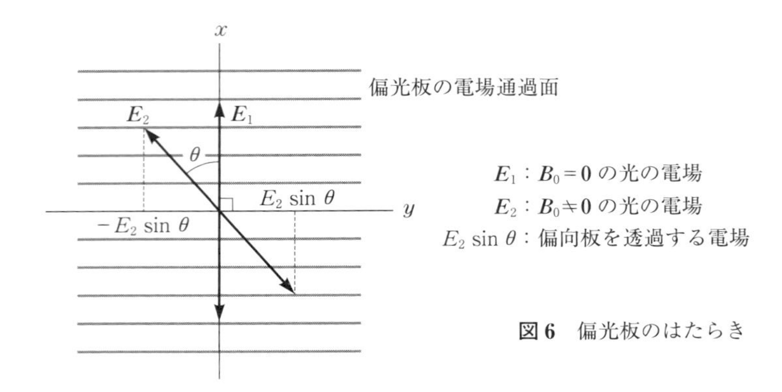

図 6　偏光板のはたらき

（3）　レーザー光の偏光面と直交状態にした偏光板を時計回りに回転させる．180 度まで 10 度ごとの光出力 I を直流電圧計で読みとる（図 7）．

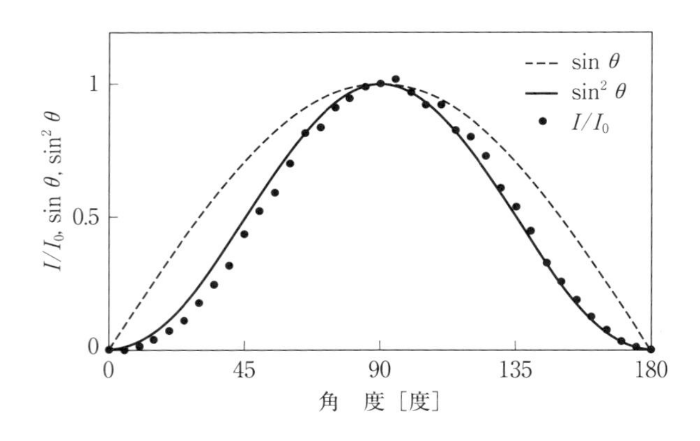

図 7　偏光板透過光の角度依存性（I_0：透過光最大強度）

（4）　受光器とオシロスコープの入力 1 の間を同軸ケーブルで接続する．ソレノイド中央部の外側に巻かれている磁場測定用コイルを同軸ケーブルで RC 積分器に接続する．RC 積分器の出力をオシロスコープの入力 2 に接続する．

RC 積分器は入力信号 $V_0(=-N(d\phi/dt)$，ϕ：ソレノイド内部の磁束）を時間積分する電気回路である．その出力信号 V_1 と磁場 B_0 には，次の関係がある（第 14 章を参照）.

$$V_1 = \frac{1}{RC}\int_0^t V_0\,dt = \frac{1}{RC}\int_0^t \left(-\frac{d\phi}{dt}\right)dt = -\frac{N}{RC}\pi r_c^2 B_0 \qquad (20)$$

ただし，N は測定用コイルの巻数，r_c はソレノイドの内半径，R は抵抗値，C はコンデンサー容量である．V_1 を［V］，r_c を［m］，R を［Ω］，C を［F］の単位を使えば，B_0 は［T］となる．

（5）　遅延パルサーからの起動パルス信号の出力をオシロスコープおよび磁場発生用パルス電源に同軸ケーブルで接続する．起動パルスによりオシロスコープがシングル掃引できるように調整する．

（6）　磁場発生用電源パネルのスライダックがゼロであることを確認した後，電源スイッチを入れる．次に充電スイッチを入れ，スライダックを時計方向に回して充電電圧計が 50 V を指したら充電スイッチを切る．間を置かずに起動パルスを磁場発生用電源に送り，ソレノイドに電流を流

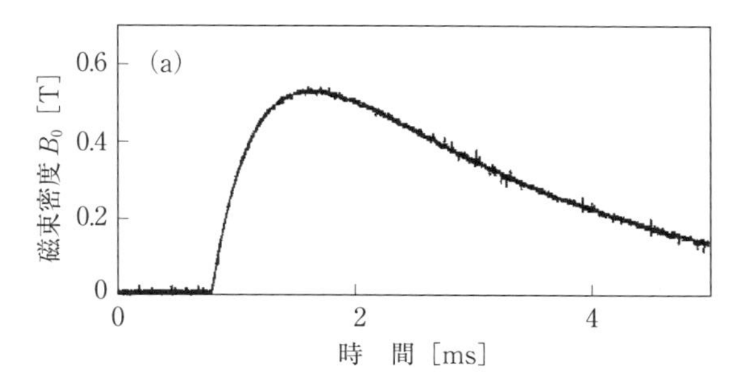

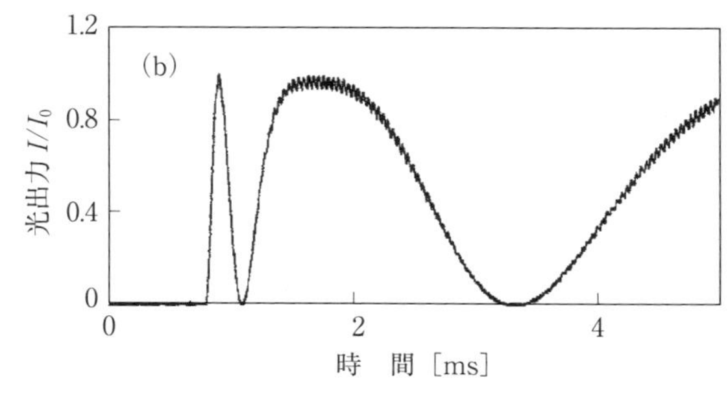

図 8　オシロスコープ波形
（a）磁束密度の時間変化
（b）入射光強度の時間変化

す．充電電圧計がゼロになったことを確認する．オシロスコープの画面には図 8 のような受光器入射光強度 I と磁束密度 B_0 の時間変化が描かれる．光出力が得られない場合は，（1）の調整を繰り返す．

（7） 充電電圧を 100 V にして同様の操作を行い，オシロスコープを用いてデータを取得する．

（8） 偏光板の回転角を光の進行方向に対して時計方向および反時計方向に 30 度ずらして同様の測定を行う．

（9） 全反射ミラーとハーフミラーを使って図 9 のような光学系を組み立てる．この場合，レーザー光は試料の中を 1 往復することになる．試料に磁場を加えて，光の回転角の増減をオシロスコープで観測する．

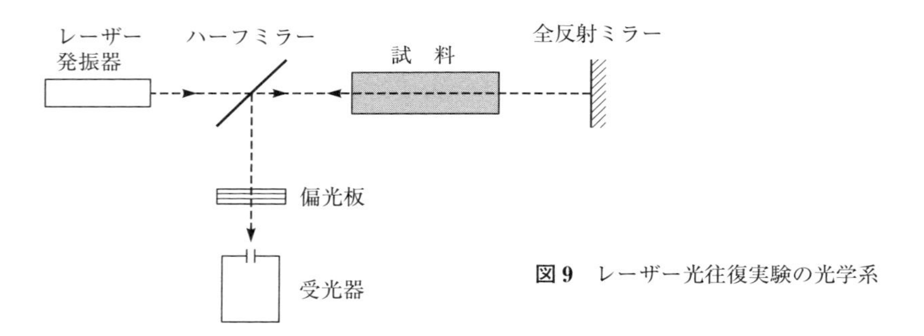

図 9　レーザー光往復実験の光学系

§4. 課　題

（1） 実験（3）で求めた透過光強度 I の偏光板回転角 θ 依存性を図示せよ．I は電磁波のポインティングベクトル，すなわち電場の 2 乗に比例 $(I \propto (E_2 \sin\theta)^2)$ する．図中に $\sin\theta$ および $\sin^2\theta$ の曲線（図 7）を引くことで，これを確かめよ．

（2） 磁場測定用コイルからの信号 V_1 の単位はボルト［V］である．(20) 式に R, C, N の数値を代入して，V_1［V］から B_0［T］への変換係数を求めよ．

（3） 実験（7）で得られた磁場信号，光強度を最大値 I_0 で規格化した目盛りにした図を示せ（図8）.

（4） 横軸を磁束密度 B_0［T］, 縦軸を I/I_0 とした図を作れ（図10）.

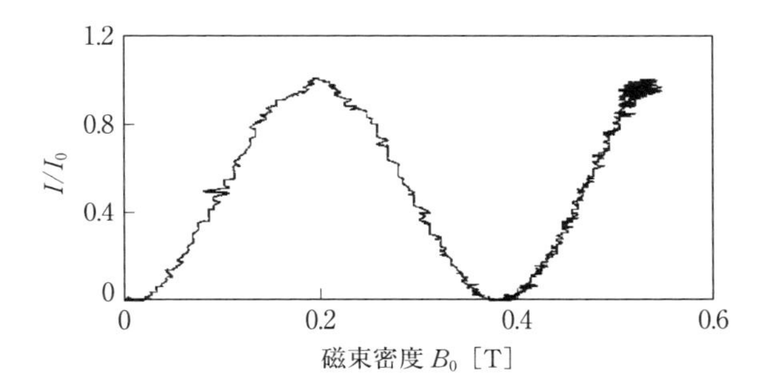

図10 入射光強度の磁束密度依存性

（5） 横軸を B_0［T］, 縦軸を回転角 $\Theta = \sin^{-1}\sqrt{I/I_0}$ にした図を作れ（図11）. 実験データを結ぶ直線の勾配および試料の長さ l を使って, ベルデ定数 V［分/(G·cm)］を求めよ.

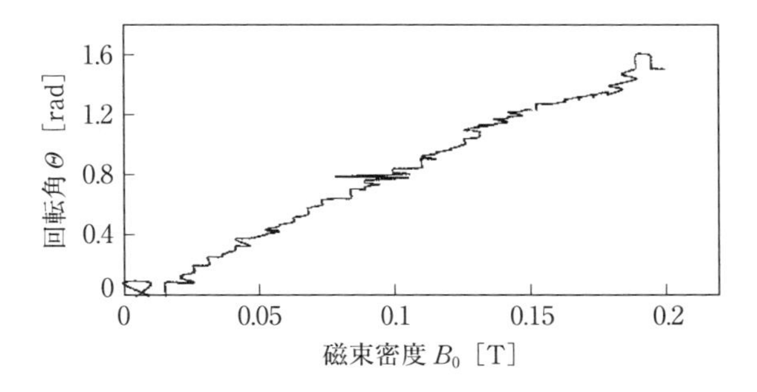

図11 回転角の磁束密度依存性

（6） 偏光板の角度を変えた実験（8）のデータから, 試料内部を伝播する光の電場の回転方向を決定せよ. また, その方向が (19) 式の符号からわかる反時計回りとなっていることを確かめよ. なお, ソレノイドが作る $\boldsymbol{B}_0$ の方向は, 光の進行方向に一致している.

（7） 実験 (10) で求めた光の回転角の増加割合はいくらか. 往路と復

路では光の進行方向と $\boldsymbol{B}_0$ の方向は逆になっているのに，回転角は相殺されないで増加している．その理由を簡単に述べよ．

§5.　参 考 書

1）　佐藤勝昭：「光と磁気」（朝倉書店）
2）　太田恵造：「磁気工学の基礎 I，II」（共立出版）
3）　近角聰信：「物理学選書　強磁性体の物理（上），（下）」（裳華房）

21. マイケルソン干渉計

(Michelson Interferometer)

The Michelson interferometer produces interference fringes by splitting a beam of monochromatic light. Historically, the Michelson interferometer was the crucial instrument for proving the non-existence of the ether. In this chapter, the interferometer is used to determine the wavelength of He-Ne laser light. Further measurements of refractive index of air and coherent length introduce basic nature of light wave. Also, handling of various optical components is learnt through the experiments.

§1. はじめに

近年，計測技術におけるレーザーの応用が急速に発展してきており，レーザー装置は種々の物理実験においても身近な計測機器となっている．この実験では，マイケルソン（Michelson）干渉計によってレーザー光の干渉縞を観測し，レーザー光の特徴の一つである可干渉性，単色性について学ぶ．さらにその応用として，干渉計を用いてレーザーのコヒーレント長，空気の屈折率，気圧を測定する．また，マイケルソン干渉計の原理，調整方法や撮像素子の特性，コンピュータによる画像解析の基礎を学び，光学実験に特有の実験的感覚，技術を養う．

§2. 原　理

2-1　電磁波の干渉

レーザー光の重要な特徴の一つに，コヒーレンス（可干渉性）がある．図1は本実験で用いるマイケルソン干渉計の模式図である．光源を出た光は，ハーフミラーで分けられ，直交する2本の光路を往復し，再びハーフミラーで重ね合わされる．このとき，2つの光の間に位相差が存在すると，干渉によって光の強度が変化する．

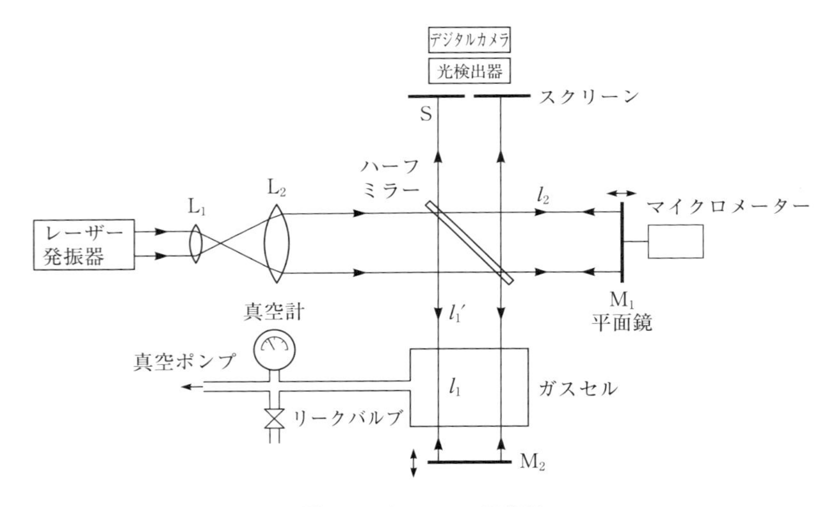

図1　マイケルソン干渉計

いま，振動数 ν_0，波数 k が同じ2つの単色波

$$\left.\begin{aligned} U_1 &= E_1 \exp\{i(kx - 2\pi\nu_0 t + \delta_1)\} \\ U_2 &= E_2 \exp\{i(kx - 2\pi\nu_0 t + \delta_2)\} \end{aligned}\right\} \qquad (1)$$

を重ね合わせたとすれば，その強度は周期 $T(=1/\nu_0)$ で時間平均して

$$\begin{aligned} I &= \langle (U_1 + U_2)^2 \rangle_T \\ &= \frac{1}{T}\int_0^T E_1^2 \cos^2(kx - 2\pi\nu_0 t + \delta_1)\,dt \\ &\quad + \frac{1}{T}\int_0^T E_2^2 \cos^2(kx - 2\pi\nu_0 t + \delta_2)\,dt \end{aligned}$$

$$+\frac{2}{T}\int_0^T E_1E_2\cos(kx-2\pi\nu_0 t+\delta_1)\cos(kx-2\pi\nu_0 t+\delta_2)\,dt$$

$$=\frac{1}{2}E_1^2+\frac{1}{2}E_2^2+E_1E_2\langle\cos(\delta_1-\delta_2)\rangle \tag{2}$$

となる．ただしここでは，2つの波が無限に続く単一の正弦波で，かつ確定した位相差をもつ場合を仮定する．重ね合わされた光の強度は各々の成分波の強度の和 $E_1^2+E_2^2$ ではなく，2つの単色波の位相差 $\delta_1-\delta_2$ に依存することがわかる．したがって，観測される光の強度 I は，振幅 E_1, E_2 を一定とすれば

$$I=I_1+I_2+2\sqrt{I_1I_2}\langle\cos(\delta_1-\delta_2)\rangle \tag{3}$$

となる．ここで

$$I_1=\frac{1}{2}E_1^2,\qquad I_2=\frac{1}{2}E_2^2$$

である．

屈折率 n は，真空中の光速 c と媒質中の位相速度 v_{ph} の比 $n\equiv c/v_{\mathrm{ph}}$ で定義される．光が屈折率 n の媒質中に入ったとき，振動数は変化しないので真空中の波長 $\lambda_0\,(=c/\nu_0)$ と媒質中の波長 $\lambda\,(=v_{\mathrm{ph}}/\nu_0)$ の間には $\lambda=\lambda_0/n$ の関係が成り立つ．したがって，媒質の長さを l とすると，光学的距離は nl となる．ここで図1に示すマイケルソン干渉計を考えると，2光束の光路差 ΔL は

$$\Delta L=2\{(n_1l_1+l_1')-l_2\} \tag{4}$$

となる．ただし，n_1, l_1 はそれぞれ試料部（ガスセル）における試料の屈折率と長さ，l_1' は試料以外の光経路の長さ，l_2 は参照光部に含まれる光経路の長さである．この ΔL が，2つの光がハーフミラーで重ね合わされたときの位相差 $k\Delta L$ となる．したがって（3）式は，

$$I=I_1+I_2+2\sqrt{I_1I_2}\cos(k\Delta L) \tag{5}$$

と書ける．この式からわかるように，マイケルソン干渉計において光路差

ΔL を変化させることにより，干渉光の強度 I は変化する．

2-2　干渉縞の変化と気体の屈折率の関係

図1において，真空ポンプによって圧力を下げたガスセル内の空気の屈折率を n_1 とすると，光学的距離 L は

$$L = 2n_1l_1 \tag{6}$$

と書ける．ここで係数の2は，光が屈折率 n_1 の領域を往路と復路の2回通過することによる．干渉縞（フリンジ）の1組の濃淡は光の1波長に相当することから，ガスセルに空気を注入することにより，フリンジが N 個変化したとすると，それによって生じた光学的距離の変化 ΔL は

$$\Delta L = N\lambda \qquad (\lambda = \text{真空中のレーザー光の波長}) \tag{7}$$

である．室温における大気圧の空気の屈折率を n_2 とすると，ガスセル内を大気圧にしたときの光学的距離 L' は

$$L' = 2n_2l_1 = L + \Delta L = 2n_1l_1 + N\lambda \tag{8}$$

である．これから大気圧の空気の屈折率 n_2 は

$$n_2 = n_1 + \frac{N\lambda}{2l_1} \tag{9}$$

となり，干渉縞の変化を数えることにより，空気の屈折率の変化を求めることができる．

空気の注入前の状態を真空と仮定できる場合は，$n_1 \sim 1$ として気体の屈折率を求めることができる．また，空気の屈折率と気圧の関係は，(10) 式に示すオウインズ（Owens）の式（Applied Optics, Vol. 6, No. 51（1967））などが知られている．ここで n_0 は1気圧，0℃における空気の屈折率である．使用するレーザーの波長に対する屈折率が既知であれば，干渉計により屈折率の変化を計測することで，到達真空度を推定することができる．

$$\left.\begin{array}{c} n = 1 + (n_0 - 1)\dfrac{p}{760}\dfrac{273}{273 + T} \\ (T\ [℃]：\text{温度},\ p\ [\text{mmHg}]：\text{圧力}) \end{array}\right\} \tag{10}$$

2-3　コヒーレント長

2-1節では完全にコヒーレントな光について考えたが，一般に，光は有限な長さをもつ波連の集合であり，干渉縞が得られる光路差には限界がある．この距離をコヒーレント長とよび，光の時間的コヒーレンスを示す指標に用いる．次に，コヒーレント長が有限である理由を考える．光は励起状態にある原子や分子が低いエネルギー状態へ遷移するときに放出される，減衰振動する電磁波である．この減衰振動の持続時間 τ_d は $10^{-9} \sim 10^{-10}$ s と極めて短い．

図2に示すように光源に存在する多数の原子から放射される波連の位相は，通常全くランダムであり，光源が統計的には一定の強さで発光していたとしても，ある程度以上離れた2つの時刻 t_1, t_2 の光の位相はほぼ無関係になる．マイケルソン干渉計において，光路差が $c\tau_d$ よりも短いときは干渉す

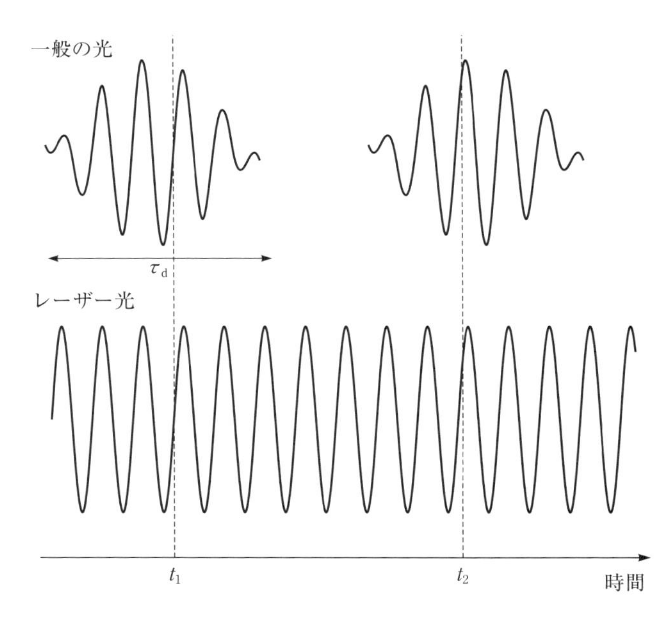

図2　時間的コヒーレンス

るが，それよりも長くなると干渉縞が得られなくなる.※レーザー光では，波連の位相をそろえることで，空間的にも時間的にも連続した光波になっている.

光のコヒーレンスは，干渉縞の可視度を用いて定量的に示すことができる．干渉縞（図3）の可視度（Visibility）V は，図4に示すように，明るい部分の最大強度を $I_{\max}$，最小部分を $I_{\min}$ として

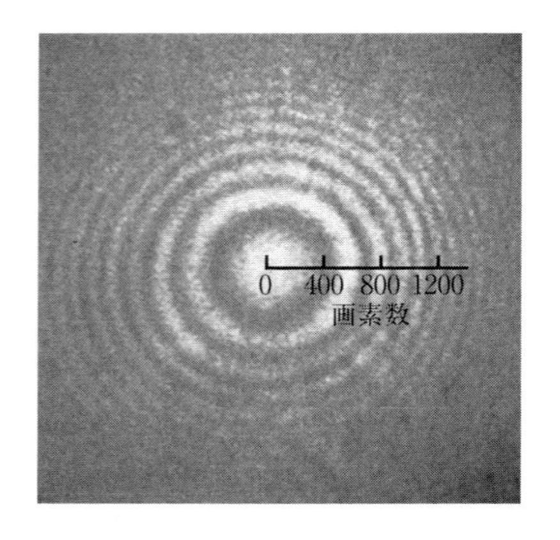

図3　マイケルソン干渉計による干渉リング

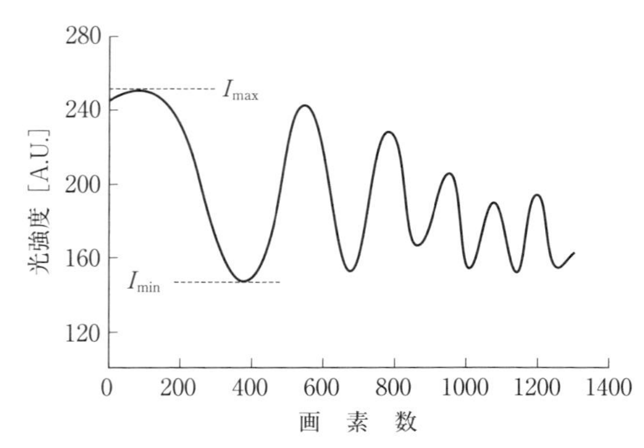

図4　干渉縞の強度プロファイル

※　実際には，原子の発光スペクトルのコヒーレント長は $c\tau_{\mathrm{d}}$ よりも短くなる．これは発光スペクトルに有限の広がりがあるためで，低圧気体放電の場合は熱運動によるドップラー効果が主な原因である.

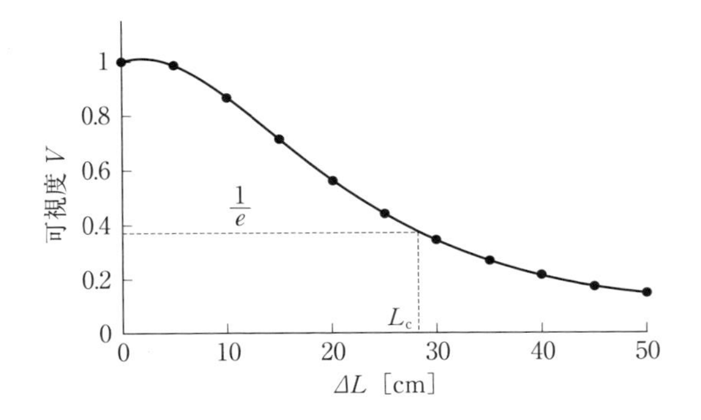

図 5　可視度 V の光の光路差 ΔL 依存性

$$V = \frac{I_{\max} - I_{\min}}{I_{\max} + I_{\min}} \tag{11}$$

で定義される．完全にコヒーレントな光では $V = 1$，異なる光源からのようなインコヒーレントな光では $V = 0$ であり，実際には V の値は 1 と 0 の間の数値をとる．このような光は部分的にコヒーレントであるといわれる．また，時間的コヒーレンスの指標であるコヒーレント長は，マイケルソン干渉計を用いて光路差と干渉縞の可視度から求めることができる．干渉縞の可視度 V と光路差 ΔL の測定結果からグラフを描くと図 5 のようになる．このグラフから，V が $1/e$ になるときの ΔL をコヒーレント長 L_c と定義する．

レーザー光のスペクトルが広がりをもつ場合，レーザー光のコヒーレンスは低下する．一般に，コヒーレント長 L_c とレーザー光の振動数の広がり（半値全幅）$\Delta\nu$ の間には，

$$L_c \simeq \frac{c}{\Delta\nu} \tag{12}$$

の関係があることが知られており，コヒーレント長を計測することでレーザー光のスペクトルの広がりを推定することができる．

§3.　実　験

3-1　実験装置および器具

半導体レーザー（発振波長：635 および 532 nm），マイケルソン干渉計，ガスセル，真空ポンプ，光検出器，デジタルオシロスコープ，デジタルカメラ，コンピュータ

（1）　マイケルソン干渉計

図1に示したように焦点距離の異なるレンズ L_1，L_2 を組み合わせたビームエキスパンダにより，レーザー発振器から出る光束を広げ，平行光線に近い広がった光束にする．光束は，ハーフミラーにより光路を2つに分けられ，それぞれの経路を通過後，再びハーフミラーに集まる．そして，2つの光路の光学的距離の差によって，スクリーン上に（4），（5）式により示された円環状の縞模様が生じる．これがハイディンガー（Haidinger）の干渉環（等傾斜干渉の縞）である．

平面鏡 M_2 とハーフミラーの間に，ガスセルを設置する．このガスセルの圧力を変化させることにより，光学的距離が変化し，それにより生じた干渉縞の変化を測定する．

（2）　固体撮像素子

デジタルカメラをはじめ，スキャナやファクシミリといった様々な光学機器に，CCD（Charge Coupled Device）や CMOS（Complementary Metal Oxide Semiconductor）等の集積回路化された固体撮像素子が使用されている．これらは，光情報を電気信号に変換する光電変換素子であり，受光素子を平面上に配列することで，2次元的な光強度の分布を得ることができる．

3-2 実験方法

（1） レーザーの波長測定

（i） マイケルソン干渉計の調整

(a) レンズ L_1, L_2 を干渉計の光軸から遠ざけ，平面鏡 M_1, M_2 により反射されたビームスポットが，レーザー発振器の光ビームの出口の穴に完全に一致するように，平面鏡 M_1, M_2 をそれぞれ片方ずつ紙などで覆って平面鏡の裏側にある調整ネジを回して調整する．レンズ L_1, L_2 を干渉計の光の経路に入れる前に調整を十分に念入りに行っておくことが，良好な干渉パターンを得るためのポイントである．

(b) 小口径のレンズ L_1 を光学台の指定された位置に置く（レンズ面が光軸に対して垂直になるように留意する）．このとき，このレンズにより拡大された光束が平面鏡 M_1 の中心部を照射するようにレンズ L_1 の位置（上下および前後方向）を決める．ここまでの調整でスクリーン，またはその後方の壁面に図3のような明るい同心円状の干渉リングが見えていれば，調整はほぼ完了である．もしも，同心円状の干渉リングが見えなかったり，歪んだ干渉パターンが見えていれば，再びレンズ L_1 を取り外して (a) の調整をやり直す．

(c) レンズ L_2 を同じく光学台の指定された位置に，レンズ面を光軸に垂直になるように置く．

（ii） 干渉フリンジ測定

干渉リングの中心近くに，ピンホールを取り付けた光検出器を設置する．平面鏡 M_1 をマイクロメーターによって矢印の方向に移動させ，出力信号の変化をデジタルオシロスコープで記録する．記録したデータをコンピュータに取り込み，ミラーの移動距離 ΔL とフリンジ数 N の関係を調べる．

（2） ガスセル中の空気の屈折率の測定

ガスセルをハーフミラーと平面鏡 M_2 との間に入れて真空ポンプで排気す

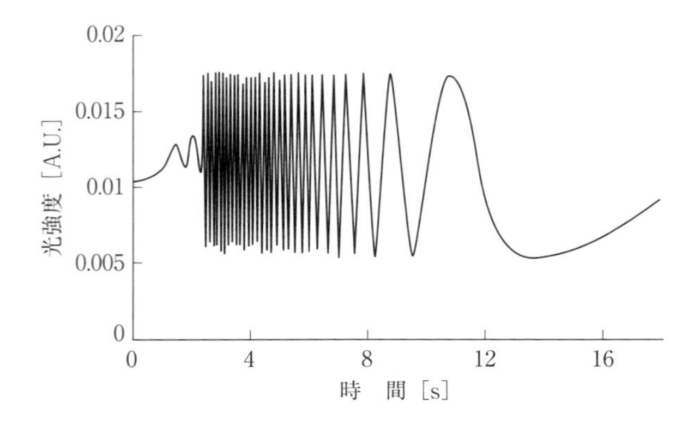

図 6　光路差 ΔL の変化による干渉信号の強度変化

る．十分に排気した後，ポンプとガスセルの間のバルブを閉じ，リークバルブを適度に開きながら，大気圧に達するまでの間のフリンジ数の変化を(1)－(ⅱ)と同様の手順で観測する（図 6)．

（3）　コヒーレント長の測定

光路差 ΔL を変えて干渉縞の可視度を測定し，レーザーのコヒーレント長を求める．スクリーンに干渉縞を映し，デジタルカメラで撮影する．

ミラー M_2 を図 1 の矢印の方向に数 mm ずつ移動させ，干渉縞をカメラで撮影して画像（図 3）をコンピュータに取り込む．各画像から図 4 のような干渉縞の強度のプロファイルを作り，可視度 V を求める．可視度の定義は（11）式に与えた通りである．

§4.　課　題

（1）（1）－(ⅱ)の実験結果からレーザーの波長を求めよ．

（2）実験（ⅱ)－(2）で得られたフリンジ数の変化から，（9）式を用いて空気の屈折率を求めよ．

（3）実験（2）で得られた空気注入前後のフリンジ数の変化と真空計で測定された真空度関係をグラフにせよ．また，（10）式を用いてガスセルの到達真空度を推定せよ．ただし，室温は 20 ℃と仮定する．

（4） 可視度 V と光路差 ΔL の関係をグラフにし，コヒーレント長 L_c を求めよ（図 5）．また，(12) 式より，使用したレーザー光のスペクトル幅 $\Delta\lambda$ を推定せよ．

§5. 参 考 書

1） 大石二郎，他：「工学基礎物理実験」（東京大学出版会）

2） M. ボルン，E. ウォルフ 著，草川 徹，他 訳：「光学の原理Ⅰ，Ⅱ，Ⅲ」（東海大学出版会）

3） 戸田盛和，他 訳：「マンチェスター物理学シリーズ　光学Ⅰ，Ⅱ」（共立出版）

4） 霜田光一：「レーザー物理入門」（岩波書店）

5） 平井紀光：「実用レーザー技術」（共立出版）

22. 線スペクトルとリュードベリ定数
(Optical Spectral Line and The Rydberg Constant)

The dispersion curve of crown glass prism is determined using the rich field of spectral lines emitted from He lamp. The Rydberg constant is calculated by using this measured dispersion curve and observing the Balmer series optical spectra from a hydrogen lump.

§1. はじめに

太陽スペクトルに見られる無数の暗線は，ウォラストン（Wollaston）が 1802 年に，フラウンホーファー（Fraunhofer）が 1814 年に独立に発見した．フラウンホーファーは，それらの暗線を波長順に A，B，C，…と名付けた．これらの暗線は現在，フラウンホーファー線とよばれている．そして，彼は Na（ナトリウム）による黄色の線スペクトル（輝線）が D の位置と一致することを発見した．輝線と暗線の関係に興味をもったキルヒホッフ（Kirchhoff）は，1859 年に人工的に暗線を作り出す手法によってスペクトル分析の基礎を確立した．バルマー（Balmer）は，1879 年に H_2（水素）スペクトルの 4 本の輝線の間の関係を見出し，リュードベリ（Rydberg）によりその一般化が試みられた．

この実験では光に対する物質の分散を理解し，分光器を使ってプリズムの波長分散を求める．また，H 原子が放出するいくつかの線スペクトルを観測し，波長の相互関係からリュードベリ定数を求める．

§2. 原　理

2-1 光の分散

一様な物質中を進む光は直進するが，密度勾配や異種の物質があるとその進路は曲げられる．この屈折の度合い（屈折率）が光の周波数に依存する現象を光の分散とよぶ．分散の機構を理解するために，ここでは分子を構成しているイオンや電子の分極による簡単なモデルを考える．

光の電場 $\boldsymbol{E}$ の中にある電子の運動方程式は，電子の変位を $\boldsymbol{r}$ とすると

$$m_{\mathrm{e}}\frac{d^2\boldsymbol{r}}{dt^2} = -e\boldsymbol{E} - k\boldsymbol{r} \tag{1}$$

で与えられる．式中の m_{e}, $-e$ は電子の質量，電荷である．イオンの質量は，電子に比較して非常に大きいので，静止していると考えられる．右辺の第 2 項は電場により分極した電子の復元力で，k は比例定数である．光の電場 $\boldsymbol{E} = \boldsymbol{E}_0 \exp(-i\omega t)$ により電子は，振幅 $\boldsymbol{r}_0$，角振動数 ω の振動 $\boldsymbol{r} = \boldsymbol{r}_0 \exp(-i\omega t)$ を行う．したがって，（1）式は，

$$\boldsymbol{r} = \frac{e\boldsymbol{E}}{m_{\mathrm{e}}(\omega_0^2 - \omega^2)} \tag{2}$$

となる．ただし，$\omega_0 = \sqrt{k/m_{\mathrm{e}}}$ は，共鳴（または，吸収）角振動数とよばれる．

1 つの電子とイオンは，電気双極子モーメント $\boldsymbol{p} = -e\boldsymbol{r}$ を作るので，単位体積当りでは，

$$\boldsymbol{P} = n_{\mathrm{e}}\boldsymbol{p} = \frac{n_{\mathrm{e}}e^2\boldsymbol{E}}{m_{\mathrm{e}}(\omega_0^2 - \omega^2)} \tag{3}$$

となる．$\boldsymbol{P}$ は分極ベクトルとよばれ，n_{e} は電子密度である．$\boldsymbol{P}$ は $\boldsymbol{E}$ に比例しているので，比例定数を χ（電気感受率）として

$$\boldsymbol{P} = \chi\boldsymbol{E} \tag{4}$$

と書かれる．また，物質の誘電率 ε は χ と

$$\varepsilon = \varepsilon_0 + \chi \tag{5}$$

の関係で結ばれているので

$$\varepsilon = \varepsilon_0 + \frac{n_e e^2}{m_e(\omega_0^2 - \omega^2)} \tag{6}$$

となる．ただし，ε_0 は真空の誘電率である．誘電率と屈折率 n には次の関係式

$$\varepsilon = n^2 \varepsilon_0 \tag{7}$$

があるので（第 18 章を参照），屈折率が ω（または，光の波長 λ）に依存することがわかる．

光の角振動数が ω_0 から十分離れた領域を正常分散領域とよび，屈折率の波長依存性，すなわち分散曲線は（6），（7）式より近似的に

$$n = a + \frac{b}{\lambda^2} \tag{8}$$

と表すことができる．ただし，a, b は波長に依存しない定数である．図 1 に示すように，この領域の屈折率は 1 より大きく，波長が長くなると次第にゆるやかに減少する．他方，ω_0 の近傍は異常分散領域とよばれ，屈折率は波長に強く依存する．実際の分子では，異なる束縛状態 j をもつ電子が存在するので，$\omega_0(j)$ が多数存在する．それらの各 $\omega_0(j)$ は主に極端紫外，紫外光領域にある．そのため，可視光領域は正常分散領域となる．

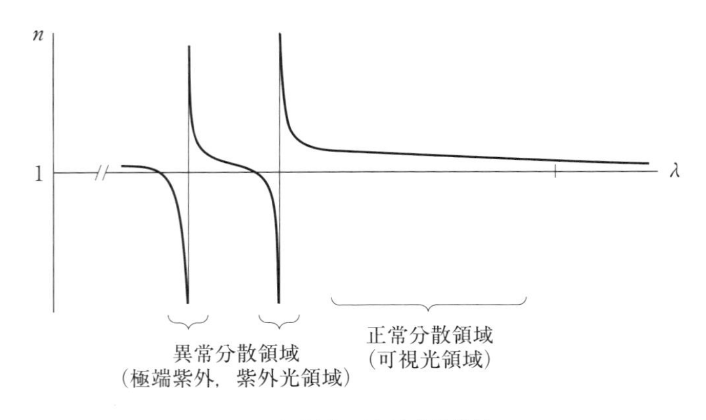

図 1　屈折率の波長分散曲線

2-2　プリズム分光器と分解能

プリズム分光器の原理を図2に示す．スリットは2枚の刃から成り，その間隔は微調整可能になっている．スリットからの入射光線はコリメーターレンズにより平行光線となってプリズムに入射する．プリズム通過後の光は，波長により屈折方向の異なる平行光線となる．テレメーターレンズの中心を通過する平行光線は焦点面上に結像される．

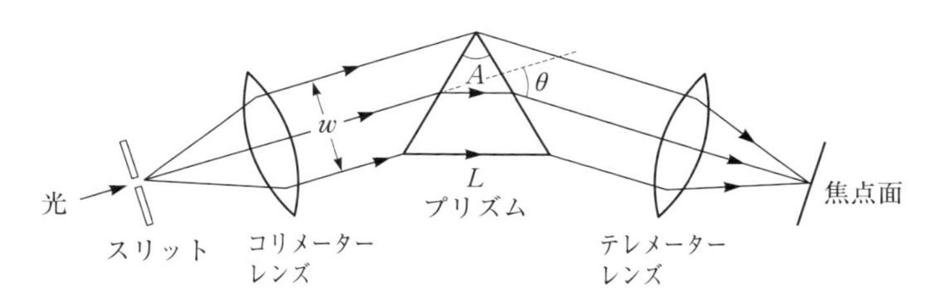

図2　プリズム分光器の原理

プリズムの入射面と透過面のなす角を頂角 A，入射光線と透過光線のなす角をふれ角 θ という．プリズム中の光線が頂角の2等分線に垂直になるとき，ふれ角は最小になる．その最小ふれ角 θ_0 と n, A との間には

$$n = \frac{\sin \dfrac{A + \theta_0}{2}}{\sin \dfrac{A}{2}} \tag{9}$$

の関係が成り立っている．

同一の入射角で入射した波長 λ と $\lambda + d\lambda$ の2つの光に対する最小のふれ角をそれぞれ $\theta_0, \theta_0 + d\theta_0$ とする．$d\theta_0/d\lambda$ がプリズムの波長分散であり，この値が大きいほど分解能が高くなる．（8），（9）式より

$$\frac{dn}{d\lambda} = -\frac{2b}{\lambda^3}, \qquad \frac{d\theta_0}{dn} = \frac{2\sin\dfrac{A}{2}}{\sqrt{1 - n^2 \sin^2 \dfrac{A}{2}}} \tag{10}$$

が得られるので，その波長分散式が次のように求められる．

$$\frac{d\theta_0}{d\lambda} = \frac{d\theta_0}{dn}\frac{dn}{d\lambda} = -\frac{4b\sin\dfrac{A}{2}}{\lambda^3\sqrt{1-n^2\sin^2\dfrac{A}{2}}} \tag{11}$$

プリズムの分解能は，波長 λ の付近で $d\lambda$ の波長差を識別する指標として使われ，$\lambda/d\lambda$ で定義される．幅 w の平行光線が最小ふれ角でプリズムを通過した場合に，w とプリズムの底辺の長さ L の間には

$$\frac{L}{w} = \frac{2\sin\dfrac{A}{2}}{\sqrt{1-n^2\sin^2\dfrac{A}{2}}} \tag{12}$$

の関係があるから，(11) 式は

$$\frac{d\theta_0}{dn} = \frac{L}{w} \tag{13}$$

となる．一方，平行光線が幅 w に限定されていることから，フラウンホーファー回折により

$$d\theta' \simeq 1.43\frac{\lambda}{w} \tag{14}$$

の方向に光の極大（第 1 極大）が生じる（第 17 章を参照）．したがって 2 つの波長が見分けられる限界は，$d\theta_0 \simeq d\theta'$ であるから

$$\left|\frac{\lambda}{d\lambda}\right| \simeq \frac{L}{1.43}\left|\frac{dn}{d\lambda}\right| \simeq L\left|\frac{dn}{d\lambda}\right| \tag{15}$$

が導かれる．この式により，プリズムの分解能は底辺の長さに比例することがわかる．

2-3　バルマー系列

H_2 の原子が放出する線スペクトルの規則性は

$$\frac{1}{\lambda} = R_\infty\left(\frac{1}{m^2} - \frac{1}{l^2}\right) \tag{16}$$

で表される．m は自然数で，l は m より大きい整数である．$m = 1, 2, 3, 4, 5$

の組は，それぞれライマン（Lyman），バルマー，パッシェン（Paschen），ブラケット（Brackett），プント（Pfund）系列と名付けられており，バルマー系列（$m = 2$）の $l = 3 \sim 6$ の４本の線スペクトルが可視光領域で観測される．また，R_∞ は，H 原子のリュードベリ定数とよばれる．この定数は，ボーア（Bohr）より理論的に導き出されている．

$$R_\infty = \frac{\overline{m}_e e^4}{8\varepsilon_0^2 c h^3} = 1.097 \times 10^7 \quad [\mathrm{m}^{-1}] \qquad (17)$$

ただし，$\overline{m}_e \left(= \dfrac{m_e M_H}{m_e + M_H} \right), c, h$ は，それぞれ換算質量，光速度，プランク（Planck）定数で，M_H は，H の原子核の質量である．

§3. 実　験

3-1　実験装置および器具

プリズム分光器，プリズム（BK7（クラウンガラス）$A = 60°, L = 20\,\mathrm{mm}$），平行平面ミラー，光源用スペクトル管（He（ヘリウム），H_2），スペクトル管電源

プリズム分光器は，テレメーター，コリメーター，ステージおよび副尺付き角度読みとり目盛板から成っている（図 3）．テレメーターおよびコリメーターにはそれぞれのあおり角を調整するネジが付いている．ステージには

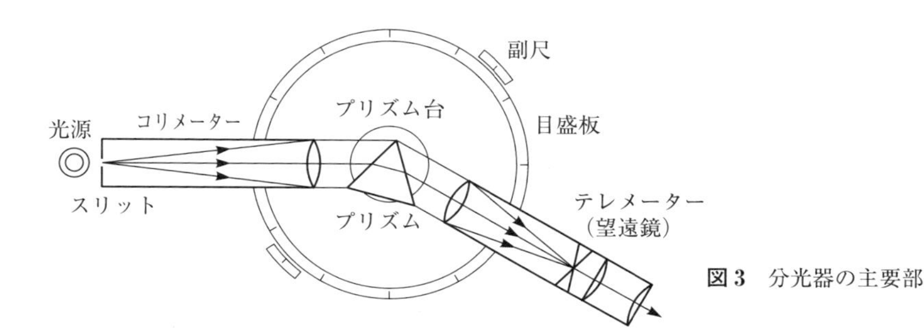

図 3　分光器の主要部

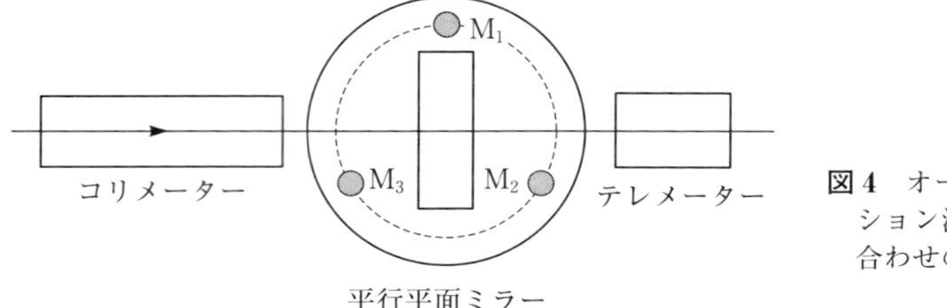

図4　オートコリメーション法による光軸合わせの方法

ステージを水平にするための調節ネジがある（図4中の M_1, M_2, M_3）. Heのスペクトル管は，450 ～ 650 nm の領域のプリズムの分散曲線を求めるために使用する. H_2 のスペクトル管は，リュードベリ定数を決めるために用いる.

3-2　実験方法

(1)　分光器の調整

（i）　分光器の光軸のアライメントは，調節ネジにより行う. 実験に先立ち，各調節ネジの機能を理解する.

（ii）　テレメーターの接眼レンズを調整する. 十字線がはっきりと見えるように接眼レンズを前後させる.

（iii）　図4のように平行平面ミラーをステージの上に置き，テレメーターの焦点を無限大に調整する. 望遠鏡を伸縮させ，十字線の実像がはっきり見えるようにする. 目を上下左右に動かし，視差がなくなるように望遠鏡の伸縮を微調整させる. 焦点が無限遠に調整された望遠鏡では，その接眼鏡内にある十字線を弱い光源で照らすと，十字線の各点で散乱された光は，対物レンズから平行光線として射出される. 望遠鏡の光軸に垂直な反射面があれば，光は再び同じ光路を逆に辿って望遠鏡に入り，十字線の面上に上下，左右を転倒した実像ができる. これをオートコリメーションとよぶ. オートコリメーション法では，十字線から出た散乱光を台の上に載せた平行平面ミラーにより反射させることによって十字線の位置に結像させ，十字線とその実像を対称の位置に合わせることにより平行平面ミラーを載せている台の軸とテレメーターの軸を垂直に合わせる．ここでは，十字線とその実像が一致するようにテレメーターの傾き（あおり角調節ネジ）とステージの傾き（調整ネジ M_2）をそれぞれ 1/2 の割合で調整する．次にステージを 180° 回転させ，同様の調節を行う．このときステージの傾きは調整ネジ M_3 で行う．同様の調整を数回繰り返すと両者の軸が垂直になる．

（iv）コリメーターの光軸をステージ回転軸に直交させる．プリズムの底辺の長さ L を測定した後，図 5 のようにプリズムを置く．プリズムの陵がステージの回転軸と平行になるようにステージを調整する．図 4 の平行平面ミラーの位置と図 5 のプリズムの位置（調整ネジ M_1，M_2，M_3 の位置）関係に注意する．屈折面 P_1 と P_2 のオートコリメーション像の高さが一致するように調整する．

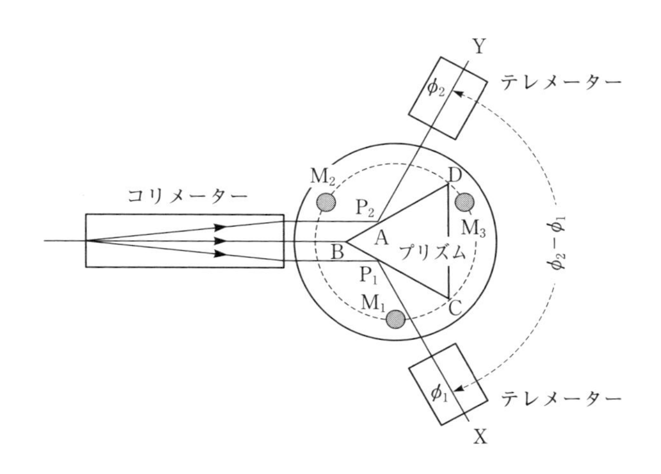

図 5　プリズムの頂角測定

（v）コリメーターから出る光を平行光線にする．スリット幅を十分に狭くし，He ランプを点灯しスリットを照明する．コリメーターとテレメーターの関係が X の位置になるようにして，コリメーターの伸縮ネジを調整してスリットの像と十字線が一致するように調整する．スリット像の中心と十字線の中心が一致するようにコリメーターのあおり角調整ネジとステージ調整ネジ M_1 をそれぞれ 1/2 の割合で調整する．

次に，Y の位置になるようにテレメーターを回転させる．スリット像が十字線の中心に一致しない場合は，再度，あおり角調整ネジと M_1 の傾き調整ネジで調整する．調整後，スリットの長さは視野いっぱいに伸ばしておく．

（2）　プリズムの頂角の測定

（i）　屈折面 P_1 に対するオートコリメーション像をテレメーターの十字線に合わせ，そのときの角度読取円盤の角度を測定する．偏心誤差をなくすために 2 つの副尺付き角度読取盤（V_1，V_2）の値をそれぞれ読み，その平均を測定角度 ϕ_1 とする．

（ii）　屈折面 P_2 に対するオートコリメーション像の測定角度 ϕ_2 を（i）の手順で測定する．

（iii）　各々の測定角度を ϕ_1, ϕ_2 として

$$A = \frac{\phi_1 - \phi_2}{2} \tag{18}$$

からプリズムの頂角を求める．

角度の読み方について：目盛円盤は，外縁を 720 等分してあり，1 目盛りは 30′（30 分）である．（1° は 60′ である．）指標の副尺は，主尺の 29 目盛りを 30 等分したもので，1′ までは読みとることができる．目盛円盤の中心とステージの回転中心を完全に一致させることは工作上難しい．これによる角度の読みの誤差を偏心誤差という．分光計には 180° 離れて 2 つの読取盤が付いているので，両者で計測した角度の平均をとることにより正しい角度を得ることができる．

（3） He の線スペクトルの最小ふれ角測定

（i） ステージとテレメーターを回転させ，図6の BCD のようになるようプリズムを置く．

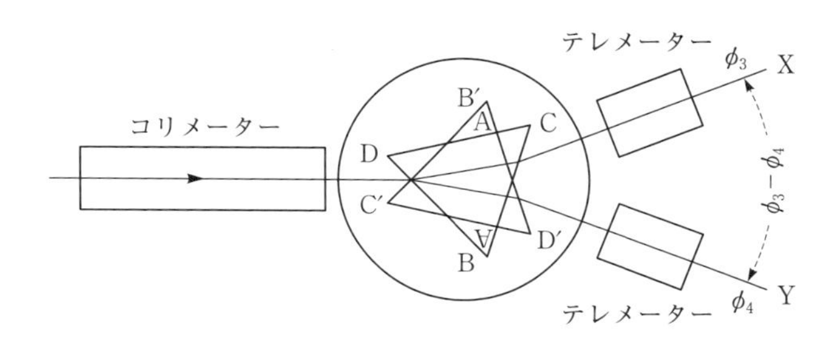

図6　最小ふれ角の測定

（ii） ステージとテレメーターを回転させ，スペクトル線の輝線をテレメーターの視野に入れる．輝線が視野から外れないように注意してステージを回転させる．左右どちらに回転させても視野の右から左へ輝線が移動するが，ある位置で止まり，今度は逆方向に戻っていく．この折り返し点の角度 ϕ_3 を求める．

（iii） ステージとテレメーターを回転させ，図6の B′C′D′ のようにプリズムを置く．

（iv） （ii）と同じようにステージを回転させると左右どちらに回転させても輝線は左から右に動いて止まり，再び左に動く．折り返し点の角度 ϕ_4 を（ii）と同じ方法で求める．

（v） 線スペクトルの最小ふれ角を $\theta_0 = (\phi_3 - \phi_4)/2$ から求める．

（vi） He の線スペクトルとして，表1

表1　He スペクトル管で観測される線スペクトルの波長と色

波長［nm］	色
706.52	暗赤
667.82	赤
587.56	黄
501.57	緑
492.19	青緑
471.31	青紫
447.16	紫

に示すような波長［nm］と色の線スペクトルが観測されるので，各々の線スペクトルの最小ふれ角を求める．

（4）　H_2 の線スペクトルの最小ふれ角の測定

（3）の方法と同じ方法で H_2 の 3 つの線スペクトル（赤（H_α），青（H_β），紫（H_γ）の最小ふれ角を測定する．

§4.　課　題

（1）　He の各線スペクトルの最小ふれ角から，その波長に対応するプリズムの屈折率を（9）式から求めよ．

（2）　分散曲線が（8）式で表せると仮定して定数 a, b を最小 2 乗法で決め，プリズムの分散曲線を図示する．（図 7 のように，求めた分散曲線は実線で示し，測定した実験値も示せ．）

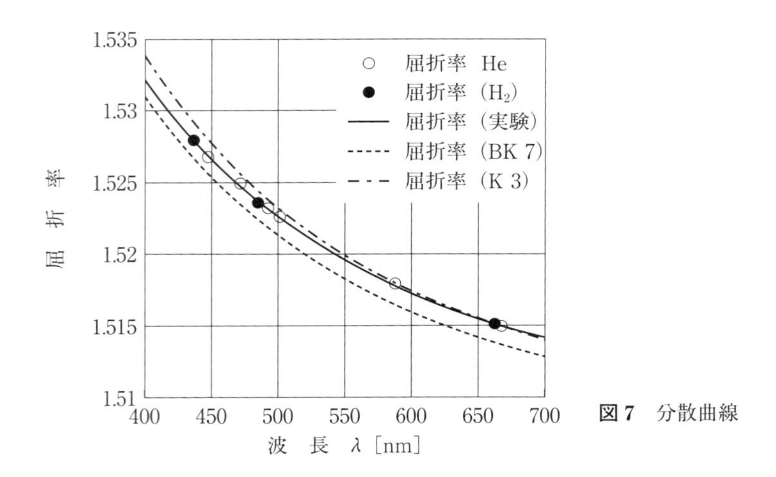

図 7　分散曲線

（3）　理科年表や物理定数表にある屈折率を調べ，実験で使用したプリズムの材質を推定せよ．

（4）　H_2 の線スペクトルに対する屈折率を（9）式を用いて最小ふれ角から求めよ．

（5）（2）で求めた分散曲線を用いて，実験で求まった屈折率から H_2 の各線スペクトルの波長を求めよ．

（6）（5）で求めた波長と（16）式から最小2乗法を用いてリュードベリ定数を求めよ．（図8）

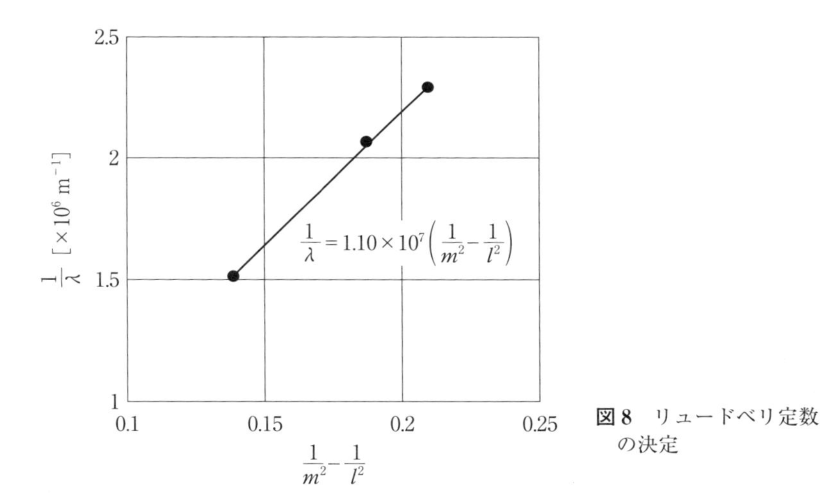

図8　リュードベリ定数の決定

（7）　実験で用いたプリズムの分解能を求めよ．このプリズムを使って Na の D 線（2重線：D_1 [589.592 nm]，D_2 [588.995 nm]）を分離できるかを，実験結果をもとに考えよ．

§5. 参 考 書

1）　M. ボルン，E. ウォルフ 著，草川 徹，他 訳：「光学の原理 I」（東海大学出版会）

2）　石黒浩三：「基礎物理学選書　光学」（裳華房）

3）　E. シュポルスキー 著，玉木英彦，他 訳：「原子物理学 I」（東京図書）

23. X 線 回 折
(X Ray Diffraction)

Powder diffraction patterns for Zn, Ni, Cu and Si are measured. From the relation between diffraction angles and Miller indices, the lattice parameters of the above elements are calculated. From the observation of diffraction phenomenon, both the wave character of X ray and the periodic arrangement of atoms in the crystal are understood.

§1. はじめに

ラウエ (Laue) は1912年に結晶格子の大きさとX線の波長がほぼ同じであることに注目し，結晶を回折格子として利用することを提唱した．その考えに従ってフリードリッヒ (Friedrich) とクニッピング (Knipping) は実験を行い，X線回折模様を観察した．同年にブラッグ (Bragg) は空間格子によるX線散乱の理論を作り，いわゆるブラッグの回折条件を提出した．この理論にもとづき，父のW.H.ブラッグがX線分光器を作り結晶の構造を解析した．特性X線を用いた多結晶粉末のX線回折模様の研究は，デバイ (Debye) とシェーラー (Scherier) により1916年に行われた．そして，ノーベル (Nobel) 物理学賞が1914年にラウエに，1915年にブラッグ父子に与えられた．

物質の結晶構造を決定することは，物性研究の中で最も重要なことの一つであり，その手段として現在，X線回折，中性子回折，電子線回折などの方法が用いられている．X 線の発生の機構には，制動放射によるものと原子内電子の準位間の遷移によるものとが挙げられる．近年，加速器内の電子の制動放射による X 線，いわゆる放射光の利用が盛んに行われるようになったが，手近な X 線管による X 線回折実験は試料評価の手段として欠かせない．

この実験では粉末試料による X 線回折現象を観測し，結晶の構造解析の一端を学ぶ．

§2. 原　理

2-1　X 線管による X 線の発生

現在，X 線管として用いられているものは内部を高真空（$\sim 10^{-3}$ Pa）にしたクーリッジ（Coolidge）管とよばれるもので，その概略を図 1 に示す．陰極と対陰極の間に高電圧（30～50 kV）を加え，陰極をヒーターで熱して出てくる熱電子を加速して対陰極に当てると，対陰極から X 線が放射される．

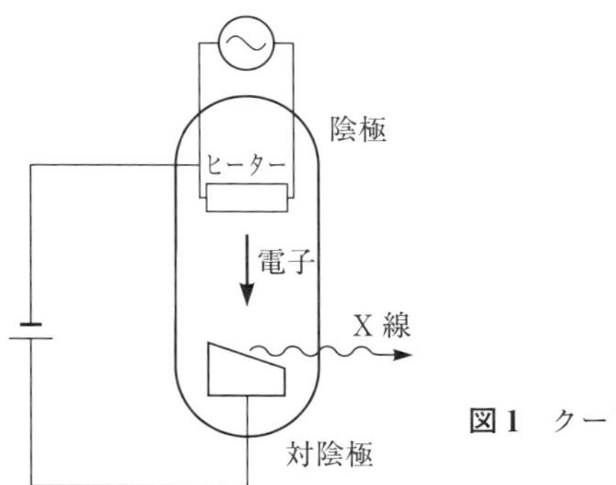

図 1　クーリッジ管

（1）　X 線スペクトル

対陰極から放射される X 線は，連続的に波長が分布している連続スペクトルと，対陰極物質に固有な特性 X 線とよばれる線スペクトルから成る．前者の連続 X 線の発生機構は電子が物質に衝突して速度を失うときの負の加速度によるもので，そのスペクトル分布は電子線のエネルギーおよび対陰極物質に依存する．また，短波長側には，加速電圧で決まる限界がある．

後者の特性 X 線の発生機構は，原子内電子のエネルギー準位に関係している．原子核の周りの電子は，不連続的な準位から連続的な準位まで，低い方から高い方へ種々のエネルギー状態を有する．加速された電子が対陰極物質に衝突すると，内殻の電子が原子外にたたき出される．その空となった状態へ高い準位から電子が落ちるとき，次のボーアの振動数条件に従って振動数 ν の X 線が放射される．これが特性 X 線である．

$$h\nu = E' - E \qquad (1)$$

ただし，E' は低い準位に電子の空席があるときの原子のエネルギー，E は高い準位に空席があるときの原子のエネルギーである．h はプランク（Planck）定数である．

これらの特性 X 線は数組に分類され，波長の短い方から長い方へ順に K，L，M 系列と名付けられている．通常の X 線回折には K 系列のみが用いられる．K 系列は数本の線スペクトルより成るが，最も強度の強い 3 つの線スペクトルは波長の長い順に $K_{\alpha 2}$, $K_{\alpha 1}$, K_{β} 線とよばれる．

（2） X 線の選択

原子の内殻準位にある電子を連続エネルギー準位まで励起するような X 線は原子に著しく吸収される．この吸収を利用して K_{β} 線を減衰させ，$K_{\alpha 1}$ 線が選択されて X 線回折に使われる．

2-2 結　晶

（1） 回 折 現 象

結晶は 1 種類または数種類の原子から構成され，原子が X 線の波長と同程度の間隔をもって規則正しく配列したものである．X 線は原子に属する電子により散乱されて回折現象を起こす．

結晶の中に，原子によって構成される種々の方向をもった面の組をとることができる. 図2に,様々な面の組を2次元的に示してある(ミラー(Miller)指数と格子面については後述する). X線が結晶に入射したとき, 図2の点線で示すような等間隔の平行な面の集りにより回折現象が起こると考えることができる.

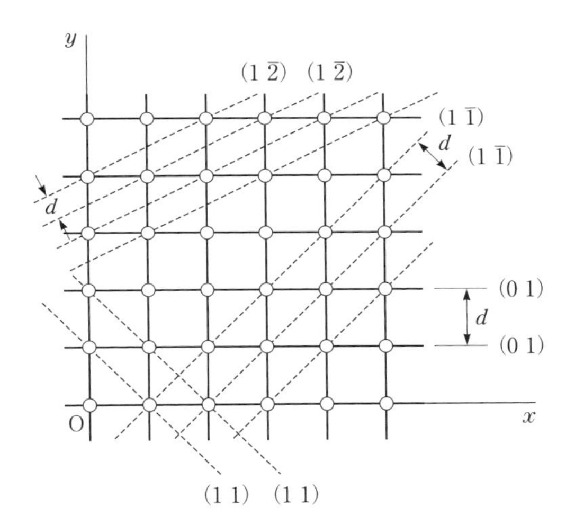

図2　2次元結晶モデルの面系のとり方(図中の数字はミラー指数, $\bar{1}$は -1, $\bar{2}$は -2を意味する)

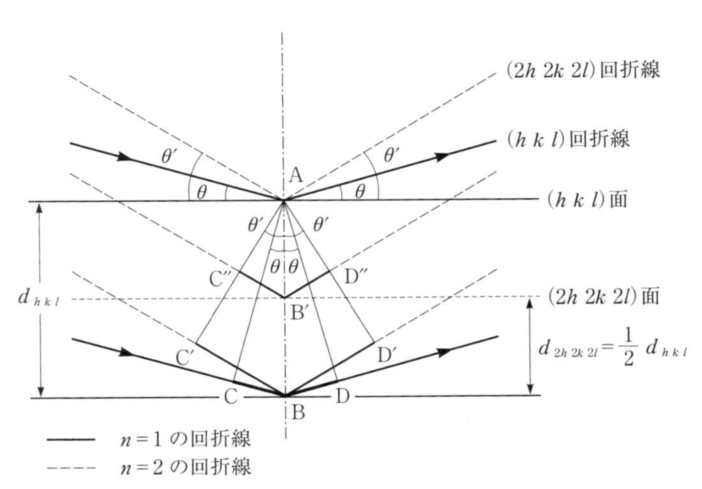

図3　ブラッグの回折条件

図3に，ある2つの面を取り出して示す．X線は各原子により散乱されるが，ある1つの面からは反射の法則を満足する反射線を考えればよい．各面からの反射線は

$$2d\sin\theta = n\lambda \qquad (2)$$

なる関係を満足するときに強め合い，回折線が得られる．ここで θ は入射角，d は面間隔，n は自然数，λ はX線の波長である．(2) 式をブラッグの回折条件という．

(2) 結　晶

結晶の構成単位の内部に1つの代表点（格子点）をとると，この代表点は周期配列をしている．これを格子とよぶ．格子点は，必ずしも原子の位置とは一致しなくてもよい．

結晶内においては，3つのベクトル $\boldsymbol{a}, \boldsymbol{b}, \boldsymbol{c}$ を考えたときに，このベクトルで囲まれた平行六面体内に1個の格子点（六面体の8個の頂点の寄与は1個）しかないように $\boldsymbol{a}, \boldsymbol{b}, \boldsymbol{c}$ を選ぶことができる．結晶内の格子点の位置 $\boldsymbol{R}$ はすべて

$$\boldsymbol{R} = n_1\boldsymbol{a} + n_2\boldsymbol{b} + n_3\boldsymbol{c} \qquad (n_1, n_2, n_3 \text{ は整数}) \qquad (3)$$

で与えられる．$\boldsymbol{a}, \boldsymbol{b}, \boldsymbol{c}$ を基本並進ベクトル，$\boldsymbol{a}, \boldsymbol{b}, \boldsymbol{c}$ で囲まれた平行六面体を基本単位胞という．この基本並進ベクトルの大きさとベクトル相互の角度により，格子のもつ対称性が定められる．

格子点の周りの対称性から，格子を7個の系列（晶系）に分類することができる．さらに特別に高い対称性が生じている場合は，その対称性を明確に示すように，単位胞に2個以上の格子点を含むような格子型を設定する．その結果，格子は14種類のブラベー（Bravais）格子とよばれるものに分類される（図4）．ブラベー格子の3辺の長さ（稜），辺のなす角度（頂角）を格子定数という．

晶　系	稜と頂角	P(単純)	C(底心)	I(体心)	F(面心)
三　斜 triclinic	$a \neq b \neq c \neq a$ $\alpha, \beta, \gamma \neq \frac{\pi}{2}$				
単　斜 monoclinic	$a \neq b \neq c \neq a$ $\alpha = \gamma = \frac{\pi}{2}$ $\beta \neq \frac{\pi}{2}$				
斜　方 (直方) orthorhombic	$a \neq b \neq c \neq a$ $\alpha = \beta = \gamma = \frac{\pi}{2}$				
正　方 tetragonal	$a = b \neq c$ $\alpha = \beta = \gamma = \frac{\pi}{2}$				
立　方 cubic	$a = b = c$ $\alpha = \beta = \gamma = \frac{\pi}{2}$				
三　方 (菱面体) trigonal	$a = b = c$ $\alpha = \beta = \gamma \neq \frac{\pi}{2}$				
六　方 hexagonal	$a = b \neq c$ $\alpha = \beta = \frac{\pi}{2}$ $\gamma = \frac{2\pi}{3}$				

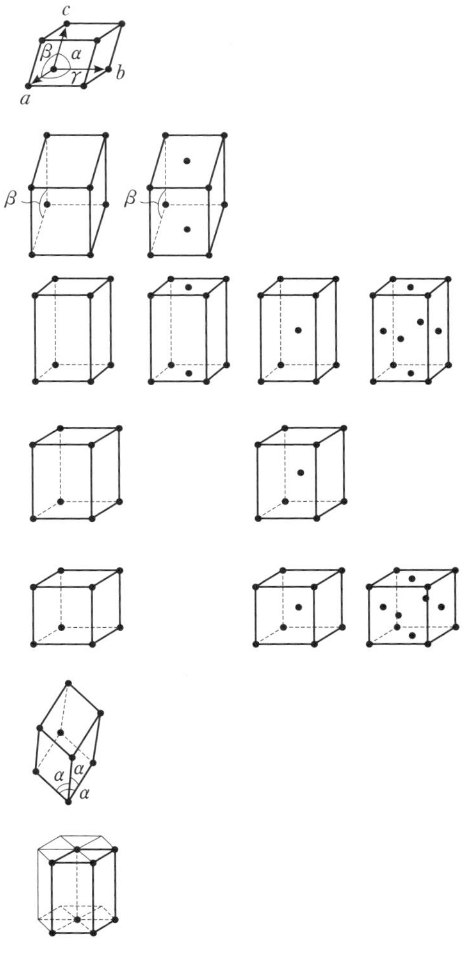

図 4　結晶系とブラベー格子

(3)　ミラー指数と面間隔

図 5 のように，基本並進ベクトル $\boldsymbol{a}$ の $1/h$，$\boldsymbol{b}$ の $1/k$，$\boldsymbol{c}$ の $1/l$ の 3 点を通

る面を格子面 $(h\ k\ l)$ で表し，h, k, l をミラー指数または面指数とよぶ．h, k, l が整数でないときには，分数を含まない整数比とする．図 2 および図 3 の括弧内の数字はミラー指数である．格子面の法線ベクトル $\boldsymbol{K}$ は，格子面との幾何学的関係より，h, k, l をそれぞれ x, y, z 成分とするベクトル $\boldsymbol{K}(h, k, l)$ で表される．

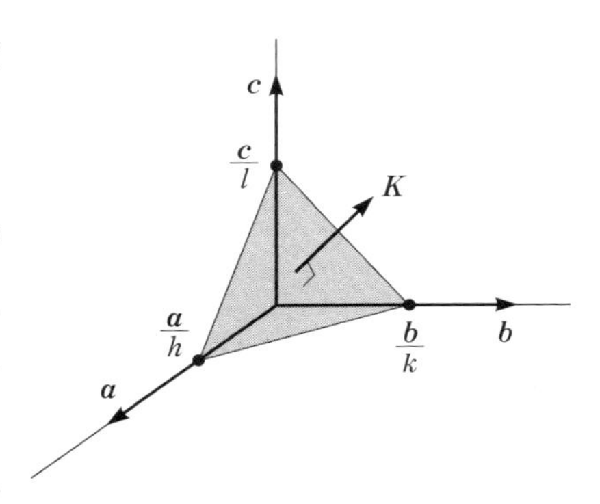

図 5　$(h\ k\ l)$ 面のとり方

立方晶系 $(|\boldsymbol{a}| = |\boldsymbol{b}| = |\boldsymbol{c}|)$ の場合の格子面 $(h\ k\ l)$ の間隔 d は，法線方向の単位ベクトル $\boldsymbol{u} = \boldsymbol{K}/|\boldsymbol{K}| = (h, k, l)/\sqrt{h^2 + k^2 + l^2}$ と $d = \boldsymbol{a}\cdot\boldsymbol{u}/h = \boldsymbol{b}\cdot\boldsymbol{u}/k = \boldsymbol{c}\cdot\boldsymbol{u}/l$ の関係より

$$\frac{1}{d^2} = \frac{h^2 + k^2 + l^2}{a^2} \tag{4}$$

となる．他の結晶系の主要なものについては

正方晶系 $(|\boldsymbol{a}| = |\boldsymbol{b}| \neq |\boldsymbol{c}|)$
$$\frac{1}{d^2} = \frac{h^2 + k^2}{a^2} + \frac{l^2}{c^2} \tag{5}$$

六方晶系 $(|\boldsymbol{a}| = |\boldsymbol{b}| \neq |\boldsymbol{c}|)$
$$\frac{1}{d^2} = \frac{4}{3}\frac{h^2 + hk + k^2}{a^2} + \frac{l^2}{c^2} \tag{6}$$

である．

格子面 $(nh\ nk\ nl)$ は格子面 $(h\ k\ l)$ に平行で，その間隔は d の $1/n$ 倍である．$(h\ k\ l)$ 面からの反射線の光路差が $n\lambda$ であることは，$(nh\ nk\ nl)$ 面からの反射線の光路差が λ であることに相当する．このような反射線を $(nh\ nk\ nl)$ 面からの回折線とよぶ．図 3 において，$(h\ k\ l)$ 面に角度 θ で入射する X 線が $n = 1$ のブラッグの回折条件を満足するときには，光路差 CBD が波長 λ に等しくなる．角度 θ' で入射する X 線の光路差 C′BD′ が 2λ のときには，中間に点線で示す $(2h\ 2k\ 2l)$ 面を考える．このときの光路差

C″B′D″ はλに等しく，これが $(2h\ 2k\ 2l)$ 面からの回折線を与える．

2-3　X線回折法

粉末を用いる方法と単結晶を用いる方法があるが，本実験では粉末法のみ行う．

(1)　粉 末 法

粉末X線回折では，単色X線を数10 μm程度の粉末試料に照射して回折線を観測する．単色X線の波長λに対して，結晶の各格子面についてブラッグの回折条件を満足する角度θが定まる．粉末試料は多くの小さな単結晶粒が無秩序な方位をとっているので，格子面がX線の入射方向とθをなす結晶粒が必ず存在し，それによる回折線が入射X線の方向に対して2θの方向に得られる．この角度を回折角とよぶ．

この実験では図6に示すような粉末X線ディフラクトメーターを使用し，

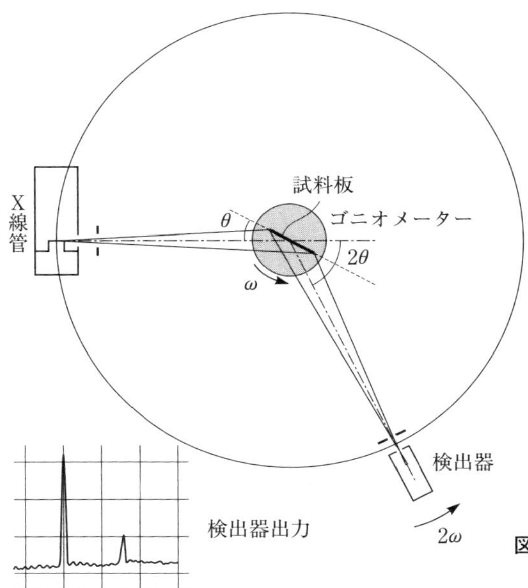

図6　粉末X線回折用ディフラクトメーター

試料と検出器を回転して検出されたX線の角度依存性から回折角を求める．試料板が入射X線に対して角度θ傾いているとき検出器は2θの位置にあり，試料板は毎秒ωで，検出器は毎秒2ωで同じ方向に回転しているので，回折条件が満足されるごとに検出器に回折線が現れる．ミラー指数および結晶構造を推定する1つの方法は，$n=1$のブラッグの回折条件$\sin^2\theta = \lambda^2/4d^2$と（4）～（6）式を使って得られる次の関係式を利用する．

立方晶系　$$\sin^2\theta = \frac{\lambda^2}{4a^2}(h^2+k^2+l^2) \qquad (7)$$

正方晶系　$$\sin^2\theta = \frac{\lambda^2}{4a^2}(h^2+k^2)+\frac{\lambda^2}{4c^2}l^2 \qquad (8)$$

六方晶系　$$\sin^2\theta = \frac{\lambda^2}{3a^2}(h^2+hk+k^2)+\frac{\lambda^2}{4c^2}l^2 \qquad (9)$$

単位胞内の格子点が2個以上の場合，その配列によっては回折線が消滅してしまうことがある．例えば図4に示した体心立方格子の場合（単位胞に格子点が2個存在），格子面（1 0 0）からの反射線の光路差が1波長のときは，体心にある原子より成る面からの反射線との光路差は1/2波長となり，回折線は消滅してしまう．このように回折線の現れ方を利用することにより，単位胞内の原子配列を推定することができる．立方晶系では，$h^2+k^2+l^2$が表1に示す値をとるときのみ回折線が現れる．また，六方晶系の場合を表2に参考に示した．

表1　立方晶系のミラー指数の関係

格　　子	$h^2+k^2+l^2$
単純立方格子（回折線の消滅はなし）	1, 2, 3, 4, 5, 6, 8, 9, 10, 11, 12, 13, 14, 16, …
体心立方格子（$h+k+l$が偶数）	2, 4, 6, 8, 10, 12, 14, …
面心立方格子（h, k, lがすべて0か偶数，またはすべて奇数）	3, 4, 8, 11, 12, 16, …
面心立方格子の特別な場合（ダイヤモンド構造）	3, 8, 11, 16, 19, 24, …

表 2　六方晶系のミラー指数の関係

h	k	h^2+hk+k^2	l	l^2
0	1	1	1	1
1	1	3	2	4
0	2	4	3	9
1	2	7	4	16
2	2	12	5	25
0	3	9	6	36
1	3	13	7	49
2	3	19	8	64
3	3	27	9	81

(2) 単結晶法

単結晶試料と連続 X 線を用いるラウエ法が一般的である．単結晶に，ある方向から連続 X 線を照射すると，面に対して(2)式を満足するような $n\lambda$ が存在し，面の反射方向に図 7 のような回折像（スポット）が現れる．単色 X 線を用いる場合は，入射角や検出管を 3 次元的に走査しなければ回折スポットは現れないが，定量的な結果を得るには単色 X 線による実験が必要となる．

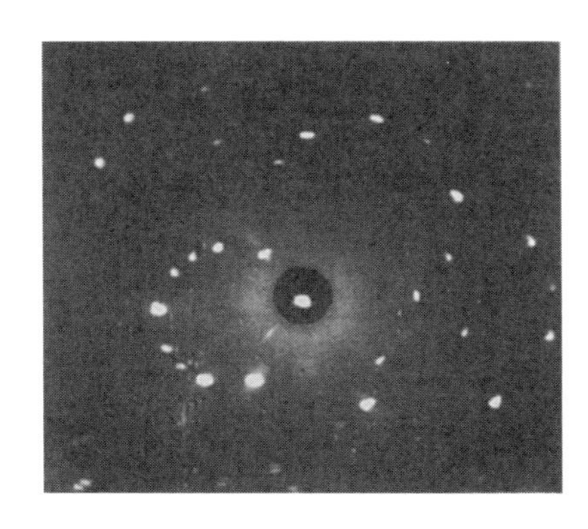

図 7　NaCl（塩化ナトリウム）単結晶の透過ラウエ写真

2-4 コーエンの方法による格子定数の精密化

代表的な晶系におけるブラッグ角θとミラー指数$(h\ k\ l)$の関係は，(7)～(9)式に示されている．これらの式は格子定数が既知であるとき，あるミラー指数に対応する反射角を求めるのに便利である．しかし，実際の実験では，測定で得られたブラッグ角から格子定数を求める必要が出てくる．このとき，結晶構造が全く未知の物質の場合には，得られたブラッグ角に適切なミラー指数を対応させて実験結果を矛盾なく説明することは非常に困難である．評価をしようとしている物質が単相であるかどうかもわからないこともある．しかし，本実験のように結晶構造があらかじめわかっている場合には，実験で得られたブラッグ角にあるミラー指数を対応させることができる．このような場合は，実験で得られたブラッグ角から格子定数を精密に求める方法がある．この方法の1つがコーエン（Cohen）の方法である．

ここでは，六方晶を例にとってコーエンの方法について述べる．いま，(9)式において

$$\frac{\lambda^2}{3a^2} = A \tag{10}$$

$$\frac{\lambda^2}{4c^2} = B \tag{11}$$

$$h^2 + hk + k^2 = x \tag{12}$$

$$l^2 = y \tag{13}$$

$$\sin^2\theta = z \tag{14}$$

とすれば，

$$z = Ax + Cy \tag{15}$$

となる．そこで，実験で得られるブラッグ角から求められる$\sin^2\theta_i$をz_iとし，それに対してあらかじめ予想されるミラー指数から計算されるh^2+hk+k^2, l^2をx_i, y_iとして，最小2乗法を用いればA，Bが求められる．それを用いて格子定数a，cを求めることができる．

しかし，実際の粉末X線回折ディフラクトメーターでは，装置のセッティングの状況により図6の理想的回折円からのずれが生じる場合がある．このずれはブラッグ角に依存しており，粉末X線ディフラクトメーターの場合には$\cos^2\theta\sin\theta$に比例することが知られている．これを考慮すると

$$\sin^2\theta = \frac{\lambda^2}{3a^2}(h^2 + hk + k^2) + \frac{\lambda^2}{4c^2}l^2 + D\cos^2\theta\sin\theta \qquad (16)$$

となる．そこで$\cos^2\theta\sin\theta = w$とすると

$$z = Ax + By + Dw \qquad (17)$$

となり，1つ変数が増えた形になっている．この式に最小2乗法を適用してA，B，Dを計算し，そのうちのA，Bを用いて格子定数a，cを求める．格子定数の計算にはDは使用しない．

§3. 実　験

3-1　実験装置および器具

粉末X線回折ディフラクトメーター，粉末試料（立方晶系：Cu（銅），Ni（ニッケル），Si（ケイ素），六方晶系：Zn（亜鉛）），ガラス試料板

X線発生装置は30～50 kVの高電圧源，陰極ヒーター用電源およびクーリッジ管（図1）より構成されている．対陰極を冷やすために，冷却水を循環させなければならない．粉末X線用ディフラクトメーターは，CuK_α線（波長：$\mathrm{K}_{\alpha 1}$線；0.15405 nm, $\mathrm{K}_{\alpha 2}$線；0.15443 nm）による回折線をガイガー（Geiger）計数管で検出し，その角度変化を自動的に記録する装置である．

3-2　実験方法

（1）　粉末試料をガラス試料板のくぼみに入れ，試料とガラス板の面が一致するように試料を一様に伸ばす．

（2）　粉末X線回折ディフラクトメーターのゴニオメーター部分に，

試料がX線入射側に向くように取り付ける.

（3） 検出器の角度 2θ を $10°$ から $100°$ の間で変化させて，回折強度分布を求める（図8）.

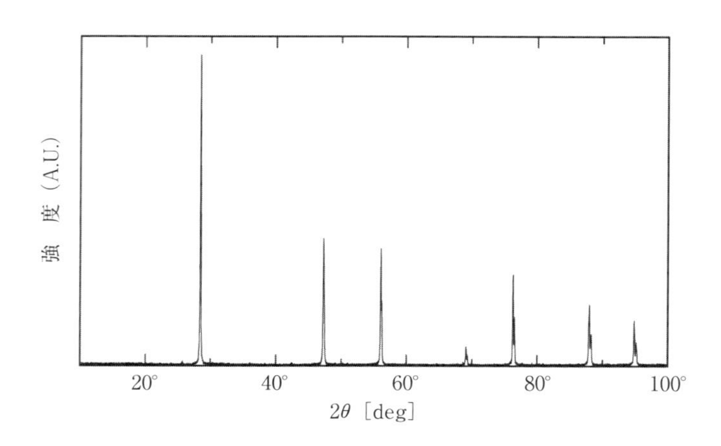

図8 ディフラクトメーターによるSi粉末試料の回折線

§4. 課 題

（1） 数値化された測定結果をコンピュータに読み込み，すべての試料について 2θ と強度の関係のグラフを作成する.

（2） すべての試料について，強度がピークとなる 2θ を読みとり，その値を用いて $\sin^2\theta$ を計算する.

（3） Si, Ni, Cu は立方晶系に属している. 2つの試料に対して上で求められた $\sin^2\theta$ の比から，各ピークに対応するミラー指数を推定する. ピークの $\sin^2\theta$ の比が表1のどれになっているかを探す. もちろん，実験値はこの整数値から微妙にずれている可能性がある. これにより，試料の属する格子とミラー指数（整数）の値がわかる. 推定されたミラー指数を用いて，格子定数のおおまかな値を求める. さらに，コーエンの方法により，各試料の精密な格子定数を求める.

（4） Zn は六方晶系に属している．表 2 の値を参考にして，各ピークに対応するミラー指数を推定する．推定されたミラー指数を用いて，格子定数のおおまかな値を求める．さらに，コーエンの方法により，Zn の精密な格子定数を求める．

§5. 参 考 書

1） B. D. カリティー 著，松村源太郎 訳：「X 線回折要論」（アグネ技術センター）

2） 加藤誠軌：「セラミックス基礎講座　X 線回折分析」（内田老鶴圃）

24. 強磁性体のヒステリシス曲線

(The Hysteresis Curves of Ferromagnetic Materials)

The $B-H$ hysteresis curves of Ni ferrites and iron alloys are measured experimentally. In ferromagnetic materials, magnetic moments are aligned parallel by the interaction between them. The effect of the demagnetization field is studied for various shaped samples.

§1. はじめに

小アジアのマグネシア地方から産出され，Fe（鉄）を引きつける性質をもつ鉱物はmagnetとよばれた．磁性の研究は，ファラデー（Faraday）が反磁性（diamagnetic）を1845年に発見したときから始まった．彼は5年後に物を引きつける現象をparamagneticと命名し，磁性全体を表す言葉としてmagneticを使うことを提案した．このとき化学の分野ではferromagneticという言葉がparamagneticと同じ意味で使われていた．1881年に磁気履歴現象（ヒステリシス）がワーブルク（Warburg）により発見された．1892年にフォークト（Voigt）は，現在知られているferromagnetic（強磁性）とparamagnetic（常磁性）の概念を提出した．

物質は磁気的な性質により常磁性，強磁性，反磁性の3つに大別される．この実験では，強磁性のヒステリシス曲線を環状および棒状試料について測定し，強磁性の特性を理解する．

§2. 原　理

2-1　磁化と磁束密度

磁化 $\boldsymbol{M}$ は単位体積中の磁気モーメントで定義され，その磁気モーメントの起源は，磁性体を構成している原子に属する電子の角運動量（軌道角運動量，自転に相当するスピン角運動量）である．一様な磁場 $\boldsymbol{H}$ 中に置かれた磁性体中の磁束密度 $\boldsymbol{B}$ は，真空の透磁率 μ_0 を用いて

$$\boldsymbol{B} = \mu_0(\boldsymbol{H} + \boldsymbol{M}) \tag{1}$$

で定義される．

磁化 $\boldsymbol{M}$ は一般に $\boldsymbol{H}$ の関数であり，$\boldsymbol{H}$ が小さい場合は

$$\boldsymbol{M} = \chi\boldsymbol{H} \tag{2}$$

とおかれる．ここで χ は物質の磁化率である．また，

$$\boldsymbol{B} = \mu_0(1 + \chi)\boldsymbol{H} = \mu\boldsymbol{H} \tag{3}$$

とおき，μ を透磁率という．

2-2　強磁性体

Fe，Co（コバルト），Ni（ニッケル）などは磁場を加えると非常に大きな磁化をもつ．このような物質を強磁性体という．強磁性体の磁化の強さ M は，図1のように外部磁場の値だけでは決まらず，その物体がそのときまでに経てきた磁気的履歴に依存する．これを磁気履歴現象（ヒステリシス）とよぶ．消磁状態（$H=0$ で $M=0$ の状態）から外部磁場を増加させていくと，M はゆ

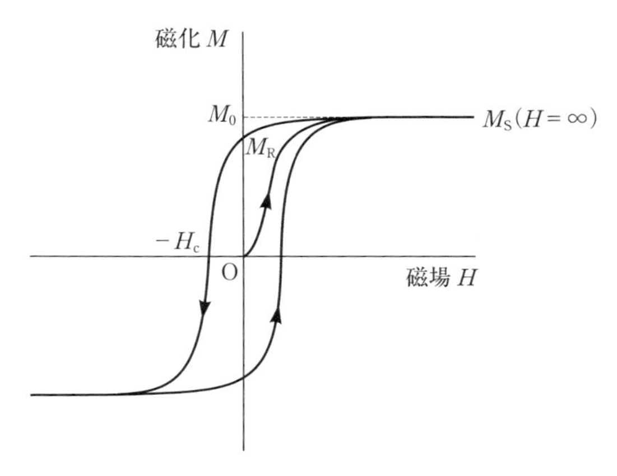

図1　ヒステリシス曲線

っくりと増え始め，次第に傾斜が急になり，再びゆっくりと増えるようになる．その後は外部磁場を増加させても M はほとんど増えない．この値を飽和磁化 M_S とよぶ．高磁場での磁化曲線を磁場 $H=0$ に外挿して得られる磁化を自発磁化 M_0 という．この状態から磁場を減らしていくと，初めの磁化曲線に沿って戻らず，外部磁場がゼロになっても残留磁化 M_R が残る．なお，磁化を逆転するのに必要な負磁場を保磁力 H_c という．

微視的にみると，強磁性体では，磁気モーメントを担うスピン間にはたらく相互作用により，ある温度以下では磁気モーメントは平行にそろい，自発磁化が生じている．図 2(a) に示すように，外部磁場 $H=0$ の状態では強磁性体は磁気モーメントが平行にそろった小さな磁区に分かれているが，磁区によって自発磁化の向きが異なり，互いに磁気モーメントを打ち消し合っているため，全体としては磁化を示さない（消磁状態）．外部磁場が図 2(b) に示す矢印の向きに加えられると，磁区構造が変化し，飽和磁化の状態では試料全体が磁場の方向を向いた 1 つの磁区になる．また，図 1 に示すような磁気履歴現象が生じるのは，H が同じでも磁場の履歴によって磁区構造に差異が生じるためである．

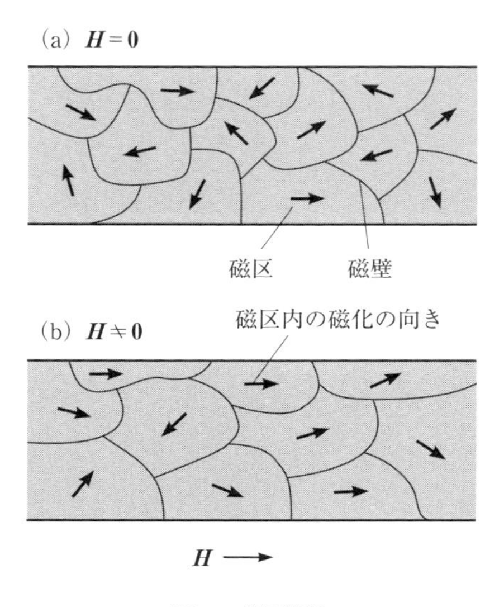

図 2　磁区構造

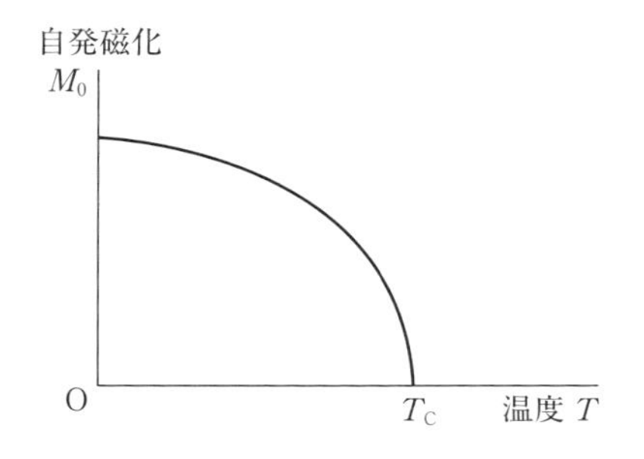

図 3　自発磁化の温度変化

強磁性体の自発磁化は温度を上げ

ると減少し，ある温度以上ではゼロになる（図3）．これをキュリー温度 T_C とよぶ．T_C 以上での磁化は磁場に比例するようになり，常磁性状態となる．

2-3　反磁場

強磁性体の各部の磁化は周囲に磁場を作る．この磁化が磁性体内部のある位置に作る磁場の総和を反磁場という．

磁性体の表面および内部には

$$\rho_m = -\operatorname{div}\boldsymbol{M} \tag{4}$$

で定義される磁極密度が生じる．図4に示すように磁性体内の位置 $\boldsymbol{r}'$ にある微小体積内部の磁極 $\rho_m(\boldsymbol{r}')dv$ は，位置 $\boldsymbol{r}$ に

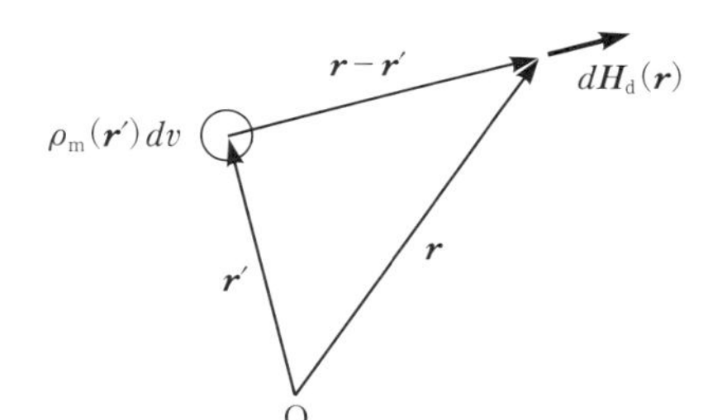

図4　磁極密度が作る磁場

$$d\boldsymbol{H}_d(\boldsymbol{r}) = \frac{1}{4\pi\mu_0}\frac{(\boldsymbol{r}-\boldsymbol{r}')\rho_m(\boldsymbol{r}')dv}{|\boldsymbol{r}-\boldsymbol{r}'|^3} \tag{5}$$

の磁場を作る．そして，磁性体内部について（5）式を積分すると反磁場 $\boldsymbol{H}_d$ が求まり，この積分の結果を

$$\boldsymbol{H}_d = -N_{\alpha\beta}\boldsymbol{M} \tag{6}$$

とおき，$N_{\alpha\beta}$ を反磁場係数とよぶ．図5に示すように，$\boldsymbol{H}_d$ の向きは $\boldsymbol{M}$ と反対方向である．また，磁性体内部の各点での磁場 $\boldsymbol{H}(\boldsymbol{r})$ は，外部磁場 $\boldsymbol{H}_a$ と反磁場 $\boldsymbol{H}_d$ の和となり，次式で表せる．

$$\boldsymbol{H}(\boldsymbol{r}) = \boldsymbol{H}_a + \boldsymbol{H}_d \tag{7}$$

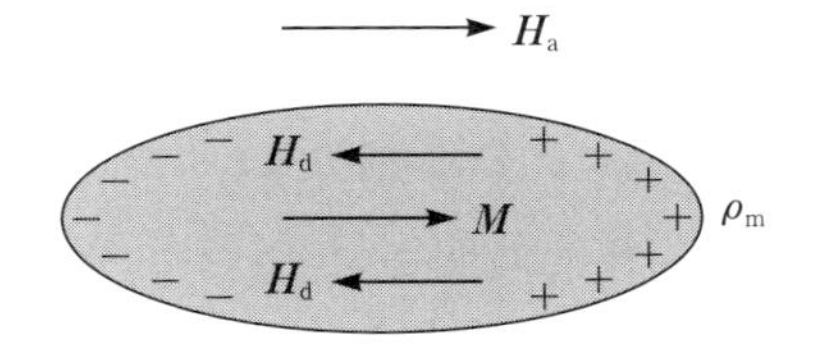

図5　表面磁極と反磁場

反磁場係数 $N_{\alpha\beta}$ は磁性体の形状と磁化の方向に依存するテンソル，$\boldsymbol{H}_{\mathrm{d}}$ が一様となるいくつかの形状についてはその値が求められている．例えば，回転楕円体の場合は，3つの主軸方向の反磁場係数を N_x, N_y, N_z とすると，それらの間には

$$N_x + N_y + N_z = 1 \tag{8}$$

の関係がある．球形の場合は

$$N_x = N_y = N_z = \frac{1}{3} \tag{9}$$

で与えられる．細長い棒状の磁性体が軸方向に磁化しているときの反磁場は非常に小さい．すなわち，長さ方向を x 軸とした場合，x 方向に磁化しているときは $N_x \simeq 0$ である．

2-4　軟磁性体と硬磁性体

磁性体の磁化を M_1 から M_2 まで変化させるのに要する仕事 W は

$$W = \int_{M_1}^{M_2} \mu_0 H \, dM \tag{10}$$

で与えられる．図1のヒステリシス曲線に沿った (10) 式の1周積分の値は曲線に囲まれた面積となる．この仕事が熱として放出される．これをヒステリシス損失という．

強磁性体には非常に磁化しやすい軟磁性材料（H_{c} が小さい）と，磁化しにくいが磁化した後は磁化の反転が困難な硬磁性材料（H_{c} が大きい）がある．

2-5　磁化の測定法

磁化は次の諸量の観測から求められる．

(1)　空間的に勾配のある磁場中で磁性体が受ける力

(2)　磁化を変化させたときにコイルに生じる誘導起電力

(3)　超伝導の量子干渉効果により量子磁束数の変化によって生じる超伝導電流

ここでは (2) の方法について説明する.

断面積 $S\,(=\pi r^2)$, 巻数 n のコイルの中に置かれた断面積 $S'\,(=\pi r_{\mathrm{s}}^2)$ の磁性体が, 軸方向の外部磁場 H_{a} により強さ M に磁化されている場合を考える. コイルを貫く磁束 ϕ は

$$\begin{aligned}\phi &= n\int_S \boldsymbol{B}\cdot d\boldsymbol{S}\\ &= n\left(\mu_0 MS' + \mu_0 H_{\mathrm{d}}S' + 2\pi\mu_0\int_{r_{\mathrm{s}}}^{r} H_{\mathrm{p}} r'\,dr' + \mu_0 H_{\mathrm{a}}S\right) \qquad (11)\end{aligned}$$

である. ここで H_{p} は磁極が磁性体の外に作る磁場である. H_{a}, M により ϕ が変化すると, コイルの両端には

$$V = -\frac{d\phi}{dt} \qquad (12)$$

の電圧が誘導される. コイルに流れる電流を I, 回路の抵抗を R, インダクタンスを L とすると

$$-\frac{d\phi}{dt} = RI + L\frac{dI}{dt} \qquad (13)$$

である. コイルの両端を磁束計に接続すると, 電圧は時間積分される. 磁場変化の前後ではコイルを流れる電流はゼロとなるから, 外部磁場を変化させるのに要した時間を t_0 とすると

$$\begin{aligned}-\{\phi(t_0)-\phi(0)\} &= -\Delta\phi\\ &= R\int_0^{t_0} I\,dt + L\int_{I(0)}^{I(t_0)} dI\\ &= R\int_0^{t_0} I\,dt \qquad (14)\end{aligned}$$

となり, $-n\Delta\phi$ が磁束計に表示される.

(a)　環状試料では端部がなく, 磁極が現れず反磁場が無視できるので (11) 式の磁束 ϕ は

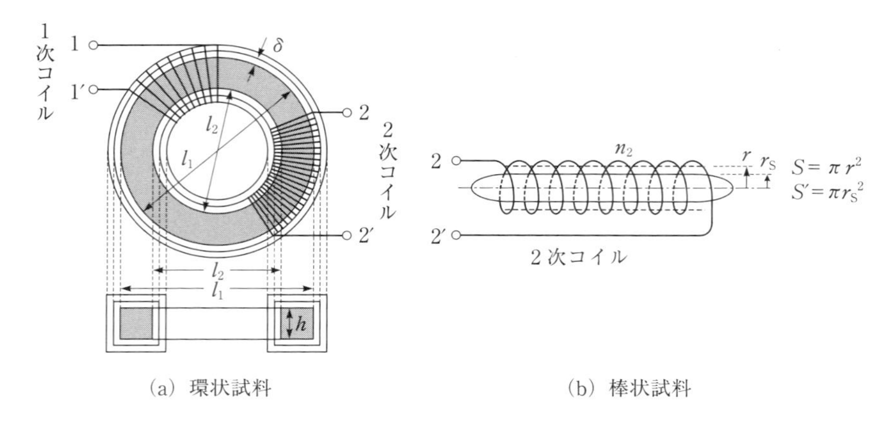

(a) 環状試料　　　(b) 棒状試料

図6　試料とコイルの形状

$$\phi = n\mu_0(MS' + H_a S) \tag{15}$$

となる．図6(a)，(b)の模式図のように試料に沿って一様に，1次コイル（巻数 n_1）と2次コイル（巻数 n_2）を巻き，1次コイルに電流 I を流して H_a を作り，2次コイルで ϕ の変化を検出する．H_a および1次コイルの S と試料の S' は，2次コイルと試料の間隔を δ とすると以下のように与えられる．

$$H_a \simeq \frac{2n_1 I}{\pi(l_1 + l_2)} \tag{16}$$

$$S = \frac{\{(l_1 + 2\delta) - (l_2 - 2\delta)\}(h + 2\delta)}{2} \tag{17}$$

$$S' = \frac{(l_1 - l_2)h}{2} \tag{18}$$

（b）　棒状試料の場合は，両端の磁極は十分遠方にあるため，中心軸付近にできる反磁場は一様となるから $H_d \simeq H_p$ であり，

$$\begin{aligned}\phi &= n_2\mu_0(MS' + H_d S + H_a S)\\ &= n_2\mu_0\{M(S' - NS) + H_a S\}\end{aligned} \tag{19}$$

となる（図6(b)）．ただし，N は反磁場係数である．

§3. 実　験

3-1　実験装置および器具

試料（Ni フェライト：環状，鉄合金：棒状），ソレノイド，磁束計，直流電源，スライダック，直流電流計，交流電流計，X-Y レコーダー，スイッチ，摺(しゅう)動抵抗器，標準抵抗器，ガウスメータ

交流電源（スライダック）は消磁用に，直流電源は測定用に用いる．環状試料の実験では，図 7 の端子 1-1′ に試料の 1 次コイルをつなぎ，電流を流して外部磁場 H_a を発生させる．測定信号は端子 2-2′ につないだ 2 次コイルで検出され，磁束計で積分された後，X-Y レコーダーの Y 軸に入る．摺動抵抗 R_1 は，試料の 1 次コイルの電流 I をゼロから滑らかに変化させるために用いる．R_2 は，過大電流から回路各部を保護するための抵抗である．1 次コイルに流れる直流電流は標準抵抗 R_3 で検出され，X-Y レコーダーの X 軸に入る．スイッチ S_3 は直流電流の逆転に用いる．1 次コイルを流れる電流 I を変化させて，X-Y レコーダー上にヒステリシス曲線を描く．

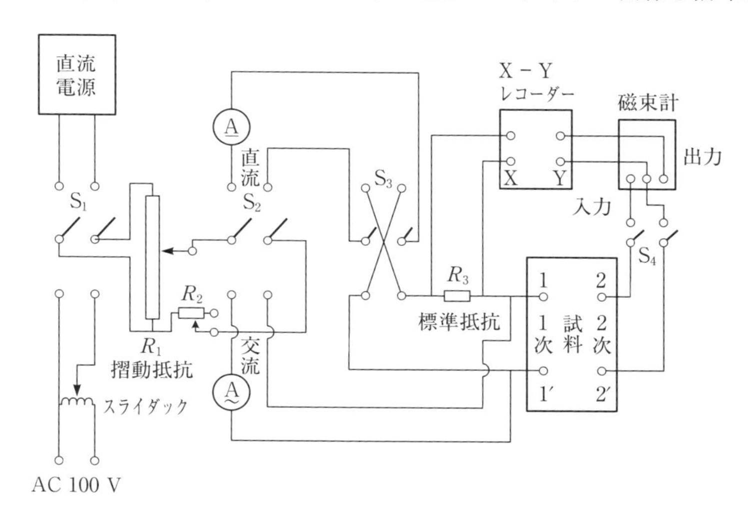

図 7　磁化曲線測定回路

棒状試料の実験では，ソレノイドの中心部に試料をセットし，端子 1 - 1′ にソレノイドをつなぎ，電流 I を流して H_a を発生させる．サーチコイルを端子 2 - 2′ につないで信号を検出する．

3 - 2　実験方法

環状試料および棒状試料の寸法，1次コイルと2次コイルの巻数や寸法を記録した後，次の手順に従ってヒステリシス曲線を求める．

（1）　消　磁

強磁性体に一度磁場を印加すると，図1のように，磁場をゼロにしても磁化はゼロにはならない．そこで，磁場ゼロで磁化がゼロの状態から磁化を測定するために，まず，残留磁化をゼロにするための消磁を行う．

（i）　試料を端子 1 - 1′，2 - 2′ に接続したのちスライダック電圧をゼロ，摺動抵抗 R_1 の摺動部を抵抗が最大となる位置（上部）に移動し，スイッチ S_3, S_4 が開いていることを確認してからスイッチ S_1, S_2 を交流側に入れる．

（ii）　スライダックで交流電圧を調整して1次コイルに電流を約 2 A 流す．

（iii）　直ちに R_1 の摺動部を下端まで動かして電流をゼロにし，スライダック電圧をゼロまで戻す．

（2）　ヒステリシス曲線

（i）　スイッチ S_1, S_2 を直流側に入れ，スイッチ S_3, S_4 を入れ，R_1 を最大にする．直流電源の電流をゼロから徐々に増加させ，磁化が飽和に達する電流を求める．このときの電源電圧を V_S，電流を I_S とする．

（ii）　スイッチ S_1, S_2 を交流側に入れて，再び消磁を行う．その後，スイッチ S_1, S_2 を直流側に入れる．R_1 の摺動部を下端にし，直流電源の電流を（i）で求めた I_S にする．

（iii）　X－Yレコーダーの記録位置および感度を調整して，磁束計からの出力 ϕ がレコーダー用紙の中央に描けるようにする．

（iv）　このときのX－Yレコーダーや磁束計の感度，標準抵抗 R_3 の値を記録する．

（v）　スイッチ S_3, S_4 を入れる．

（vi）　磁化が飽和するまで R_1 の摺動部を上方に動かす．磁化が飽和した後，R_1 の摺動部を下方に動かして電流 I をゼロまで減少させる．直ちにスイッチ S_3 を逆転し，摺動抵抗を操作して電流を I_S まで増加させた後，再びゼロまで減少させる．

（vii）　スイッチ S_3 を逆転し，電流を I_S まで増加させる．

§4. 課　題

（1）　実験で得られたヒステリシス曲線は $B-H_a$ 曲線である．この測定結果から $M-H$ 曲線を求めよ．このグラフの縦軸，横軸の単位は A/m に変換すること．なお，磁束計から得られる値は，ガウスメータを用いて校正すること．

（i）　環状試料の実験結果については(15)式を用いよ．ただし，$H = H_a$ である．

（ii）　棒状試料の実験結果については，

(a)　(19) 式の反磁場を無視して磁化 M と H_a の関係を図示せよ．

(b)　(19) 式中の反磁場 $H_d = -NM$（N は実験に使用した試料の指定値を用いること）を計算し，横軸を $H = H_a + H_d$ とした $M-H$ 曲線を求めよ．なお，(a)と(b)で求めた $M-H$ 曲線を1枚のグラフにまとめること．

図8は $M-H_a$ と $M-H$ のグラフで，生データである $M-H_a$ 曲線の各点が補正により低磁場側に移されていることがわかる．なお，磁化曲線が

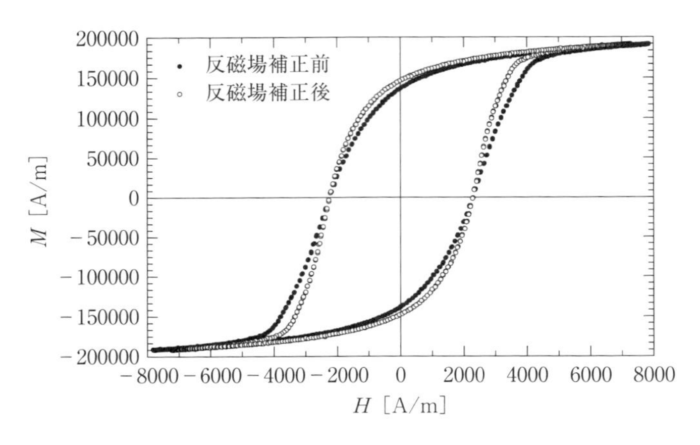

図 8　$M - H_a$ と $M - H$ のグラフ

x 軸（磁場）を横切る点，すなわち，$M = 0$ では補正項がゼロになるため，両磁化曲線は必ず一致する．

（2）実験で得られたヒステリシス曲線の磁化過程と磁区構造の関係を検討せよ．

§5.　参 考 書

1）近角聰信：「物理学選書　強磁性体の物理（上），（下）」（裳華房）

2）C. キッテル 著, 宇野良清, 他 訳：「固体物理学入門（下）」（丸善出版）

3）太田恵造：「磁気工学の基礎 I，II」（共立出版）

25. 電気抵抗とキュリー温度

(The Resistance and Curie Temperature of a Metal)

The temperature dependences of the resistance ($R-T$ curve) of Ni and Pd wires are measured in a temperature range between room temperature and about 500 ℃. Ni is ferromagnetic with a Curie temperature of 358 ℃. At the Curie temperature, the R-T curve has a discontinuous change of slope, as below the Curie temperature, the magnetic ordering of the lattice sites decreases the scattering of conduction electrons.

§1. はじめに

磁石を加熱すると物を引き付ける性質が失われることは古くから知られていた．ファラデー（Faraday）も19世紀の中ごろにそのような磁石の性質について言及しているが，その現象を最初に定量的に研究したのはピエール・キュリー（Piere Curie）であった．彼は1895年に強磁性，常磁性，そして反磁性の温度依存性を調べ，強磁性が常磁性に移行する温度，すなわちキュリー温度を定量的に測定した．ワイス（Weiss）は1906年に分子場の考えを出し，その翌年には強磁性の自発磁化の原因を説明したが，分子場そのものの存在が問題になった．ハイゼンベルク（Heisenberg）は，その問題に量子力学的観点から取り組み，1928年に交換相互作用の理論を発表した．

この実験では，常磁性金属であるPd（パラジウム）および強磁性金属であるNi（ニッケル）の電気抵抗の温度依存性を調べる．後者についてはキュリー温度も求める．そして，Ni の磁気的な秩序が電気抵抗におよぼす影響を定性的に理解する．

§2. 原　理

2-1　常磁性金属の電気抵抗

金属の両端に電極を付けて電圧を加えると，その電圧に比例した電流が電極間に流れる．これをオーム（Ohm）の法則という．このオームの法則を初めて電子論的に解釈したのがドルーデ（Drude）であった．彼によると，金属の電気抵抗率 ρ は

$$\rho = \frac{m}{ne^2\tau} \tag{1}$$

で与えられる．ここで m は電子の質量，n は伝導電子密度，e は電子の電荷である．τ は緩和時間であり，伝導電子が金属中の原子との衝突による散乱を繰り返しながら移動する際に，1 回散乱されてから次の散乱が起こるまでの平均時間である．その逆数 $1/\tau$ は単位時間当りの平均の散乱回数を表す．

一方，実験によると，金属の電気抵抗率 ρ は十分高温で

$$\rho = \rho_0 + \alpha T \tag{2}$$

の式で表されるような振舞いをする．ここで ρ_0 は温度によらない定数，T は絶対温度，α は比例定数である．このように電気抵抗率は定数部分と温度に比例する部分の 2 項に分離される．これをマチーセン（Matthiessen）の法則という．金属の n は温度にほとんど依存しないので，（2）式で与えられる変化は（1）式においてすべて，緩和時間に帰すことができる．そこで

$$\frac{1}{\tau} = \frac{1}{\tau_0} + \frac{1}{\tau_T} \tag{3}$$

となり，$1/\tau_0$ は温度に依存しない散乱回数，$1/\tau_T$ は温度に比例する項を表すことになる．このような散乱は伝導電子の受けるポテンシャルの完全な周期性からのずれにより生じる．τ_0 は主に金属中の不純物や格子欠陥などに

より，τ_T は格子振動によることが知られている．

2-2　遷移金属の強磁性と電気抵抗

Fe（鉄），Co（コバルト），Ni のような遷移金属の強磁性の原因は，現在でもまだ完全には明らかにされていない．しかし，ここでは，古典的ではあるが定性的に理解しやすい s-d 交換相互作用とよばれるものを用いて，遷移金属の強磁性と，それにともなう電気抵抗の温度変化について考えてみる．

それぞれの遷移金属イオンに局在する d 電子と結晶中を自由に動き回ることのできる s 電子が存在するとする．また，結晶中で，ある方向のスピンをもつ s 電子の数と逆方向のスピンをもつ s 電子の数は同数である．まず，s-d 交換相互作用により，s 電子は d 電子のスピンを自分と同じ方向にそろえようとする．この s 電子が結晶中を動き回ると，局在した d 電子のスピンはすべて1つの方向にそろうようになる（図1）．その結果として，結晶中のすべての s 電子も同じ方向にそろうようになる．このため，ある方向のスピンをもつ s 電子の数と，逆方向のスピンをもつ s 電子の数のバランスがくずれてくる．しかし，s 電子のスピンが互いに平行になるためには，逆向きのスピンをもった s 電子はより高いエネルギーをもった状態に移らなければならない．この運動エネルギーの増加と s-d 交換相互作用によるエネルギーの減少がつり合った状態では s 電子はわずかに偏極し，そのスピンと d 電子のスピンが交換相互作用により平行になろうとして，d 電子は一方向にそろう．これにより自発磁化が出現し，強磁性状態が実現する．

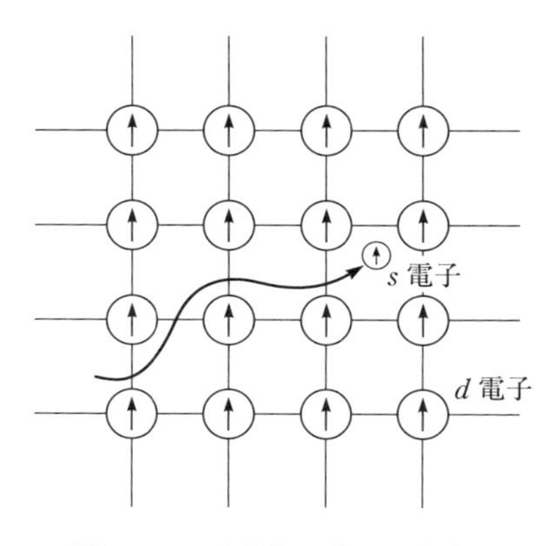

図1　s-d 交換相互作用の模式図

絶対零度では，各金属イオンに局在した d 電子のスピンの方向が完全にそろっている．s-d 交換相互作用による s 電子に対するポテンシャルは完全に結晶格子と同じ周期性をもつために，磁気的な散乱にともなう電気抵抗は生じない．しかし，有限の温度では d 電子のスピンの方向が乱れてくるため，s-d 交換相互作用によるポテンシャルは完全な周期ポテンシャルからずれてくる．これにより，電気抵抗が生じる．磁気的な電気抵抗は図2のaのように絶対零度ではゼロであるが温度の上昇とともに増加し，キュリー温度以上の常磁性領域では d 電子のスピンは完全に無秩序になり，一定になる．このように，電気抵抗は金属の自発磁化（第24章を参照）と密接に関係している．

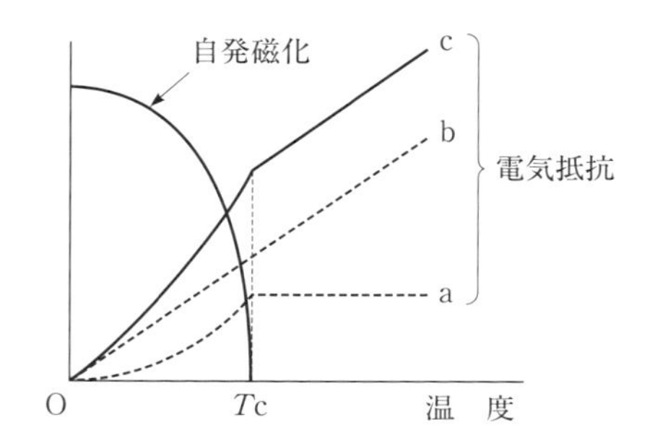

図2　遷移金属の電気抵抗と自発磁化

実際の電気抵抗には，これに通常の（2）式で与えられるような格子振動などによる電気抵抗が加わる．格子振動による電気抵抗はbのように絶対温度に比例する．したがって，実際に測定される電気抵抗の温度変化はcのようになる．

§3. 実　験

3-1　実験装置および器具

電気炉，クロメル-アルメル熱電対，温度調節器，直流定電流電源，直流電圧計，Ni および Pd 試料，切り換えスイッチ

この装置は2つの部分に分けられる．1つは試料の温度を変化させる電気炉であり，他方は試料の電気抵抗を測定する部分である．温度調節器付きの電気炉で試料の温度を制御し，また，試料に一定電流を流して試料内での電

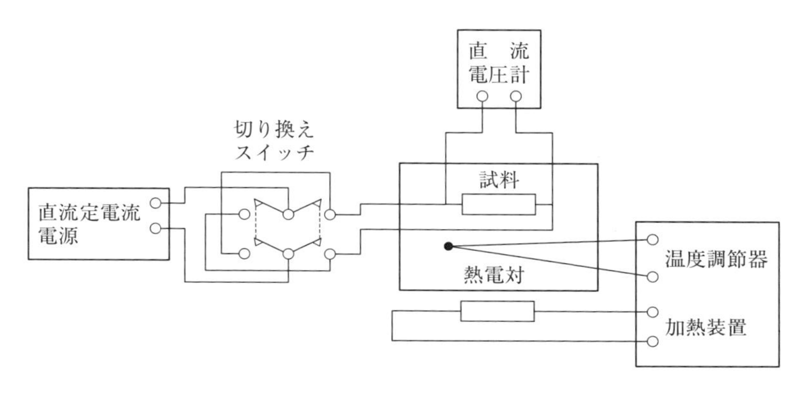

図 3　電気抵抗測定装置

圧降下を測定する．

3-2　実験方法

（1）　試料の温度 T が正確に測定できるように熱電対を設置する．温度調節器により，電気炉に流す電流を制御し，電気炉内の温度が 500 ℃になるようにする．

（2）　電気炉内の温度が目標温度に到達したら，試料に電流 I を流し（～ 200 mA），その両端の電圧 V_1 を測定する．同じ温度で，切り換えスイッチにより逆方向に電流を流し，試料両端の電圧値 V_2 を測定する．

（3）　電気炉内の温度を 500 ℃から 200 ℃まで，5 ℃おきに変化させ，（2）の測定を繰り返す．この測定の間，降温速度を約 5 ℃/分に維持するために，必要に応じて，温度調節器の温度設定を行う．

§4.　課　題

（1）　Ni および Pd 試料の温度 T を変化させたときの，$V = (V_1 - V_2)/2$ および $R = V/I$ を求め，T との関係を表にせよ．

（2）　Ni の電気抵抗の温度変化を図にせよ．測定例を図 4 に示す．

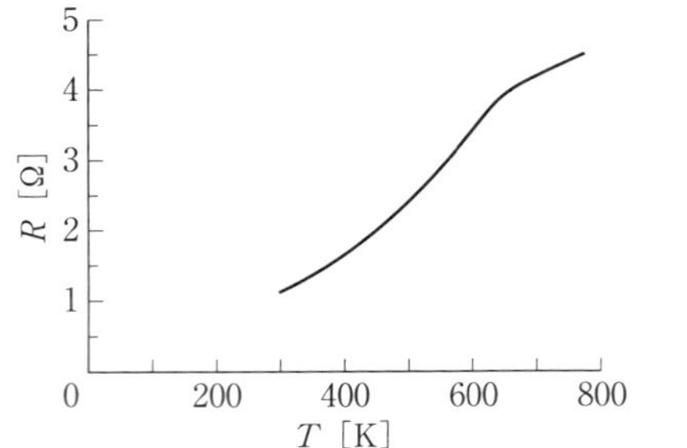

図 4　Ni の電気抵抗の絶対温度依存性

（3）（2）の結果より，Ni のキュリー温度 $T_{\mathrm{C}}(\mathrm{Ni})$ を求めよ．

（4）温度 $T_{\mathrm{C}}(\mathrm{Ni})$ での Ni および Pd の電気抵抗 $R_{\mathrm{S}}(\mathrm{Ni})$，$R_{\mathrm{S}}(\mathrm{Pd})$ を求め，R/R_{S} の温度依存性を図示せよ．

§5. 参 考 書

1）近角聰信：「物理学選書　強磁性体の物理（上），（下）」（裳華房）
2）J. クラングル 著，白鳥紀一，溝口 正 訳：「固体物性シリーズ　固体の磁気的性質」（丸善出版）
3）安達健五 監修：「金属の電子論 2」（アグネ技術センター）
4）金森順次郎：「新物理学シリーズ　磁性」（培風館）
5）阿部龍蔵：「新物理学シリーズ　電気伝導」（培風館）

26. 超　伝　導
(Superconductivity)

The temperature coefficient of the resistance of a niobium-tin wire is measured around the superconducting transition temperature (23 K). From measurements of the current dependence of the transition temperature (the T_c-I curve), a precise zero current superconductor transition temperature is obtained by extrapolation.

§1. はじめに

超伝導では，ある温度 T_c（超伝導転移温度）以下で，電気抵抗が突然ゼロになる現象がある．この超伝導は金属，金属間化合物，半導体，酸化物，有機物等あらゆる物質で発見されている．その応用は，超伝導加速器，超伝導発電機，磁気浮上列車，MRI 等あらゆる方面で盛んに研究されており，一部はすでに実用化されている．

1908 年に He（ヘリウム）の液化に成功したカマリン・オネス（Kamelingh Onnes）は，金属の電気抵抗を極低温まで測定し，1911 年に Hg（水銀）の電気抵抗が 4.2 K で突然ゼロになる現象を発見し，これを超伝導と名づけた．1933 年にマイスナー（Meissner）とオクセンフェルト（Ochsenfeld）は，弱い磁場中で Pb（鉛）を超伝導に転移させると，その内部の磁束が常に排除されるマイスナー効果を発見した．1935 年にロンドン（London）兄弟はロンドン方程式を導出し，上記の実験事実を説明した．1950 年にフレーリッヒ（Fröhlich）は電子とフォノンの相互作用による電子間引力の重要性を指摘した．マクスウェル（Maxwell）らは実験で同位体効果を発見し，フレーリッヒの指摘の正しさを示唆した．同年に，ギンツブルグ（Ginzburg）とランダウ（Landau）は2次の相転移に基づく超伝導の現象論（GL理論）を発表し，GLパラメータκを導出した．1957年にバーディーン（Bardeen），クーパー（Cooper），シュリーファー（Schrieffer）らはフォノンを媒介にした2個の電子の対（クーパー対）に基づく超伝導の微視的理論（BCS理論）を発表し，エネルギー・ギャップΔ，臨界温度T_c等を導出した．1962年にジョセフソン（Josephson）は量子トンネル効果を予測し，今日の超伝導デバイスの基礎を構築した．

1986年にベドノルツ（Bednorz）とミュラー（Müller）が$T_c \sim 30$ Kの$(La_{1-x}Ba_x)_2CuO_{4-\delta}$を発見したのを契機に，多くの銅酸化物高温超伝導体が発見された．また，2008年に細野らが$T_c = 26$ Kの$LaO_{1-x}F_xFeAs$を発見すると，同様に鉄系超伝導体とよばれる物質が次々に見出された．これらの超伝導体でもクーパー対が形成されているが，その形成機構の理解にはBCS理論に代わる新たな理論が必要であると考えられている．

本実験では，実用上重要な金属間化合物Nb_3Snと銅酸化物高温超伝導体$Bi_2Sr_2Ca_2Cu_3O_y$の電気抵抗の温度依存性を測定し，超伝導の一端を学ぶ．

§2. 原 理

金属の結晶格子を作っている正イオンは平衡位置で振動し，互いに原子間力を及ぼし合っている．一方，電子は正イオンおよび他の電子と静電的な相互作用をしている．金属中の電子がすばやく運動した跡に正イオンが引き寄せられると，周りより正電荷密度の大きい格子歪（フォノン）が生じる．次の電子は，この領域に引き寄せられるので，フォノンを媒介として2個の電子間（クーパー対）には引力がはたらいている．正イオンは電子より動きが遅いので，正の電荷密度が最大になるまでに，初めの電子は遠く離れ，2個の電子間のクーロン斥力は小さくなる．フォノンを媒介とした電子間引力がこのクーロン斥力よりも大きい金属が超伝導になる．

2-1　クーパー対

電子がフェルミ(Fermi)球(フェルミ波数 $\boldsymbol{k}_{\rm F}$，フェルミ・エネルギー $\varepsilon_{\rm F}$)内の状態を完全に占有しているとき，$\varepsilon_{\rm F}$ とこれよりデバイ（Debye）エネルギー $\hbar\omega_{\rm D}$（～meV）程度大きなエネルギーで挟まれた領域（$\varepsilon_{\rm F} \sim \varepsilon_{\rm F} + \hbar\omega_{\rm D}$）に２個の電子を付加しても，フェルミ球内の電子状態は変化しないと仮定する．運動量（$-\hbar\boldsymbol{k}\downarrow$）の電子が運動量 $\hbar\boldsymbol{q}$ のフォノンを放出し，もう一方の電子（$\hbar\boldsymbol{k}\uparrow$）がそのフォノンを吸収する相互作用を考えると，相互作用後の電子の運動量はそれぞれ（$-\hbar\boldsymbol{k}-\hbar\boldsymbol{q}\downarrow$），（$\hbar\boldsymbol{k}+\hbar\boldsymbol{q}\uparrow$）になり，相互作用の前後で，２つの電子の全運動量は共にゼロで等しい（図１）．この過程がフェルミ面の極く近くで起こり，かつ２つの電子のエネルギー差が $\hbar\omega_{\rm D}$ より小さい場合には，２電子間に引力がはたらき，２つの電子は常伝導の基底状態よりも低いエネルギーの束縛状態を形成する．これをクーパー対という．

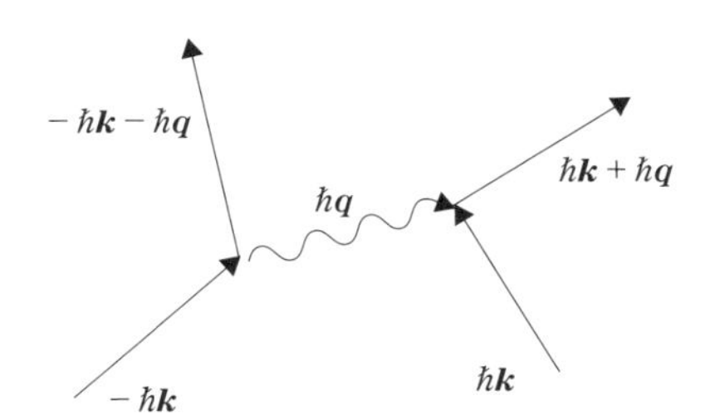

図１　フォノンを媒介とした電子間相互作用

2-2　BCS 理論

$T=0\,\rm K$ の常伝導金属の基底状態では，電子は $\varepsilon_{\rm F}$ まで占有されている（図２）．一方，クーパー対の考えを多電子系に用いた BCS 理論では，$\varepsilon_{\rm F}$ 直下の電子はクーパー対を形成し，常伝導の基底状態より低いエネルギーをもち，

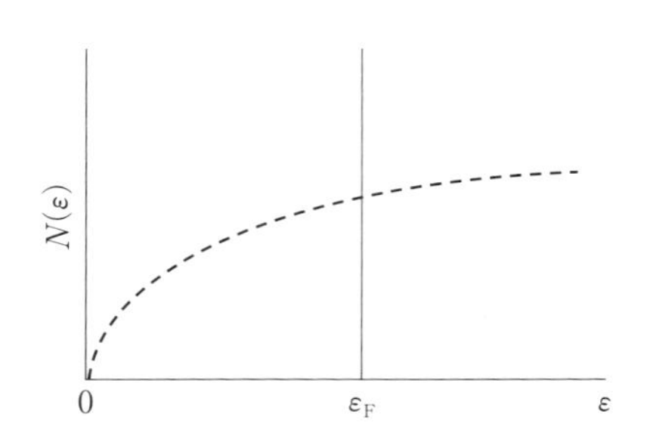

図 2 常伝導状態の状態密度（破線）とエネルギー

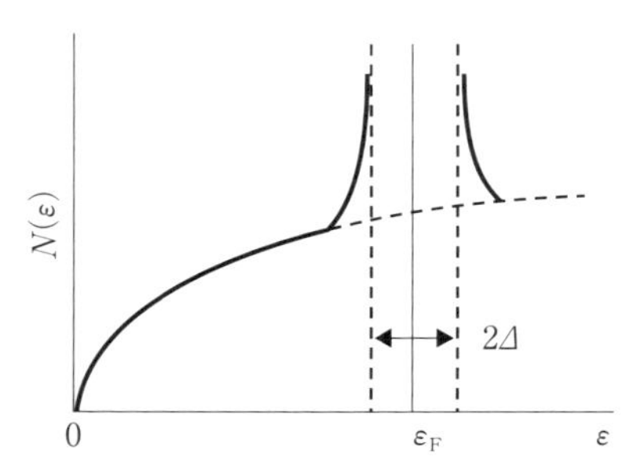

図 3 超伝導状態の状態密度（実線）とエネルギー

ε_F の上下にエネルギー・ギャップ Δ（図 3）ができる．ここで，$\Delta \ll \hbar\omega_D$ のときは

$$\Delta = 2\hbar\omega_D \exp\left\{-\frac{1}{N(0)V}\right\} \qquad (1)$$

と表される．ここで，$N(0)$ はフェルミ面での（1 スピン方向に対する）常伝導電子の状態密度，V は電子-フォノン間の引力ポテンシャルである．

$T = 0\,\mathrm{K}$ での超伝導と常伝導の基底状態のエネルギー差 $W_s - W_n = \Delta W(0)$ はクーパー対の凝縮エネルギーを与える．

$$\Delta W(0) = -\frac{1}{2}N(0)\Delta_0^2 = -\frac{{B_{c_0}}^2}{2\mu_0} \qquad (2)$$

ここで，B_{c_0} は絶対零度の熱力学的臨界磁場，μ_0 は真空の透磁率である．これより，超伝導は常伝導よりも常にエネルギーが低いことがわかる．

超伝導の本質的な特徴は，すべてのクーパー対が同じ運動量と同じ位相をもち，凝縮していることである．クーパー対の空間的な広がりを表す長さをコヒーレンス長 ξ という．

クーパー対の平均の半径は $\xi \sim 10^{-6}\,\mathrm{m}$，一方，常伝導の電子間の平均距離 r_N は $\sim 10^{-10}\,\mathrm{m}$ であるため，$\xi/r_N \sim 10^4$ と非常に大きいので，クーパー対が空間的に複雑に絡み合っていることが超伝導の安定性にとって本質的なことである．

2-3　臨界温度 T_c

温度が上昇すると共に熱エネルギーによってクーパー対が壊され，Δ は減少し（図4），$\Delta = 0$ では全電子が常伝導電子になり，金属は超伝導から常伝導へと転移する．この温度が T_c であり，BCS 理論によると

$$T_c = 1.13\Theta_D \exp\left\{-\frac{1}{N(0)V}\right\} \quad (3)$$

と与えられる．ここで，Θ_D はデバイ温度である．また，$T = 0$ K のエネルギー・ギャップ Δ_0 と T_c には以下の関係がある．

$$2\Delta_0 = 3.53k_B T_c \quad (4)$$

ただし，k_B はボルツマン定数である．2018 年現在，T_c は数 mK〜200 K 程度である．

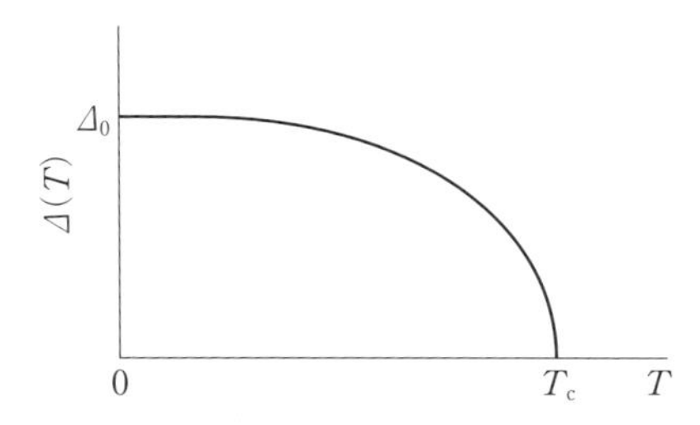

図 4　エネルギー・ギャップの温度依存性

2-4　第Ⅰ種超伝導体と第Ⅱ種超伝導体

第Ⅰ種と第Ⅱ種超伝導体の磁化曲線を図5に示す．第Ⅰ種超伝導体は，外部磁場 H_{ex} がゼロから熱力学的臨界磁場 H_c まで（$0 \leqq H_{ex} < H_c$）は，H_{ex} を超伝導体内部に侵入させず，完全反磁性を示す．$H_{ex} \geqq H_c$ になると，H_{ex} が超伝導体に侵入し常伝導状態へ転移する．H_c はおおよそ 6〜200 mT であり，この種の物質には Hg，Sn（スズ）や Pb などがある．

第Ⅱ種超伝導体は $0 \leqq H_{ex} < H_{c_1}$ では完全反磁性を示し，H_{ex} の増加と共

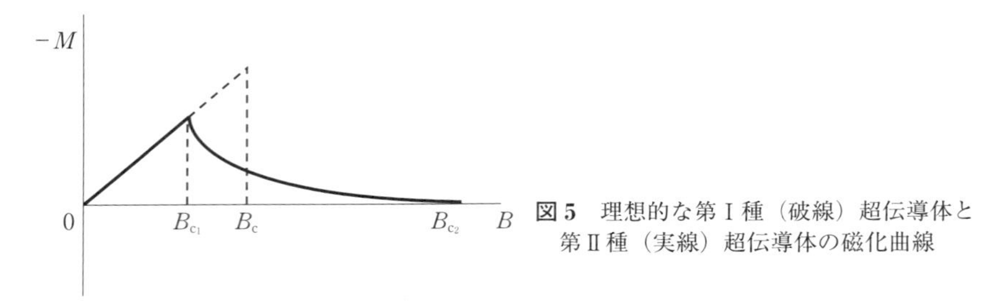

図 5　理想的な第Ⅰ種（破線）超伝導体と第Ⅱ種（実線）超伝導体の磁化曲線

に磁化の大きさは増加する．$H_{ex}=H_{c_1}$ になると，H_{ex} が磁束量子線（渦糸）の形で超伝導体内部に侵入し，上部臨界磁場 H_{c_2} まで，H_{ex} の増加と共に磁化の大きさが小さくなる．この状態を混合状態とよぶ．$H_{ex}\geqq H_{c_2}$ では，超伝導体は常伝導状態へ転移する．この種の物質には単体の Nb（ニオブ），金属間化合物 Nb_3Sn や銅酸化物高温超伝導体 $YBa_2Cu_3O_{7-\delta}$ などがある．

2-5　磁束量子線（渦糸）の運動とピン止め

第Ⅱ種超伝導体に H_{c_1} 以上の磁場を印加すると，磁場は量子化されて超伝導体内部に侵入する．この磁束量子線の最小単位を磁束量子 ϕ_0 とよび，

$$\phi_0 \equiv \frac{h}{2e} \cong 2.07\times 10^{-15}\quad [\mathrm{Wb}] \tag{5}$$

で与えられる．

渦糸の芯は半径 ξ 程度の常伝導領域であり，そのエネルギーは超伝導領域より凝縮エネルギー程度高くなっている．渦糸の芯が超伝導体中の不純物，格子欠陥や結晶粒界等の常伝導領域や凝縮エネルギーの小さな領域にある方が凝縮エネルギーだけ超伝導体のエネルギーは低くなるので，これらの領域を「ピン止め中心」とよび，渦糸はそこから移動し難くなっている．

密度 j_e の輸送電流があると，渦糸は単位長当りのローレンツ力 $f_L=j_e\times\phi_0$ とピンニング力 f_P を受ける．$f_L<f_P$ では渦糸は動かず，このときにはエネルギーの散逸がなく，電場は発生しない．しかし，輸送電流が大きくなり，$f_L>f_P$ になると渦糸は運動を始める．渦糸の芯は常伝導であり，速さ

v_{f} に比例した力を受ける．このときの比例定数が粘性係数 η である．定常状態では

$$f_{\mathrm{L}} - f_{\mathrm{P}} = \eta v_{\mathrm{f}} \tag{6}$$

であり

$$f_{\mathrm{L}} = j_{\mathrm{e}} \times \phi_0 \tag{7}$$

を用いると

$$\frac{dv_{\mathrm{f}}}{dj_{\mathrm{e}}} = \frac{\phi_0}{\eta} \tag{8}$$

が得られる．さらに，（6）式より，微分フロー抵抗率 ρ_{f} は

$$\rho_{\mathrm{f}} = \frac{dE}{dj_{\mathrm{e}}} = \frac{dE}{dv_{\mathrm{f}}}\frac{dv_{\mathrm{f}}}{dj_{\mathrm{e}}} = \frac{\phi_0 B}{\eta} \tag{9}$$

と表せる．上部臨界磁場 $B_{\mathrm{c}_2} = B$ では，ρ_{f} は常伝導状態の抵抗率 ρ_{n} に等しいので，粘性係数 η は

$$\eta = \frac{\phi_0 B_{\mathrm{c}_2}}{\rho_{\mathrm{n}}} \tag{10}$$

となり，（9）と(10)式より ρ_{f} は以下のように ρ_{n} で表せる．

$$\rho_{\mathrm{f}} = \frac{B}{B_{\mathrm{c}_2}}\rho_{\mathrm{n}} \tag{11}$$

このような定常的な渦糸の流れを磁束フローとよび，このときには，電場によらない一定のフロー抵抗率 ρ_{f} が発生する．

渦糸が運動し始める電流密度を臨界電流密度とよび，これはピン止め力の強さに依存する量であり，臨界温度とは異なり，同じ物質でも人為的に増大させることができる．

常伝導体中の電子は抵抗によりエネルギーを散逸し，ジュール（Joule）熱を生じる．

2-6　超伝導電流と臨界電流

クーパー対による超伝導電流 j_{s} は，超伝導電子の数密度 n_{s}，電荷 e^* と速

度 $\boldsymbol{v}_s$ を用いて，

$$\boldsymbol{j}_s = -n_s e^* \boldsymbol{v}_s, \qquad m\boldsymbol{v}_s = \frac{\hbar \boldsymbol{K}}{2} \tag{12}$$

と書ける．ここで，$\boldsymbol{K}$ はクーパー対の重心の波数ベクトルである．これより，$\boldsymbol{j}_s$ があると，クーパー対を構成する個々の電子の波数ベクトルは $\boldsymbol{K}/2 = -m\boldsymbol{j}_s/(n_s e^* \hbar)$ 変化し，クーパー対の状態は（$\boldsymbol{k}\uparrow$，$-\boldsymbol{k}\downarrow$）から（$\boldsymbol{k}+\boldsymbol{K}/2\uparrow$，$-\boldsymbol{k}+\boldsymbol{K}/2\downarrow$）へ変わる．

$\boldsymbol{j}_s$ が大きくなり，クーパー対の重心運動のエネルギーが 2Δ を超えると，クーパー対が一斉に壊れて常伝導へ転移する．このときのクーパー対の運動エネルギーの増加分 $\delta\varepsilon$ は

$$\delta\varepsilon = \frac{\hbar^2(\boldsymbol{k}+\boldsymbol{K}/2)^2}{2m} - \frac{\hbar^2\boldsymbol{k}^2}{2m} \approx \frac{\hbar^2\boldsymbol{k}\cdot\boldsymbol{K}}{2m} \approx \frac{\hbar^2\boldsymbol{k}_F\cdot\boldsymbol{K}}{2m} = \frac{\hbar k_F j_s}{e^* n_s} \tag{13}$$

となる．したがって，この値が Δ 程度になる超伝導電流の上限値，臨界電流密度 j_c は以下で与えられる．

$$j_c \approx \frac{e^* n_s \Delta}{\hbar k_F} \tag{14}$$

Sn では j_c は約 2×10^7 A/cm^2 となる．一方，常伝導体の銅線の電流密度は約 2×10^2 A/cm^2 である．

§3. 実　験

3-1　実験装置および器具

冷凍機，水流ポンプ，温度コントローラー，金鉄-クロメル熱電対，液体窒素用デュワー，直流安定化電源，油回転ポンプ，X-Y レコーダー，試料（Nb_3Sn 超伝導線，$Bi_2Sr_2Ca_2Cu_3O_y$-Ag テープ）

油回転ポンプはクライオスタット内部を真空排気して，外部と試料の熱接

触を断つために使用される．クライオスタット内のコールドヘッドは冷凍機により 15 K まで冷却できる．このコールドヘッドの先端に取り付けられた Nb_3Sn 超伝導線に 2，10，20，30，40 mA，$Bi_2Sr_2Ca_2Cu_3O_y$ - Ag テープ高温超伝導体に 5，10，20，40，60 mA の電流を直流電源から流し，端子間電圧から試料の抵抗値を求める．試料の温度は熱電対で測定する．

3-2 実験方法

（1） 試料をコールドヘッドに取り付ける．

（2） 試料の電流端子を電流電源，電圧端子を X - Y レコーダーの Y 軸に接続する．

（3） 温度コントローラーの温度指示が室温（～0.0 mV）を示していることを確認し，その出力を X - Y レコーダーの X 軸に入力する．

（4） 試料に電流 20 mA を流し，試料の端子間電圧が X-Y レコーダーの測定可能範囲に入るように X 軸と Y 軸の入力感度を調節する．

（5） クライオスタットを密閉し，リークバルブを閉じて，油回転ポンプを起動させる．ポンプの音が小さくなったら遮断バルブを開ける．

（6） 約 20 分後に水を流し，昇圧ポンプを稼動させて冷凍機に冷却水を流し，起動スイッチを on にする．

（7） 温度の測定確度を上げるために，熱電対の基準温度に液体窒素を用いる．デュワー瓶に液体窒素を入れ，温度コントローラーの温度指示が室温（～4.5 mV）を示していることを確認する．

（8） 端子間電圧（抵抗）の温度変化を測定する．

（9） クライオスタット内の温度が 100 K 付近になったら，遮断バルブを閉じる．油回転ポンプを停止し，リークバルブを開ける．これ以降は遮断バルブを開けない．

（10） 試料に流す電流を変えて，同様の測定をくり返す．

実験結果の例を図 6 に示す．

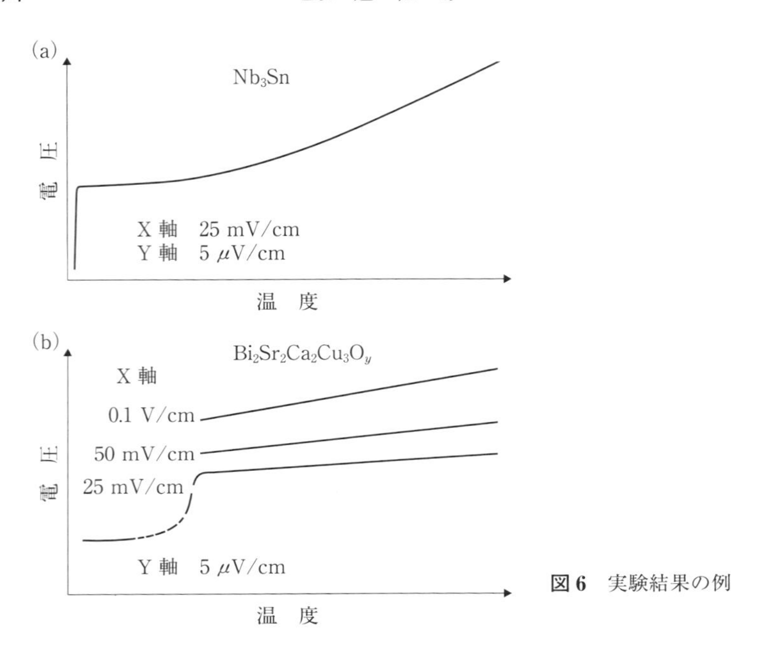

図 6 実験結果の例

§4. 課 題

（1） 電気抵抗 $R(\Omega)$ 対 温度 $T(\mathrm{K})$ の関係を図示せよ.

（2） 超伝導転移直前の端子間電圧が半分になる温度 $T_c(I)$ を各試料電流に対して求め, $T_c(I)-I$ の図を描け.

（3） 各 $T_c(I)$ を結んだ直線を $I=0$ まで外挿して臨界温度 T_c を求めよ. 測定電流によって $T_c(I)$ が変わる理由を考察せよ.

（4） 超伝導をどのように応用したいか述べよ.

§5. 参 考 書

1） 丹羽雅昭：「超伝導の基礎」（東京電機大学出版局）

2） M. ティンカム 著, 小林俊一 訳：「超伝導現象」（産業図書）

3） A. C. ローズ-インネス, E. H. ロディリック 著, 島本 進, 他 訳：「超電導入門」（産業図書）

27. 核 磁 気 共 鳴
(The Nuclear Magnetic Resonance, NMR)

The NMR spectrum of hydrogen atom is measured at frequencies of 4 MHz and 12 MHz. The g factor of the hydrogen nucleus (proton) is calculated from the applied magnetic field at the point of resonance. Further, the NMR spectra of other nuclei, lithium and fluorine are observed. The realization of resonance phenomenon and the experience on the detection of weak signals are aimed.

§1. はじめに

排他原理で知られているパウリ（Pauli）は，1924年に原子核が固有のスピンとそれに起因した磁気モーメントをもつことを提案した．そして，シュテルン（Stern）は1933年に分子線の方法によって陽子の磁気モーメントを求めた．磁気共鳴法は1936年にゴーター（Gorter）により初めて使用され，翌年ラービ（Rabi）は，共鳴法とシュテルンの方法を組み合わせることによって原子核の磁気モーメントを測定した．このラービの方法は気体にしか利用できなかったが，ブロッホ（Bloch）とパーセル（Purcell）は独立に，物質のすべての状態について測定できる核磁気共鳴法（NMR）を1946年に考案した．そして，ノーベル物理学賞が1944年にラービに，1952年にブロッホとパーセルに与えられた．

核磁気共鳴技術は，最近の化学や医学の分野で広く応用されている．分子構造の解析や医療に使われる核磁気共鳴画像法（MRI）などがその例である．この実験では核磁気共鳴の原理を理解し，H（水素）原子核についての測定を通じて，原子核がもつ磁気モーメントの意味を把握する．

§2. 原　理

一般に，磁気モーメントに外部から磁束密度 B_0 の静磁場とそれに垂直な方向に角周波数 ω の電磁波（高周波磁場）$B_1(\omega)$ を加え，B_0 と ω がある関係 $\omega = \gamma B_0$ を満足するとき，共鳴的に電磁波 $B_1(\omega)$ のエネルギー吸収が起こる．この現象は磁気共鳴とよばれ，量子力学的にも古典的にも理解が可能である．γ は磁気モーメントの種類やその環境によって異なる定数のため，何種類かの磁気モーメントが混在している系においても各々の信号を区別して取り出すことができる．

このように，磁気共鳴法は選択的に磁気モーメントを区別し，それに関するミクロな情報を得ることができる実験手段である．

2-1　エネルギー準位の分裂と準位間の遷移

ある原子の磁気モーメント $\boldsymbol{\mu}$ は角運動量 $\boldsymbol{J}$ にともなって生じ，

$$\boldsymbol{\mu} = \gamma_{\mathrm{n}} \boldsymbol{J} \tag{1}$$

と表される．γ_{n} は原子核の磁気モーメントと角運動量の比を表し，磁気回転比とよばれる．

原子核を構成している陽子と中性子は強く結合して，全角運動量 $\boldsymbol{J}$ をもつ．$\boldsymbol{J}$ は量子化されて，大きさと方向がともにとびとびの値をとる．すなわち，

$$\left.\begin{aligned} \boldsymbol{J} &= \hbar \boldsymbol{I} \\ \boldsymbol{\mu} &= \gamma_{\mathrm{n}} \boldsymbol{J} = \gamma_{\mathrm{n}} \hbar \boldsymbol{I} = g_{\mathrm{n}} \mu_{\mathrm{N}} \boldsymbol{I} \end{aligned}\right\} \tag{2}$$

などと定義される．$\boldsymbol{I}$ は核スピンとよばれ，その絶対値は $|\boldsymbol{I}| = \sqrt{I(I+1)}$ と表される．I は整数または半整数である．ある量子化の軸を z 方向とすると，I の z 成分は $I_z = I, I-1, I-2, \cdots, -I$ の $(2I+1)$ 個の値をとり得る．

原子核の磁気モーメントと核スピン I の比 $\gamma_{\mathrm{n}} \hbar$ は，核ボーア磁子 μ_{N} に

g 因子とよばれる係数を掛けたもので表される．核ボーア磁子 μ_N は核磁気モーメントの単位となる磁気モーメントで，$\mu_N = e\hbar/2m_p = 5.0508 \times 10^{-27}$ J/T である．$\hbar$ はプランク定数を 2π で割った値，m_p は陽子の質量，また，g_n は核種により定まる 1 ～ 10 程度の係数である（表 1）．

表 1　各核種の磁気モーメントと g 因子

核　種	スピン	磁気モーメント μ/μ_N	g 因子	磁気回転比 γ_n (10^8 s$^{-1}\cdot$T^{-1})
^{1}H	$\frac{1}{2}$	2.79277	5.58554	2.6752
中性子	$\frac{1}{2}$	−1.91315	−3.82630	−1.8326
^{7}Li	$\frac{3}{2}$	3.25629	2.17086	1.0397
^{19}F	$\frac{1}{2}$	2.628353	5.25671	2.5177

一様な磁束密度 $\boldsymbol{B}_0$ の中に磁気モーメント μ を入れた場合の磁気エネルギー U は

$$U = -\boldsymbol{\mu}\cdot\boldsymbol{B}_0 \qquad (3)$$

で与えられる．磁場を z 方向 ($\boldsymbol{B}_0 = (0, 0, B_0)$) にとれば

$$U = -\mu_z B_0 \qquad (4)$$

となる．磁気モーメントの z 成分は

$$\mu_z = g_n \mu_N I_z \qquad (I_z = -I, -I+1, -I+2, \cdots, I-1, I) \qquad (5)$$

の $(2I+1)$ 個の値に限られる．したがって，磁気エネルギー U は不連続な（とびとびの）値をとり，これを $(2I+1)$ 重の縮退が解かれるという．

例えば，H_2 の原子核 (^{1}H) は陽子 1 個より成り，そのスピンは 1/2 であるから，とり得る状態の角運動量の z 成分は

$$\hbar I_1 = -\frac{\hbar}{2}, \qquad \hbar I_2 = \frac{\hbar}{2} \qquad (6)$$

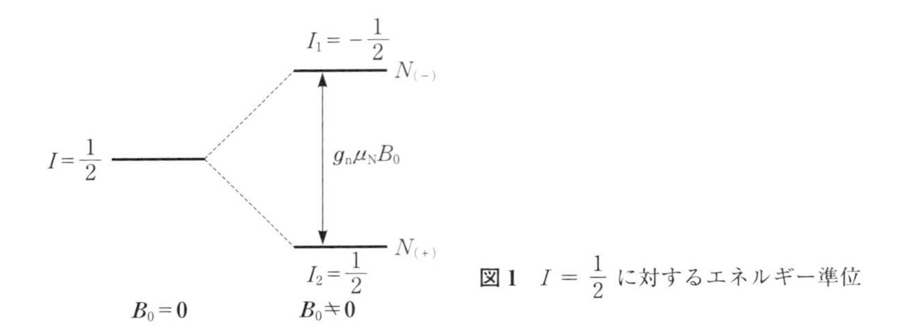

図 1 $I=\frac{1}{2}$ に対するエネルギー準位

の 2 つである（図 1）．したがって，磁気モーメントの z 成分は，

$$\mu_{z1} = -\gamma_n \frac{\hbar}{2}, \qquad \mu_{z2} = \gamma_n \frac{\hbar}{2} \tag{7}$$

となり，磁場中での H 原子核のエネルギーは各々の状態に対して

$$U_1 = -\mu_{z1}B_0 = \gamma_n \frac{\hbar}{2} B_0, \qquad U_2 = -\mu_{z2}B_0 = -\gamma_n \frac{\hbar}{2} B_0 \tag{8}$$

と分裂する．これがゼーマン（Zeeman）分裂であり，これらの状態のエネルギー差は

$$\delta U = U_1 - U_2 = \gamma_n \hbar B_0 = g_n \mu_N B_0 \tag{9}$$

である．

核磁気共鳴は

$$\hbar\omega = \delta U = \gamma_n \hbar B_0$$

より，

$$\omega = \gamma_n B_0 \tag{10}$$

で定まる角周波数 ω の電磁波 $(B_1(\omega))$ が，ゼーマン分裂した（この場合では H_2 の原子核の）準位間において共鳴的な遷移を引き起こす現象である．共鳴の周波数や準位の幅などから，物質の微視的状態についての情報を得ることができる．H 原子核の磁気回転比は $\gamma_n = 2.675 \times 10^8\ \mathrm{s^{-1} \cdot T^{-1}}$ であるから，共鳴周波数は $f = \omega/2\pi = 4.258 \times 10^7 B_0\ \mathrm{MHz}$ となる．

2-2　磁気モーメントの運動

磁気モーメント μ を磁束密度 $\boldsymbol{B}_0$ の中に置くと，その磁場からトルク $\mu\times\boldsymbol{B}_0$ を受ける．このトルクにより全角運動量 $\boldsymbol{J}$ が変化する．すなわち，

$$\frac{d\boldsymbol{J}}{dt}=\mu\times\boldsymbol{B}_0 \tag{11}$$

の関係がある．（1）式を使って $\boldsymbol{J}$ を消去すると

$$\frac{d\mu}{dt}=\gamma_{\mathrm{n}}\mu\times\boldsymbol{B}_0 \tag{12}$$

となる．$\boldsymbol{B}_0$ を z 方向にとると (12) 式の各座標成分は

$$\frac{d\mu_x}{dt}=\omega_{\mathrm{c}}\mu_y,\qquad \frac{d\mu_y}{dt}=-\omega_{\mathrm{c}}\mu_x,\qquad \frac{d\mu_z}{dt}=0\qquad(\omega_{\mathrm{c}}=\gamma_{\mathrm{n}}B_0) \tag{13}$$

と書かれる．これらの式から，μ は図 2 に示すように z 方向に対して反時計回りの歳差運動を行うことがわかる．ここで ω_{c} はラーモア（Lamor）角周波数とよばれる．

$\boldsymbol{B}_0$ に垂直な面内に角周波数 ω_{c} の高周波磁場 $\boldsymbol{B}_1(\omega_{\mathrm{c}})$ が加えられると，共鳴現象が起こる．上で示した磁気モーメントの運動方程式は量子力学的にも

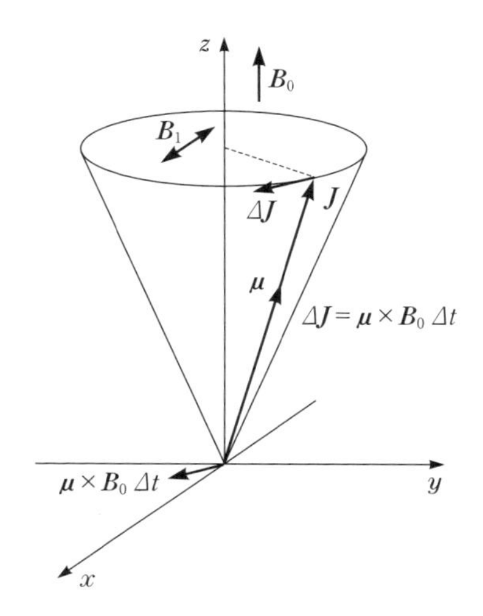

図 2　磁気モーメントの歳差運動

導き出すことができる．核磁気共鳴はゼーマン分裂した準位間の電磁波による遷移であると前述したが，磁気モーメントの歳差運動の周波数に等しい高周波磁場による磁気モーメントの共鳴運動とも理解することができる．

2-3　エネルギーの吸収とスピン-格子緩和

実験で用いる試料は十分に巨視的であり，この中には多数の核スピンが含まれている．2-1 節で述べたように，H 原子核はスピンの z 成分 I_z が $+1/2$ および $-1/2$ の 2 つの状態をとる．これらの核スピン系は有限温度ではボルツマン統計に従って 2 つの状態に分布する．それらの占有数を $N_{(+)}$ および $N_{(-)}$ で表すと核スピンの総数は $N = N_{(+)} + N_{(-)}$ となるが，電磁波の振動磁場によって 2 つの状態間に遷移が起こり，$N_{(+)}$ や $N_{(-)}$ が変化する．

単位時間に $+1/2$ から $-1/2$ へ移行する確率を $W_{(+)\to(-)}$，逆の確率を $W_{(-)\to(+)}$ とする．電磁波の効果のみを考えると，各占有数の時間変化は

$$\left.\begin{aligned}\frac{dN_{(+)}}{dt} &= -N_{(+)}W_{(+)\to(-)} + N_{(-)}W_{(-)\to(+)}\\ \frac{dN_{(-)}}{dt} &= N_{(+)}W_{(+)\to(-)} - N_{(-)}W_{(-)\to(+)}\end{aligned}\right\} \tag{14}$$

で与えられる．電磁波を吸収して遷移（$(+)\to(-)$）が起こる確率と，電磁波を放出してもとの準位に戻る遷移（$(-)\to(+)$）の確率は等しく，$W_{(+)\to(-)} = W_{(-)\to(+)} \equiv W$ であり，(14) 式は

$$\frac{dN_{(+)}}{dt} = W(N_{(-)} - N_{(+)}), \qquad \frac{dN_{(-)}}{dt} = W(N_{(+)} - N_{(-)}) \tag{15}$$

と書きかえられ，2 つの状態の占有数の差 $n = N_{(+)} - N_{(-)}$ は

$$\frac{dn}{dt} = -2Wn \tag{16}$$

を満たし，その解は

$$n = n_0 e^{-2Wt} \tag{17}$$

となる．ここで，n_0 は $t = 0$ の n の値である．よって，初めに 2 つの状態

間の占有数に差があれば，時間が経つにつれてこの占有数の差はなくなり，最終的にはゼロになる．

単位時間当りにこの系に吸収されるエネルギーは，2つの状態のエネルギー差が $\hbar\omega$ であるから

$$\frac{dE}{dt} = \hbar\omega W(N_{(+)} - N_{(-)}) = \hbar\omega Wn \tag{18}$$

で与えられる．重要な点は，注目している2つの状態の占有数の差がなくなる $(n = 0)$ とエネルギー吸収が定常的には起こらなくなることである．逆にエネルギー吸収が定常的に起こるためには，(17) 式を考慮すると，常に上の状態から下の状態へ移行する電磁波とは別のエネルギー放出過程が存在し，占有数に差があることが必要であることを意味している．この別のエネルギー放出過程によって，他の系へエネルギーが移されるので，電磁波からのエネルギー吸収が継続する．ここで考えられる他の系とは，例えば電子スピン系や格子振動や分子のブラウン（Brown）運動などであり，これらを総称して格子系という．

温度 T の熱浴に接し電磁波による遷移がない熱平衡の状態では，格子系とのエネルギーのやり取りにより，温度に依存する占有数の差 n_0 が実現している．スピン系のエネルギーが他の自由度に移っていくことをスピン－格子緩和という．このエネルギーの移り変りの速さの目安として，その速さの逆数に比例する量をとり，これをスピン－格子緩和時間 T_1 という．T_1 が短いことは，スピン系と格子系の結合が強く，スピン系のエネルギーが格子系に流れやすいことを意味している．

一方，固体中の核スピンはスピン系内で全く独立に存在しているわけではなく，周りの核スピンの作る局所的な磁場を感じている．つまり，外部から磁束密度 $\boldsymbol{B}_0$ をスピン系に与えても，個々の核スピンの受けている磁束密度は $\boldsymbol{B}_0$ と異なるのである．この場合，核スピンの共鳴条件である (10) 式の示す共鳴点（共鳴角周波数）は，全核スピンについて分布をもつことにな

る．これは $t=0$ ですべての核スピンが同じ位相で共鳴しても，徐々にその位相関係が乱れてくることに対応している．この局所的な磁場は核スピン間の磁気相互作用（例えば，磁気双極子相互作用）から生じるので，この過程をスピン－スピン緩和過程といい，その緩和時間をスピン－スピン緩和時間 T_2 で表す．

このように核スピンを取り巻く環境によって緩和過程が異なり，その物理的過程が電磁波の吸収曲線の形や幅を左右する．

2－4　磁化，磁化率，複素磁化率

磁化 $\boldsymbol{M}_0$ は単位体積中に含まれる磁気モーメントであり，熱平衡状態では外部から加えられた磁束密度 $\boldsymbol{B}_0$ に比例する．

$$\boldsymbol{M}_0 = \chi_0 \boldsymbol{B}_0 \qquad (\mu_{\mathrm{N}} B_0 \ll k_{\mathrm{B}} T) \tag{19}$$

ここで比例定数 χ_0 は静磁化率とよばれる．

一般に，角周波数 ω の交流磁場 $\boldsymbol{B}_1(\omega)$ を加えた場合の磁化 $\boldsymbol{m}(\omega)$ は，$\boldsymbol{B}_1(\omega)(=\boldsymbol{B}_1 \cos \omega t)$ に対して位相差が生じる．この位相差を考慮するために複素磁化率

$$\chi = \chi' - i\chi'' \tag{20}$$

および交流磁場の複素表示 $\boldsymbol{B}_1 e^{i\omega t} = \boldsymbol{B}_1 \cos \omega t + i\boldsymbol{B}_1 \sin \omega t$ を導入し，次の演算により $\boldsymbol{m}(\omega)(=\chi \boldsymbol{B}_1(\omega))$ の実数部を求める．

$$\begin{aligned} \boldsymbol{m}(\omega) &= \mathrm{Re}[(\chi' - i\chi'')(\boldsymbol{B}_1 \cos \omega t + i\boldsymbol{B}_1 \sin \omega t)] \\ &= \chi' \boldsymbol{B}_1 \cos \omega t + \chi'' \boldsymbol{B}_1 \sin \omega t \end{aligned} \tag{21}$$

この式は磁化が磁場と同位相の第1項と，位相が $\pi/2$ 遅れた $\sin \omega t$ に比例する第2項から成り立っていることを示している．

2－5　ブロッホ方程式

磁気モーメントの集団を，外部から z 方向の磁束密度 $\boldsymbol{B}_0$ と xy 面内で振動する交流磁場 $\boldsymbol{B}_1(\omega)$ を加えた $\boldsymbol{B} = \boldsymbol{B}_0 + \boldsymbol{B}_1(\omega)$ により強制振動を行わせ

る．このときの磁化 $\boldsymbol{M}$ は

$$\left.\begin{aligned}\frac{dM_x}{dt} &= \gamma_n[\boldsymbol{M}\times\boldsymbol{B}]_x - \frac{M_x}{T_2}\\ \frac{dM_y}{dt} &= \gamma_n[\boldsymbol{M}\times\boldsymbol{B}]_y - \frac{M_y}{T_2}\\ \frac{dM_z}{dt} &= \gamma_n[\boldsymbol{M}\times\boldsymbol{B}]_z - \frac{M_z - M_0}{T_1}\end{aligned}\right\} \tag{22}$$

に従って変動する．ここで T_1, T_2 は 2-3 節で述べた緩和時間である．この方程式をブロッホ方程式という．それぞれの右辺の第 2 項は，磁化 $\boldsymbol{M}$ の熱平衡値 $\boldsymbol{M}_0$ への緩和を表す．

いま，$B_0 \gg B_1$ で $\gamma_n{}^2 B_1{}^2 T_1 T_2 \ll 1$ の場合，詳しい導出は省略するが，$B_{1x} = B_1 \cos\omega t, B_{1y} = 0$ に対して，磁化は複素磁化率を使って次のように表される．

$$\left.\begin{aligned}M_x &= (\chi'\cos\omega t + \chi''\sin\omega t)B_1\\ \chi' &= \frac{\chi_0\gamma_n B_0 T_2}{2}\frac{(\gamma_n B_0 - \omega)T_2}{1+(\gamma_n B_0-\omega)^2 T_2{}^2}\\ \chi'' &= \frac{\chi_0\gamma_n B_0 T_2}{2}\frac{1}{1+(\gamma_n B_0-\omega)^2 T_2{}^2}\end{aligned}\right\} \tag{23}$$

この系の単位時間，単位体積当りのエネルギー損失 $\bar{P}$ は

$$\bar{P} = \frac{\omega B_1{}^2 \chi''}{2} \tag{24}$$

である．

2-6　核磁気共鳴法

核磁気共鳴条件は (10) 式で与えられる．この条件を満足させるには，磁場を一定にして電磁波の周波数を連続的に変化させる方法と，電磁波の周波数を一定にして磁場の強さを連続的に変化させる方法の 2 つが考えられる．一般に，核磁気共鳴実験が行われる周波数帯域では電磁波の周波数を連続的に変化させることは困難であり，通常，後者の方法がとられる．ここで核磁

気共鳴信号を観測するための1つの方法である高周波ブリッジ法と，測定信号の雑音を落とすための方法である磁場変調について述べる．

(1) 高周波ブリッジ法

ブリッジ法はパーセルたちが初めて核磁気共鳴の観測に成功した際に用いられた方法であり，図3がその回路の一例である．高周波電源より送り込まれる高周波電圧は，変成器によってそれぞれ振幅の等しく位相の反転した電圧に分割されて，［SAMPLE］側の試料コイルと［DUMMY］側の疑似共振コイルに供給される．

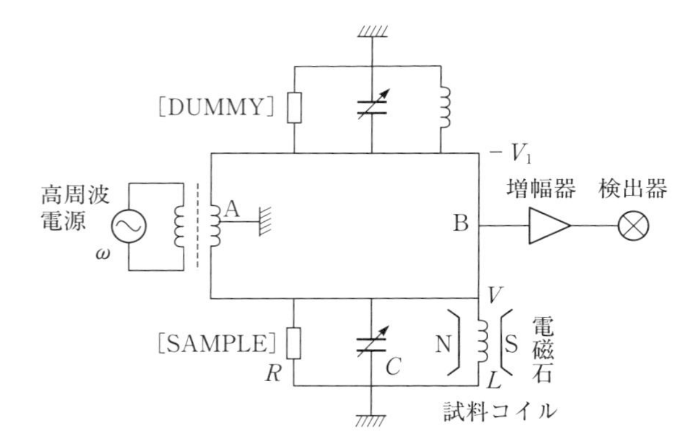

図3　高周波ブリッジ回路

試料コイル側の並列共振回路を取り出すと，そのインピーダンス Z は

$$\frac{1}{Z} = \frac{1}{R} + i\left(\omega C - \frac{1}{\omega L}\right) \tag{25}$$

により導出される．試料コイルのインダクタンス L は試料の挿入にともない

$$L = L_0(1+\chi) \tag{26}$$

と変化する．L_0 は試料コイルのみのインダクタンスである．χ は (23) 式に示した試料の複素磁化率で，振動磁場に対して同相の磁化率 χ' と $\pi/2$ 位相のずれた磁化率 χ'' の和になる．これらの値が核磁気共鳴が起こる付近で大きく変化することに着目する．

高周波電源の角振動数を ω に固定し，可変コンデンサーの値を調節して

$C = \omega^2/L_0$ を満足するように選ぶ．その後，試料を挿入するとインピーダンスは

$$\frac{1}{Z} \simeq \frac{1}{R} + i\frac{\chi}{\omega L_0} \tag{27}$$

と近似できる．また，$\omega^2 L_0{}^2 \gg \chi^2 R^2$ であるから，試料コイルに流れる電流を I とするとコイル両端の電圧は

$$V = IZ \simeq IR\left(1 - i\frac{R}{\omega L_0}\chi\right) = IR\left(1 - \frac{R}{\omega L_0}\chi'' - i\frac{R}{\omega L_0}\chi'\right) \tag{28}$$

と近似できる．試料を挿入すると，試料が挿入される前の電圧 $V_0(=IR)$ に同位相の χ'' を含んだ電圧と，$\pi/2$ 位相のずれた χ' による電圧が観測される．

実験的には (28) 式の V を増幅すると χ', χ'' に関係する電圧だけでなく，V_0 も増幅されてしまうため，感度を十分に上げることができない．そこで，図 3 の［DUMMY］回路により V_0 と同程度の振幅の逆位相電圧を加えてつり合わせ，位相差を以下のように選べば χ' と χ'' のそれぞれを取り出すことができる．

試料の入っていない［DUMMY］側の電圧を $V_1(\simeq -V_0)$ とすれば，図 3 の点 B に現れる電圧 V_B は

$$\begin{aligned} V_B &= V - V_1 \\ &= -\frac{R}{\omega L_0}V_0(\chi'' + i\chi') \end{aligned} \tag{29}$$

となり，磁化率を含んだ項を取り出すことができる．実際の観測量は V_B の実数項であるから

$$\begin{aligned} \mathrm{Re}[V_B] &= \mathrm{Re}\left[-\frac{R}{\omega L_0}|V_0|e^{i\phi}(\chi'' + i\chi')\right] \\ &= -\frac{R}{\omega L_0}|V_0|(\chi''\cos\phi - \chi'\sin\phi) \end{aligned} \tag{30}$$

となる．ただし，ϕ は V_B の V_0 に対する位相差である．この式から

$\phi = 0$ または π のとき　吸収曲線　χ''

$\phi = \pi/2$ または $3\pi/2$ のとき　分散曲線　χ'

の2つのモードがあり，中間の ϕ では吸収曲線と分散曲線の混合となることがわかる．

(2) 磁場変調方式

試料に電磁波を入射して外部磁場の強さを変化させたときに，吸収される電磁波のエネルギーを精度良く直接測定することは困難である．そこで，電磁石が作るゆっくりと変化する磁場に，振幅の小さい変調磁場 ΔB を同じ方向に加える（図4(a)）．検出器の出力信号 ΔA にもとの変調信号を参照信号として加え，変調磁場と同じ周波数で一定位相をもつ成分のみを出力信号から取り出す方法を位相検波という．変調磁場の振幅が十分小さい場合，出力信号はもとの吸収曲線 $A(B)$ の微分係数 $dA(B)/dB$ になる（図4(b)）．

このようにして吸収の微分曲線を測定するが，注意すべき点は，この変調磁場の振幅が大きすぎると正確な信号が得られないことである．実際には，

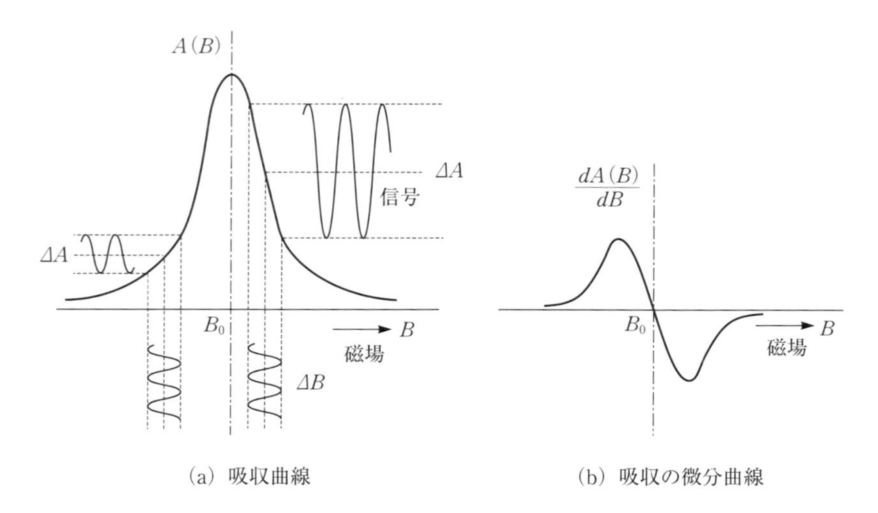

(a) 吸収曲線　(b) 吸収の微分曲線

図4 磁場変調方式の原理

変調磁場の振幅を小さい方から増加し，信号が最も大きく，また信号の形状が変化しないような振幅を選ぶ．目安としては，微分信号のピーク間の数分の1程度の振幅が適当である．また，変調磁場の周波数は電磁石の磁場の掃引速度と比べて十分大きくなければならない．このようにして，吸収の微分曲線を測定する．微分曲線における共鳴磁場の強さは，$dA(B)/dB = 0$ となる基準線を横切るときの磁束密度 B_0 から求められる．

§3. 実　験

3-1　実験装置および器具

NMR 実験装置，NMR 試料（硫酸銅水溶液），デジタルオシロスコープ

NMR 実験装置は静磁場を作り出す電磁石，静磁場と同方向の周期的な変調磁場を作る変調コイル，試料ケース，試料の周りに巻かれたコイル（プローブ）とこのコイルに高周波電流を流すための発振器（7.5 MHz～12.5 MHz），電磁波の吸収を測る測定器（高周波ブリッジ回路）の6つの部分から成り立っている．図5に装置の概念図を示す．

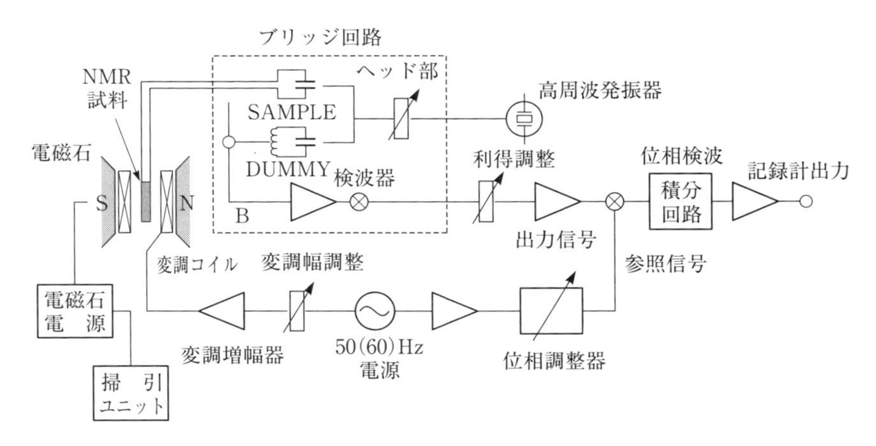

図5　実験装置の概略

試料は硫酸銅（$CuSO_4$）水溶液を使用する．水（H_2O）は2つのH原子と1つのO（酸素）原子から成り，Oの原子核は8個の陽子と8個の中性子から成っている．このような偶数個の陽子と偶数個の中性子をもっている原子核はスピン角運動量をもたないから，核磁気共鳴には寄与しない．また，$CuSO_4$の構成元素であるCu（銅）は原子番号29で角運動量をもつが，Hとの質量数比が約63倍なので，Cu原子核の共鳴する周波数はHと比較してかなり高くなる．$CuSO_4$を入れる理由は，2-3節で述べた緩和時間T_1を短くして（水だけでは緩和時間が長く，吸収の飽和現象が起こってしまう），電磁波のエネルギー吸収が定常的に起こるようにするためである．

3-2 実験方法

(1) NMR信号観測のための準備

(i) オシロスコープをX-Yポジションに設定する．

(ii) NMR実験装置のセッティングを行う．

(a) O AUTOスイッチを点灯させる．

(b) ［MOD.CONT.］のボリュームを最大に設定する．［MOD.CONT.］は，オシロスコープに表示される磁場（X軸）の振幅を設定し，最大にすると1 mTの磁場振幅がオシロスコープに表示される．

(c) 試料管をプローブに入れて，プローブの先端部分を電磁石の中心に設置する．

(iii) オシロスコープ上に雑音が観測できるようにオシロスコープのゲインを合わせる．目安はX軸が1 V，Y軸が100 mVである．

(2) NMR信号の観測方法

(i) ［FREQ.ADJ.］のボリュームで発振周波数を設定し，［FIELD.ADJ.］のボリュームで磁場強度を調整してNMR信号を探す．

(ii) NMR信号が観測できたら，［X-PHASE］を回してX軸の位相を調整する．図6にH原子核のNMR信号の吸収曲線の例を示す．

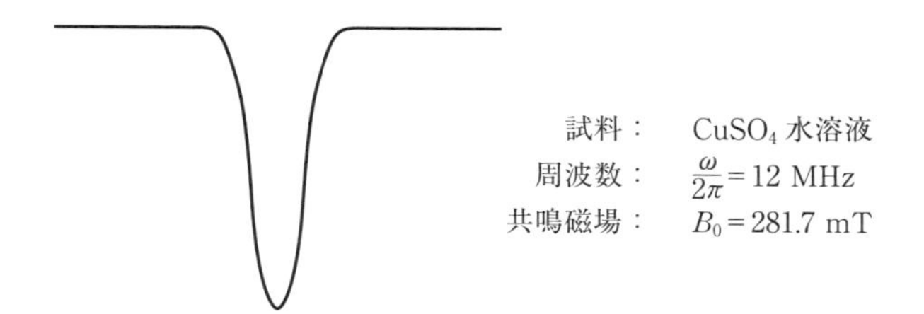

図 6　周波数 12 MHz での H 原子核の NMR 吸収曲線

（3）　異なる発振周波数での NMR 信号の観測

（i）　発振周波数の設定を 8 MHz から 12.5 MHz まで 0.5 MHz ごとに変化させて，各周波数での H 原子核の NMR 信号を観測する．

（ii）　共鳴周波数の磁場依存性をグラフにプロットする（§ 4．課題の（1））．

（4）　異なる濃度の $CuSO_4$ 水溶液での NMR 信号の観測

（i）　3 種の異なる濃度の $CuSO_4$ 水溶液（2×10^{-3}，2×10^{-2}，2×10^{-1} mol/L）を用いて，H 原子核の NMR 信号を観測する．

（ii）　異なる $CuSO_4$ 水溶液濃度で得られた NMR 信号の吸収曲線について，オシロスコープ上での吸収強度を縦軸，$CuSO_4$ 水溶液濃度を横軸にとり，グラフにプロットする（§ 4．課題の（2））．

§4.　課　題

（1）　異なる発振周波数で得られた H 原子核の NMR 信号について，周波数を縦軸，共鳴磁場を横軸にとり，グラフにプロットせよ．また，このグラフを用いて，最小 2 乗法による直線近似から H 原子核の g 因子を求めよ．

（2）　異なる濃度の $CuSO_4$ 水溶液で得られた H 原子核の NMR 信号の吸収曲線について，オシロスコープ上での吸収強度を縦軸，$CuSO_4$ 水溶液濃度を横軸にとり，グラフにプロットせよ．また，このグラフを参考に，H 原子核の NMR に対する $CuSO_4$ の影響を考察せよ．

（3） 共鳴条件の(10)式ではデルタ関数的に鋭い吸収曲線が観測されるはずであるが，実験結果は有限の分布幅をもっている．その理由を考えよ．

§5. 参考書

1） C.P.スリックター 著，益田義賀，他 訳：「磁気共鳴の原理」（岩波書店）

2） 飯田修一，他 編：「物理測定技術　磁気測定」（朝倉書店）

3） 伊達宗行，他 編：「実験物理学講座　電波物性」（共立出版）

28. 放射性物質の崩壊

(The Decay of Radioactive Materials)

The potential difference applied to a G. M. counter tube is adjusted to operate it at the plateau of its counting rate. At this operating point the time resolution of the G. M. counter is measured. The absorption coefficient of cobalt 60 gamma radiation by various materials is measured. During the acquisition of this data, the dependence of the counting rate of the G. M. tube on the geometry of the system, and the intensity of the gamma ray source are separately determined. From the initial part of the absorption curve, the energy density of the emitted beta rays is evaluated.

§1. はじめに

放射線は1896年，ベクレル（Becquerel）によって初めて発見された．マリー・キュリー（Maria Curie）は放射線強度を定量的に測定し，ピッチブレンドから強い放射線が放出されていることを見いだした．その結果をもとにマリー・キュリーは1898年，夫のピエール・キュリー（Pierre Curie）と共に新元素Po（ポロニウム）とRa（ラジウム）を発見した．一方，1899年，ラザフォード（Rutherford）がα線とβ線を，翌年にはヴィラール（Villard）がγ線を発見した．1903年，物質粒子を放出して他の物質に変わるという放射性変換説を，ラザフォードとソディー（Soddy）が発表した．これを受けて，1903年にノーベル物理学賞がベクレルとマリー・キュリー，ピエール・キュリーに，また1908年にノーベル化学賞がラザフォードに与えられた.

ラザフォードの研究室で学んでいたガイガー（Geiger）は放射線の計数法に関する研究を進め，1928 年，ミュラー（Müller）と共に G. M.（ガイガー-ミュラー）管を考案した.

本実験では，G. M. 管の動作原理を学ぶと共に，その取扱い方法を習得する．さらに G. M. 管を用いて，種々の放射性物質から放出される β 線や γ 線のエネルギー密度や強度などを測定し，放射性物質の特性を理解することを目的とする.

§2. 原　理

2-1　原子核の崩壊

U（ウラン）や Ra のように放射線を放出する物質を放射性物質とよぶ．放射線を放出することにより，原子核は他の原子核に変わる．この現象を放射性崩壊という．放射性崩壊にともなって放出される放射線には α 線，β 線，γ 線などがある．α 線，β 線は粒子線であり，それぞれの正体は He（ヘリウム）原子核および高速の電子である．γ 線は高エネルギー領域の電磁波である．波動性より粒子性が顕著に現れ，電磁波の中でも物質へ与える影響が非常に大きい電磁波である．放射線には電離作用をもつ「電離放射線」と，もたない「非電離放射線」があり，一般的には α 線，β 線，γ 線などの電離放射線を単に放射線とよぶ.

放射性崩壊の頻度を表す SI 単位はベクレル［Bq］であり，崩壊数が毎秒 1 個であるときの放射線量を 1 Bq と定義する．ある放射性物質において単位時間当りに崩壊する原子核の数は，その物質の原子核の総数 N に比例する．そのため，原子核の総数の時間変化は次式で表される.

$$\frac{dN}{dt} = -\lambda N \tag{1}$$

ここで λ は崩壊定数である．最初（$t = 0$）に N_0 個の原子核があったとす

ると

$$N = N_0 \exp(-\lambda t) \qquad (2)$$

が成り立つ．放射性物質の半減期 $T_{1/2}$ は，N_0 個の原子核の半数が崩壊する時間であり，$t = T_{1/2}$ における原子核の数は $N_0/2$ となる．これを（2）式に代入すると $\lambda T_{1/2} = \log_e 2$ の関係が得られる．^{60}Co（コバルト 60）の半減期は約 5.3 年であり，^{90}Sr（ストロンチウム 90）の半減期は約 28.8 年である．

2－2　G. M. 計数管

G. M. 計数管は放射線の数を測定する装置である．G. M. 計数管の測定子であるG. M. 管は円筒状の陰極と，その中心軸に細い導線（タングステン線）の陽極をもつ 2 極管構造である．管内は Ar などの不活性ガスと 10 % 程度の有機ガスで満たされている．

放射線が G. M. 管内に入ると，不活性ガス原子を電離または励起させる．G. M. 管の両極に高電圧を印加すると，電離によって作られた陽イオンは陰極へ，電子は陽極へと向かう．電子は陽極の近傍の強い電場で加速され，陽極の近傍にある他の不活性ガス原子と衝突し，電離させる．この過程で生じた電子も他の原子を電離させる．このような現象を「電子なだれ」といい，結果として多数の電子が陽極へ流れ込み，大きな信号として検出される．この現象を気体増幅という．励起された不活性ガス原子は光子（軟 X 線，紫外線）を放出して基底状態に戻る．この際に放出された光子は有機ガスに吸収され，これを電離または分解する．また，不活性ガスイオンは有機ガスとの電荷交換により中性原子に戻る．

このように G. M. 計数管を用いると放射線の数を電気的なパルス信号として測定することができる．また，放射線の種類やエネルギーは後述する吸収曲線などにより分析することができる．1 秒当りに計測される放射線の数を計数率とよび，単位は［cps : count per second］である．

（1）　プラトー特性曲線

G. M. 管に印加する電圧を変化させると，一定の放射線量に対して，図 1 のような特性曲線が得られる．印加電圧の増加にともない計数率は始めゼロに近い値であるが，電圧をある値以上に増加させると計数率は急激に増加し，その後，ほぼ一定の値を保つ．この一定の区間をプラトー領域という．放射線を計測する際，このプラトー領域内の電圧で実験する必要がある．プラトー領域の電圧は完全に平坦ではなく，若干の傾斜をもつ．プラトーの範囲が広く，勾配ができるだけ小さいものが良い G. M. 管である．

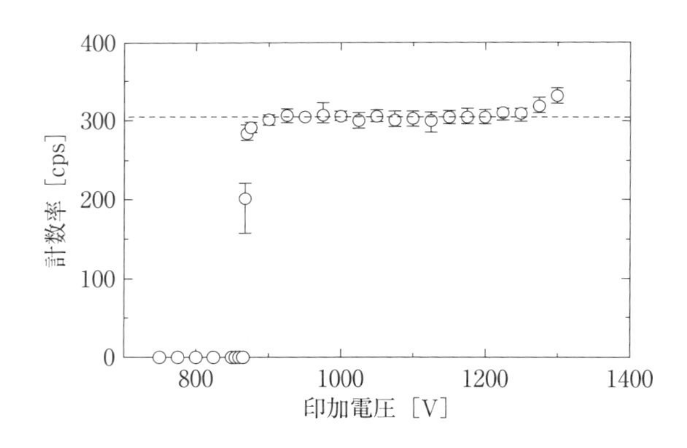

図 1　G. M. 管のプラトー領域

特性曲線は使用する G. M. 管によって異なるため，実験を行う前にそれぞれの G. M. 管の特性曲線を求める必要がある．このプラトー領域における印加電圧 100 V 当りの傾斜百分率をプラトー勾配とよび，

$$\frac{\Delta n_{\mathrm{p}}}{n_{\mathrm{p}}} \times 100 \quad [\%/100\ \mathrm{V}] \qquad (3)$$

で定義される．ここで n_{p} はプラトー領域内での計数率，Δn_{p} は 100 V に対する計数率の増加分を示す．印加電圧を更に増加させると，計数率は再び急激に増加しはじめる．G. M. 管には寿命があり，使用時間と共に特性が劣化する．劣化にともないプラトー勾配の傾きが大きくなり，またプラトー領域

が狭くなる．この原因は高効率化，安定化のために添加された有機ガスが分解して散逸するためである．G. M. 管の寿命を考慮すると，プラトー領域の中央部よりやや低めの電圧で実験する方が好ましい．動作電圧は通常，プラトー領域の下限からプラトー長の1/3程度を目安とする．

（2） 分解時間

G. M. 管は，放射線が封入ガスを電離することによって作られた陽イオンが陰極に達するまでの間，次の放射線が入っても計数することができない．この時間を不感時間とよび，次に入ってくる放射線の計測が可能となるまでの最小時間を分解時間 τ と定義する．つまり，1つの事象を観測した後，τ 時間内に次の事象が起こってしまうと，G. M. 管はこの事象を見落としてしまう．この数え落としに対する補正が必要となる．

ここでは簡単のために図2のような場合を考える．連続して飛来する2個の粒子の時間間隔 T が $T > \tau$ の場合にのみ，これを2個の粒子として数えるものとする．もし，1秒間当りに観測された計数率が n であったとすると，$n\tau$ 秒間は検出器が不感応であり，この時間内に飛来した粒子は数え落とされる．つまり，検出された n 個の粒子は，残りの $(1-n\tau)$ 秒間で検知されたことになる．ゆえに，真の計数率 N は

$$N = \frac{n}{1-n\tau} \tag{4}$$

となる．比較的低い計数率（$n\tau \ll 1$）の場合，（4）式は

$$N \simeq n(1+n\tau) \tag{5}$$

となり，分解時間 τ がわかれば，観測された計数率 n より真の計数率 N を

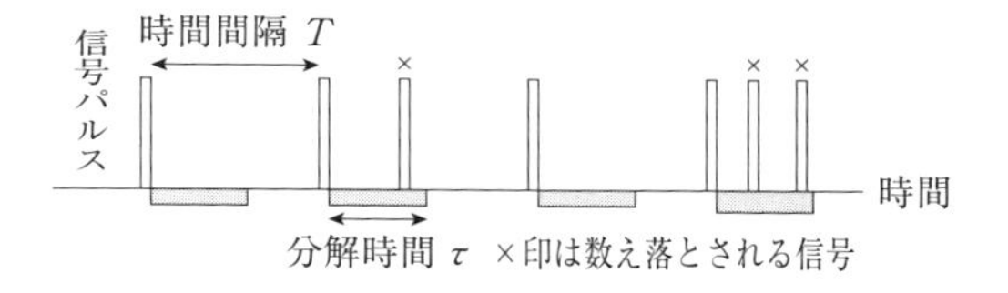

図2　分解時間の計測

求めることができる.

(3) 2線源法による分解時間の測定

分解時間 τ の測定法として，2線源法がある．ほぼ等しい強度の2つの線源 A，B を接近させて同時に放射線を測定し，その計数率 n_S を求める．次に線源 A，B を別々に置いて測定し，それぞれの計数率 n_A, n_B を求める．もし $\tau=0$ ならば，$n_S = N_S = N_A + N_B = n_A + n_B$ が成り立つ．ここで N_S, N_A, N_B はそれぞれ真の計数率である．しかし，実際には $\tau \fallingdotseq 0$ であるため，$n_S \leq n_A + n_B$ となる．この計数率の違いを利用して分解時間 τ を求めることができる．

まず，線源がない場合の自然放射線の計数率 n_G' を測定する．自然放射線は絶対数が小さいため不感応時間の影響は無視でき，この値 n_G' が真の計数率 N_G であると考えられる．一方，それぞれの線源 A，B に対して測定した計数率 n_A', n_B' は自然放射線の影響を含んだ計測となり，

$$\left.\begin{aligned} N_A + N_G &= n_A'(1 + n_A'\tau) \\ N_B + N_G &= n_B'(1 + n_B'\tau) \end{aligned}\right\} \tag{6}$$

と表せる．次に，線源 A，B を同時に測定したときの計数率を n_S' とすると

$$N_A + N_B + N_G = n_S'(1 + n_S'\tau) \tag{7}$$

が成立する．以上から分解時間 τ について整理すると

$$\tau = \frac{n_A' + n_B' - n_S' - N_G}{n_S'^2 - n_A'^2 - n_B'^2} \tag{8}$$

となる．したがって，n_A', n_B', n_S', N_G を測定すれば分解時間 τ を知ることができる．

測定は，N_G, n_A', n_S', n_B' の順序で行った方がよい．すなわち，始め線源 A について n_A' を測定し，次に線源 A はそのままの状態（位置）で線源 B を付け加え，n_S' を測定する．最後に線源 B を動かさずに線源 A を取り去り，n_B' を測定する．このようにすると，線源の置き方の再現性から生じる誤差を除くことができる．

2-3　β線とγ線の吸収係数とエネルギー

放射線が物質中を通過した場合，その強度は指数関数的に減少する．強度 I_0 の放射線が物質中を距離 x だけ通過したときの強度 $I(x)$ は

$$I(x) = I_0 \exp(-\mu x) \tag{9}$$

と表せる．ここで x の単位は［mg/cm^2］と表せ，密度 × 長さの次元となる．μ の単位は一般的に［cm^2/mg］であり，質量吸収係数とよばれ，物質の種類にほとんど依存しない量である．また x の単位を［mm］で表した場合，μ は吸収係数とよばれ，その単位は［mm^{-1}］となる．

放射線源と G. M. 管の間にさまざまな厚さの吸収体を置いて計数率の変化を測定することで，質量吸収係数 μ を求めることができる．このとき $\log_e I(x)$ は x に対して直線となる．これを吸収曲線という．吸収体の厚さ x_1, x_2 に対する放射線の強度をそれぞれ $I(x_1), I(x_2)$ とすると，質量吸収係数 μ は

$$\mu = -\frac{\log_e I(x_2) - \log_e I(x_1)}{x_2 - x_1} \tag{10}$$

となる．

β線の Al（アルミニウム）箔に対する吸収曲線の典型例を図 3 に示す．箔の厚さがある値以上になるとβ線は透過できず，計数率がほぼ一定となる．図中の $R_{\max}$ を最大飛程，R_{ex} を外挿飛程とよぶ．Al 箔に対する R_{ex}［mg/cm^2］を用いてβ線の最大エネルギー $E_{\max}$［MeV］を簡単に求める方

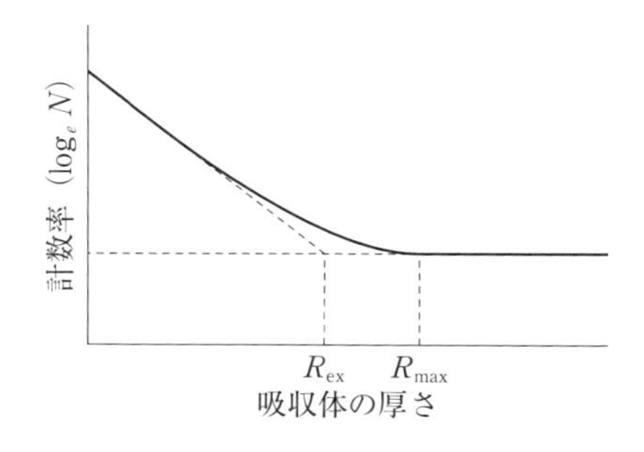

図 3　β線の Al 箔に対する吸収曲線

法として，次のようなフェーザー（Feather）の式が知られている．R_{ex} を測定することにより β 線の最大エネルギーを見積ることができる．

$$\left.\begin{array}{ll} R_{\mathrm{ex}} = 407E_{\mathrm{max}}^{1.38} & (0.15\ \mathrm{MeV} < E_{\mathrm{max}} < 0.8\ \mathrm{MeV}) \\ R_{\mathrm{ex}} = 542E_{\mathrm{max}} - 133 & (0.8\ \mathrm{MeV} < E_{\mathrm{max}} < 3\ \mathrm{MeV}) \end{array}\right\} \quad (11)$$

次に，放射線の強度について考える．いま，毎秒の崩壊数が N_{d} である放射線源に対して計数率 N を得たとする．N と N_{d} の関係は，放射線源と G. M. 管の間の幾何学的因子に依存する．線源から放出される放射線は，等方的に放出されている．放射線源が点線源であると仮定し，放射線の吸収と散乱を無視すれば，G. M. 管に入射する粒子の数は G. M. 管の窓と点線源が形成する立体角 Ω に比例する．図 4 に示すように，線源から G. M. 管までの距離を h，G. M. 管の窓の半径を r とすれば，立体角 Ω は

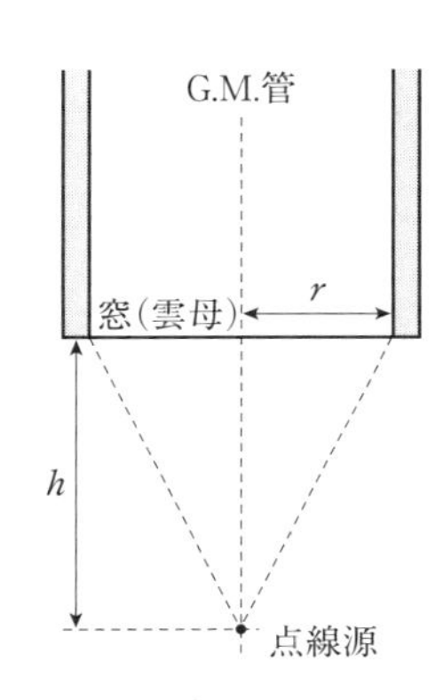

図 4　G. M. 管の立体角

$$\Omega \simeq 2\pi\left(1 - \frac{h}{\sqrt{r^2 + h^2}}\right) \quad (12)$$

で与えられる．G. M. 管の窓に入った粒子がすべて計数されるものと仮定すれば，計測される計数率 N は

$$N = \frac{\Omega}{4\pi} N_{\mathrm{d}} \quad (13)$$

となる．つまり，線源と G. M. 管との位置関係によって計数率が変わることになる．

図 5 に ^{60}Co 線源の吸収曲線の典型例を，また図 6 に崩壊図を示す．β 崩壊の終状態として原子核の励起状態が生成され，そこから γ 崩壊に至る過程が示されている．^{60}Co の自然崩壊は 1 個の β 線に対して，必ずエネルギー 1.2 MeV 前後の 2 個の γ 線が放出される．

実際には，G. M. 管の窓に入射した粒子がすべて計数されるわけではなく，

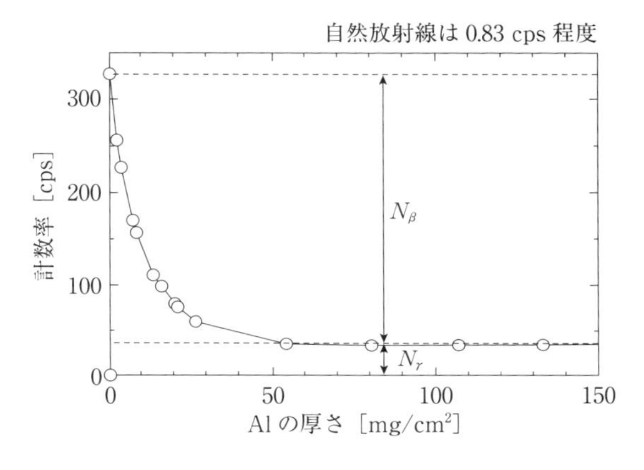

図 5　^{60}Co の吸収曲線

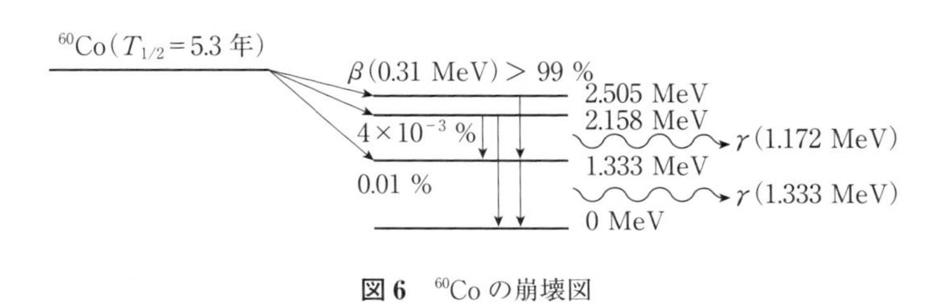

図 6　^{60}Co の崩壊図

その効率は放射線の種類によって異なる．β 崩壊とは原子核から電子が放出される現象であり，γ 崩壊とは励起状態の原子核から電磁波（フォトン）である γ 線を放出して基底状態に遷移する現象である．吸収体の厚さが 0 〜 15 mg/cm^2 の領域は，透過力の弱い β 線によるものである．G. M. 管の β 線，γ 線に対する計数効率をそれぞれ η_β, η_γ とすると，計数率はそれぞれ

$$N_\beta = \eta_\beta \frac{\Omega}{4\pi} N_\mathrm{d}, \qquad N_\gamma = 2\eta_\gamma \frac{\Omega}{4\pi} N_\mathrm{d} \tag{14}$$

と表せる．β 線は電子なだれを直接誘起するため，検出効率が高い ($\eta_\beta \sim 1$)．しかし γ 線は，封入気体などと相互作用して放出された電子が，

電子なだれを誘起するため効率が低くなる．

立体角を固定して N_{β} と N_{γ} を測定すれば，(14) 式より G. M. 管の計数効率の比 $\eta_{\gamma}/\eta_{\beta}$ を求めることができる．また，$\eta_{\beta}=1$ と仮定すれば，測定値 N_{β} と立体角 Ω から線源の強さ N_{d} を見積ることができる．

§3. 実　験

3-1　実験装置および器具

G. M. 管，高電圧電源，スケーラー，タイマー，放射線源（^{60}Co，^{90}Sr），吸収板（Al，Cu（銅））．

図 7 に示すように，G. M. 管を試料ケースに取り付ける．G. M. 計数管は，放射線粒子数を測定する G. M. 管およびスケーラー，タイマー，高電圧電源が一体となった計測機器である．

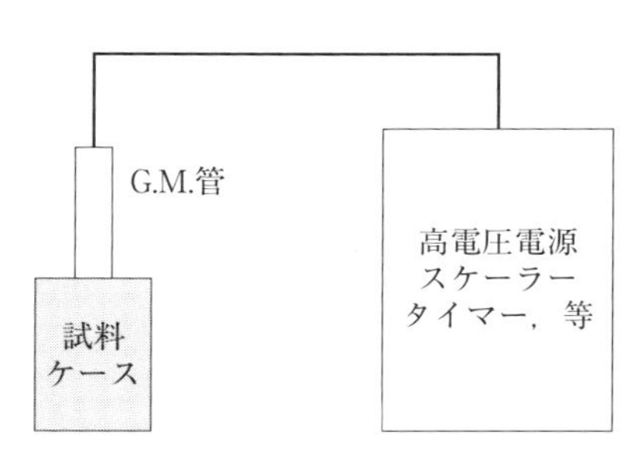

図 7　G. M. 計数管の概略図

実験を行う際には次の点に注意する．まず，G. M. 管に加える高電圧は，指定された電圧以下であること．また，G. M. 管の窓は非常に薄い物質（雲母 1.9 mg/cm^2）でできているため破損しやすい．実験で使用している G. M. 管の窓には触れないこと．窓の直径は使用済みの G. M. 管を用いて測定する．実験終了後，必ず放射線源を鉛の保管容器に戻すこと．

3-2　実 験 方 法

（1）　^{90}Sr 線源を用いて，G. M. 管のプラトー曲線を求める．また，動作電圧を決定する．

（2）　2 つのほぼ等しい放射線強度の ^{90}Sr 線源を用いて，G. M. 管の分解時間を測定する.

（3） ^{60}Co 線源および ^{90}Sr 線源を用いて，Al に対する放射線の吸収特性を調べる.

（4） ^{60}Co 線源を用いて，Cu に対する放射線の吸収特性を調べる.

（5） ^{90}Sr 線源と G. M. 管の距離を変化させ，計数率の立体角依存性を測定する.

§4. 課　題

（1） プラトー勾配と G. M. 管の動作電圧を示せ.

（2） G. M. 管の分解時間の測定結果を使って，β 線の計数率に対する補正を行え.

（3） ^{60}Co 線源および ^{90}Sr 線源を用いて，β 線の Al に対する質量吸収係数を求めよ.

（4） ^{60}Co 線源を用いて，γ 線の Al および Cu に対する質量吸収係数を求めよ.

（5） (11) 式を使って ^{60}Co 線源，^{90}Sr 線源の β 線の最大エネルギーを求めよ.

（6） 線源と G. M. 管の距離を変化させた実験結果を整理して，計数率の立体角依存性について考察せよ.

（7） ^{60}Co 線源を用いた実験において G. M. 管の η_γ/η_β を求めよ．また，線源の強さ N_d を求めよ.

（8） 実験で用いた ^{60}Co 線源は何ベクレルに相当するか．また線源には何グラムの ^{60}Co があるのかを求めよ.

§5. 参 考 書

1） 道家忠義，他 編：「放射線工学」（電気学会）

2） 河田　燕：「放射線計測技術」（東京大学出版会）

3）　飯田博美：「放射線概論：第１種放射線試験受験用テキスト」（通商産業研究社）

4）　大塚徳勝：「Ｑ＆Ａ放射線物理」（共立出版）

5）　鶴田隆雄：「放射線入門」（通商産業研究社）

29. The Photoelectric Effect

In this experiment you will study the emission of electrons from a metal surface that is illuminated with light of various discrete frequencies. You will measure the dependence of the kinetic energy of the emitted electrons on the frequency of the incident light.

§1. Introduction

Late in the nineteenth century a series of experiments revealed that electrons are emitted from a metal surface when it is illuminated with light of sufficiently high frequency. This phenomenon is known as the photoelectric effect.

In 1905, Einstein explained the photoelectric effect by assuming that light propagates as individual packets of energy called quanta or photons. This was an extension of the quantum theory developed by Max Planck. In order to explain the spectrum of radiation emitted by bodies hot enough to be luminous, Planck assumed that the radiation is emitted discontinuously as bursts of energy called quanta. Planck found that the quanta associated with a particular frequency ν of light all have the same energy, $E = h\nu$, where $h = 6.626 \times 10^{-34}$ [J·s] $= 4.136 \times 10^{-15}$ [eV·s] (Planck's constant). Although he had to assume that the electromagnetic energy radiated by a hot object emerges intermittently, Planck did not doubt that it propagated continuously through space as electromagnetic waves. Einstein, in his explanation of the photoelectric effect, proposed that light not only is emitted a quantum at a time, but also propagates as individual quanta.

Einstein's explanation of the photoelectric effect is that it is a result of collisions between photons (light quanta) of the incident light beam and electrons in the metal surface. In the collision, the photon energy $h\nu$ is absorbed by the electron. Some of this energy is then used to overcome the binding energy of the electron to the metal, and the remainder appears as kinetic energy of the freed electron. This quantum theory of light is totally contrary to the wave theory, which predicts that light energy is distributed continuously throughout the wave pattern, and which provides the sole means of explaining many optical effects such as diffraction and interference. This wave-particle duality cannot be avoided ; both theories are required to account for the observed behaviour of electromagnetic radiation. The 'true' nature of light cannot be described in terms of everyday experience, and both wave and quantum theories must be accepted, contradictions included, as being closest to a complete description of light.

§ 2. Theory

When light or electromagnetic waves such as X-rays of a specific wavelength hit a metal surface, electrons are emitted from the surface. Although the number of electrons emitted per unit of time increases with the intensity of the incident light, the energy of the electrons remains constant. When the wavelength of the electromagnetic waves is varied, the energy of the emitted electrons is also changed. This phenomenon is called the photoelectric effect and is a key theory for explaining the particle nature of light.

For a given metal, a certain minimum amount of energy is required to separate the electrons bound in the metal from its surface. This minimum required energy, which is called the work function, is different for each type of metal. When a metal is illuminated with light with more energy than the work function $e\varphi$, electrons are ejected from the metal's surface. The relationship between the kinetic energy of the ejected electron K_{E} and the wavelength of light λ is known as Einstein's equation, as follows:

$$h\nu = \frac{hc}{\lambda} = K_{\mathrm{E}} + e\varphi, \tag{1}$$

where $\nu = c/\lambda$ and c is the velocity of light. Work functions for typical metals are shown in Table 1; they are usually between 1 and 6 [eV].

In photoelectric effect experiments, a vacuum tube called a phototube is usually used as shown in Fig. 1. The phototube consists of two electrodes enclosed in an evacuated tube. One electrode (the cathode) has a large

Table 1 Work function of metals

	Na	Ba	Au	Pt	W
[eV]	2.28	2.51	4.9	5.32	4.52

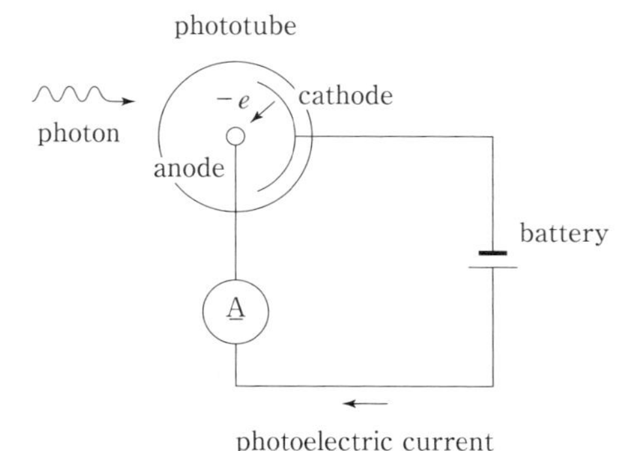

Fig. 1 Phototube

photosensitive surface and is called the emitter. The other electrode (the anode) is a wire and is called the collector. When the emitter is exposed to light, electrons are ejected from its surface. Some of the emitted electrons strike the anode, causing a current to flow. This current is measured by the electrometer. To measure the maximum kinetic energy K_E of these emitted electrons, a retarding potential from a battery is applied across the anode and cathode. The anode is made progressively more negative than the cathode, resulting in fewer and fewer electrons having sufficient kinetic energy to overcome this retarding potential difference. When the anode potential becomes sufficiently large (equalling V_s, the stopping voltage), subsequent photoelectrons have insufficient kinetic energy to overcome the potential difference, so no more electrons reach the anode and the photoelectric current reaches zero. This occurs when

$$K_E = eV_s . \tag{2}$$

Inserting Eq.(2) into Eq.(1), we see that V_s depends on the wavelength of the incident light and the work function.

$$V_s = \frac{hc}{e\lambda} - \varphi . \tag{3}$$

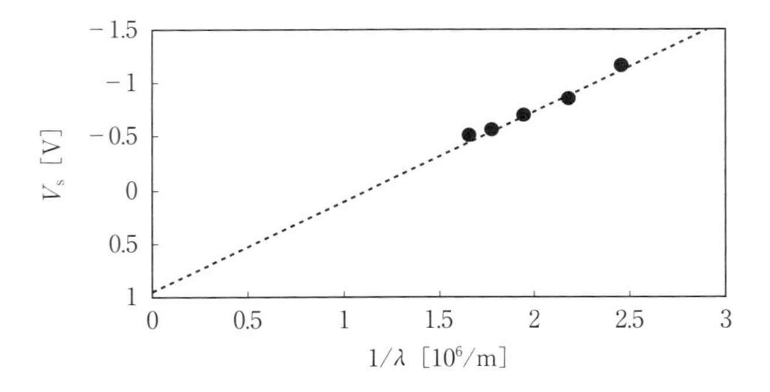

Fig. 2 Dependence of the stopping voltage to the reciprocal of the wavelength of light.

If this stopping voltage is plotted as a function of the reciprocal of the wavelength of light, a straight line is obtained as shown by a dotted line in Fig. 2. The Planck's constant is determined from the slope of the line, while the work function of the cathode metal is obtained from the intersecting point of the straight line with the vertical axis.

§ 3. Experiment

3 - 1 Equipment

Planck's constant apparatus, Mercury vapour lamp.

The equipment of Planck's constants apparatus shown in Fig. 3 consists of a source of photons (high-intensity halogen lamp source), a monochromator (a diffraction grating), a phototube, an electrometer (essentially a very sensitive ammeter), a DC voltage source for a retarding potential. The diffraction grating enables separation of light from the halogen lamp source into prominent spectral lines of discrete wavelength (and hence frequency), the phototube contains the metal surface to be illuminated, and the

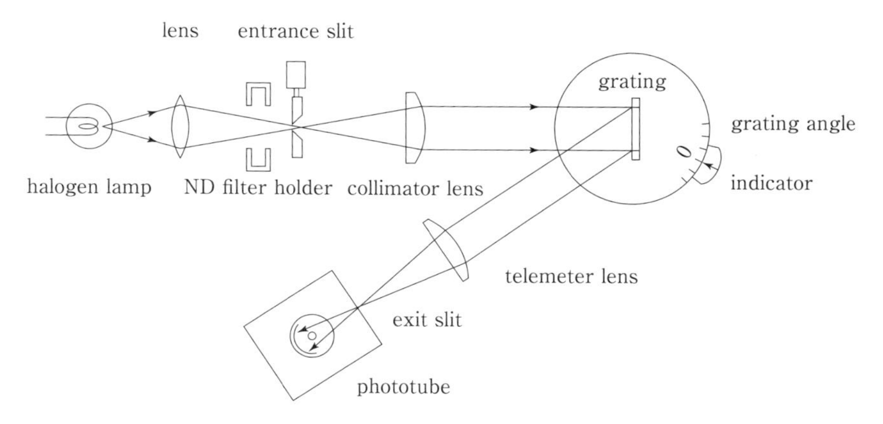

Fig. 3 Planck's constant apparatus

rest of the equipment is used to measure the current due to the emitted photoelectrons as a function of retarding potential.

The vacuum vapour lamp is used to obtain the relationship between the scale showing an angle of the diffraction grating and the wavelength of light emerging from the exit slit. The light from this lamp provides several sharp lines of well known wavelength listed in Table 2.

Table 2 Spectral lines emitted from a mercury vapour lamp [nm]

red	623.4	faint blue	434.75
yellow	579.05	faint blue	433.92
yellow	576.96	violet	407.78
bright green	546.07	violet	404.66
blue	491.6	ultra violet	365
bright blue	435.84		

3-2 Method

NOTE: For best results, this experiment should be done with the room lights off. Also, avoid bumping the equipment as proper alignment is crucial.

(1) The calibration of the monochromator

(i) Set the mercury vapour lamp in the space between the entrance slit and the holder for a ND filter.

(ii) Adjust the width of the entrance slit to be less than half a millimeter.

(iii) Adjust the position of the lamp to irradiate the slit by an intense beam of light from the lamp.

(iv) Turn the disk fixing the grating and find two bright yellow lines on a white paper inserted in front of the exit slit.

(v) Remove the paper and observe the photoelectric current flowing through the phototube without any retarding potential from the battery.

(vi) Read the grating angle on the disk when the photoelectric current reaches a peak for each bright yellow line.

(vii) Read the grating angle for each emission line listed in Table 2.

(2) The measurement of the maximum electron energy as a function of the wavelength of the incident light

(i) Remove the mercury vapour lamp from the Planck's constant apparatus.

(ii) Adjust the width of the entrance slit to be half a millimeter.

(iii) Turn on the power of the Planck's constant apparatus and wait for twenty minutes until the emission of the halogen lamp and the operation of the electric circuit are stabilized.

(iv) Move the grating angle of $\theta = 0$ on the disk to the indicator and watch the spectral lines on a white paper inserted in front of the exit slit.

(v) Close the entrance slit and apply the retarding potential of $V = -3$ [V] to the phototube.

(vi) Adjust the balance of the DC current amplifier using the ZERO ADJ. button.

(vii) Remove the white paper and fix the retarding potential at $V = 0$.

(viii) Open slowly the entrance slit until the photoelectric current reaches 100 [μA].

(ix) Read the photoelectric current as a function of the retarding potential in the range of $V = 0 : -3$ [V] (Fig. 4).

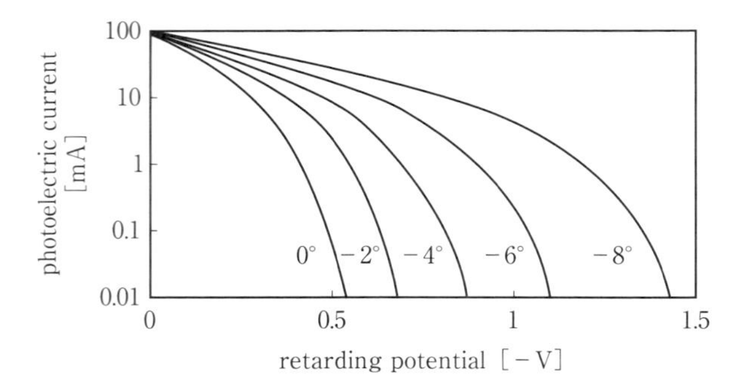

Fig. 4 Dependence of the photoelectric current to the retarding potential.

(x) Repeat the procedures (viii) and (ix) by changing the grating angle in the range of $\theta = -2° : -8°$ at 2° intervals.

§ 4. Analysis

(1) Plot a graph of wavelength of light emitted from the mercury vapour lamp on the y axis versus grating angle on the x axis (Fig. 5).

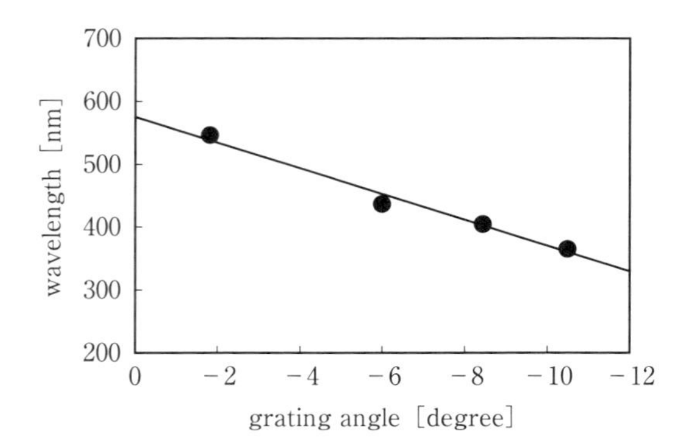

Fig. 5 Calibration of the grating angle

(2) Read the stopping voltage V_s from the graph of the photoelectric current as a function of the retarding potential. Here, the retarding

potential at 0.01 [μA] of the photoelectric current is assumed to be the stopping voltage.

(3) Plot a graph of the stopping voltage on the y axis versus wavelength of light on the x axis, which is transformed from the grating angle using the relation shown in Fig. 5 and draw the best-fit line of the data as shown in Fig. 2.

(4) Determine values for the Planck's constant h and the work function $e\varphi$ [eV]. And compare your value of h with the accepted value of 6.626×10^{-34} [J·s] or 4.136×10^{-15} [eV·s].

30. Interactions of Alphas and Gammas with Matter

The characteristics of the interactions of alpha particles with matter, and of gamma rays with matter, will be compared and contrasted. A heavy charged particle, such as an alpha particle, ionizes the atoms of the substance through which it passes. The number of ions formed per unit distance along the path of the particle depends on the distance that the particle has travelled in the substance. This dependence is shown on a Bragg curve and it reaches a peak (the Bragg peak) just before the particle stops. The Bragg peak of a charged carbon beam is used for cancer therapy at the National Institute of Radiological Sciences in Japan.

When gamma rays (high-energy photons) interact with a substance they are either absorbed or scattered away from the incident direction. As a result, the intensity of a beam of gamma rays decreases exponentially with distance travelled through a substance. Gamma rays are also used for cancer therapy. To minimize potentially harmful effects to healthy tissue, gamma ray cancer therapy often uses multiple beams of gamma rays; the beams are aimed so that they intersect at the tumour location. This results in maximum irradiation of the tumour but minimal damage to healthy tissue along the path of any particular gamma ray beam.

§1. Introduction

Natural radioactivity was discovered in 1896 by Henri Becquerel, one year after the discovery of X-rays by Roentgen. While working with uranium salts, Becquerel found that the uranium emitted penetrating radiation, similar to X-rays. Research into radioactivity showed that thorium was also radioactive, and Becquerel's doctoral student, Marie Sklodowska-Curie, and her husband, Pierre Curie, discovered the radioactive elements polonium and radium. Becquerel and the Curies shared the 1903 Nobel Prize in Physics for the discovery and study of spontaneous radioactivity. Further research by Becquerel, Ernst Rutherford, Paul Villard, and others showed that there were different types of radiation, the most common being alpha, beta, and gamma rays. Passing the radiation through electric and magnetic fields showed that alpha rays were positively-charged, beta rays were negatively-charged, and gamma rays were uncharged. While at McGill University in Montreal, Canada, Rutherford differentiated alpha and beta radiation and showed that alpha particles were helium ions. This work earned him the 1908 Nobel Prize in Chemistry. Becquerel showed that the beta rays emitted by radium could be deflected by an electric field and that their mass-to-charge ratio was the same as for cathode rays (electrons). Using lead to stop the alpha rays and a magnetic field to deflect the beta rays, Villard showed that the radiation from radium contained a third type of ray. Because they were far more penetrating than alpha rays and beta rays, Rutherford proposed that these rays be called gamma rays. In 1910 Rutherford measured the wavelengths of gamma rays and found that they were electromagnetic waves.

§ 2. Theory

2-1 Interaction of Alpha Particles with Matter

A heavy charged particle, such as an alpha particle, has a fairly definite range in a gas, liquid, or solid. The particle loses energy primarily by the excitation and ionization of atoms in its path. The energy loss occurs in a large number of small increments. The alpha particle has such a large momentum that its direction is not changed appreciably during the slowing processes. Eventually it loses all its kinetic energy and comes to rest. The distance traversed is called the range, and depends on the energy of the alpha particle, the atom density in the material traversed, and the atomic number and average ionization potential of the atoms comprising this material. A slow (low energy) alpha particle loses more energy by ionizing atoms than a fast (high energy) alpha particle, since the slower particle spends a longer time in an atom, and thus there is a greater probability that an electronic transition will occur in the atom. This effect can be observed in the ionization along the path of a single alpha particle ; the number of ions produced per unit distance is small at the beginning of the path, rises to a maximum near the end of the path, and then falls sharply to zero when the alpha particle becomes too slow for any further ionization (the end point of the range). A plot of the specific ionization (number of ions formed per unit distance of beam path) versus distance from the alpha particle source for a beam of alpha particles is called a Bragg curve, and based on the above discussion should have the shape shown in Fig. 1.

Since the energy loss of the alpha particle per ion formed is nearly constant, the specific ionization is proportional to the rate of the alpha particle energy loss, $-dE/dx$, and so a plot of alpha particle energy loss per unit distance versus distance from the source should have the same shape as the Bragg curve of Fig. 1.

The two sets of measurements that will be made in this experiment are the number of alpha particles detected as a function of distance from the source, and the residual alpha particle energy as a function of distance from

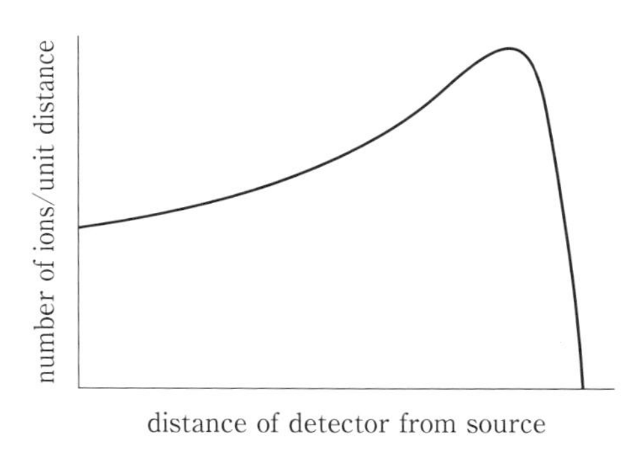

Fig. 1 The Bragg curve for alpha particles travelling through matter.

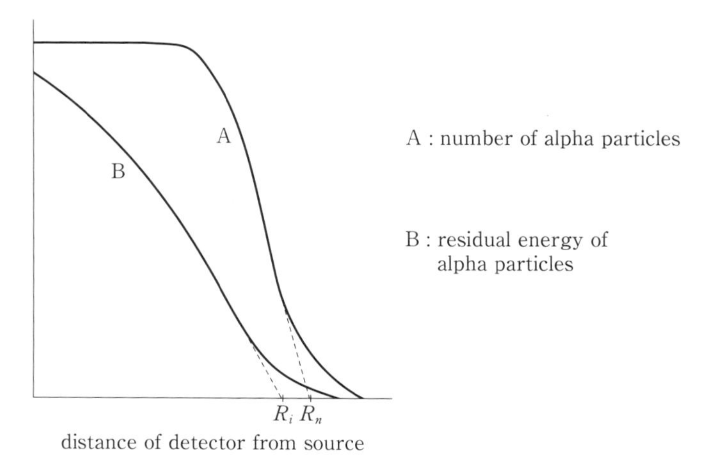

Fig. 2 Typical plots of number of alpha particles (A) and residual energy of alpha particles (B) versus distance travelled through matter (air).

the source. Typical plots of these data, for the region near the alpha particle range, are shown in Fig. 2.

Note that both curves exhibit a 'tail' near the range. This effect is called straggling. Since some alpha particles interact with more and others interact with fewer than the average number of molecules in passing through the absorber, the actual distance from the source at which their energy is completely expended is somewhat different for different particles. Because of straggling, the actual range of an alpha particle of well-defined energy is not definite. To avoid this indefiniteness, the curves are extrapolated as shown in Fig. 2. Besides the statistical straggling discussed above, straggling effects can be caused by varying energy losses in the source (source

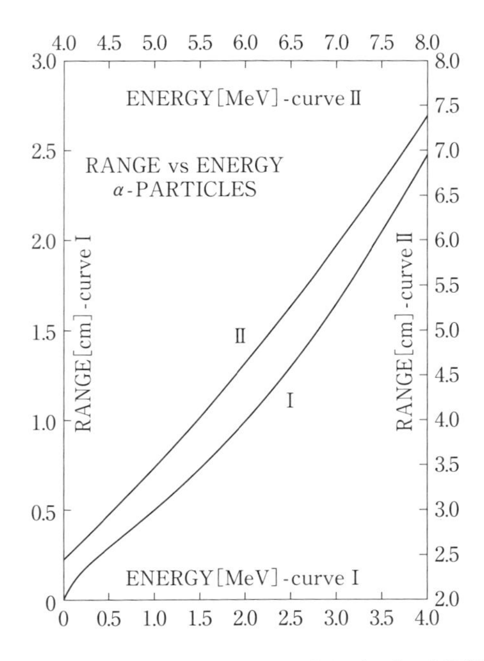

Fig. 3 Range-energy relation of alpha particles in air of 15 ℃ and 76 cm.

straggling), by departure of the beam from parallelism (angular straggling), and by characteristics of the detection and recording equipment (instrument straggling).

Published data and theoretical curves for alpha particle ranges are usually in terms of the average range versus alpha particle energy for air at 15 ℃ and 76 cmHg. The average range, R_{ave}, is obtained from the number-distance extrapolated range, R_n, and the energy-distance extrapolated range, R_i, by subtracting 0.06 cm and 0.03 cm respectively, for the energy of alpha particle used in this experiment. Note that this correction is probably insignificant within the accuracy of this experiment. Fig. 3 shows the theoretical and experimentally verified range-energy relation for alpha particles in standard air (15 ℃, 76 cmHg) for energies from 0 to 8.0 MeV.

2-2 Interaction of Gamma Rays with Matter

'Gamma rays' is the name given to high-energy electromagnetic radiation originating from nuclear energy level transitions. (Typical wavelength, frequency, and energy ranges are: 0.0005 to 0.15 nm; 2×10^{18} to 6×10^{20} Hz; and 10 keV to 2.5 MeV, respectively.) The terms gamma rays, nuclear x-rays, and high-energy photons are often used interchangeably. Gamma rays traversing matter are absorbed due to a number of processes. The ability of a substance to absorb gamma rays is expressed by the absorption coefficient for that substance. In this experiment an attempt will be made to verify the theoretical expression describing the absorption of gamma rays as a function of absorber thickness, and the absorption coefficients for lead, copper, and aluminum for gamma rays from ^{137}Cs will be measured and compared to accepted values.

Gamma ray absorption is a random type of process; it is not possible to say whether a particular gamma ray will interact with the absorber or pass through unaffected. The processes by which gamma ray absorption occur are : 1) the photoelectric effect ; 2) Compton scattering, and ; 3) pair production. In all three of these processes the gamma ray is either scattered away from the incident direction or completely absorbed. That is, if a detector is placed on the opposite side of the absorber along the incident direction of a beam of gamma rays, only those gamma rays which did not interact with the absorber will be detected.

An expression can be derived which gives the number, N, of gamma rays that will pass through an absorber without interacting as a function of the absorber thickness and the incident number of gamma rays. Consider a number, N_0, of gamma rays incident on an absorber of thickness x. Suppose the absorber is divided into n sections of equal thickness Δx (see Fig. 4).

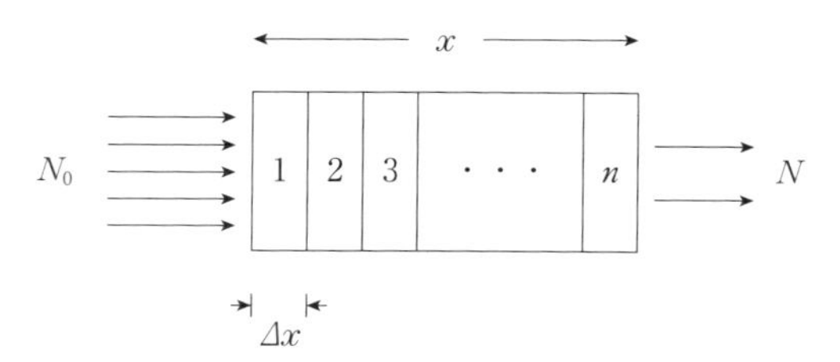

Fig. 4 Attenuation of gamma ray intensity by an absorber.

Since gamma ray absorption is a random process, it is reasonable to expect that the change in the number of gamma rays, ΔN, due to absorption in a section of the absorber, is proportional to the number of gamma rays incident on the absorber section and the absorber section thickness :

$$\Delta N \propto N \, \Delta x. \tag{1}$$

That is, the likelihood of a gamma ray interacting increases as the thickness of the absorber thickness increases, and increasing the number of incident gamma rays increases the number that will be absorbed. To make equation (1) an equality, define μ, the absorption coefficient, as the constant of proportionality. μ is a measure of the effectiveness of a given type of absorber. Also, note that ΔN is intrinsically negative since the number of gamma rays is decreasing due to absorption

$$\Delta N = -\mu N \Delta x. \qquad (2)$$

The relative change in the number of gamma rays due to absorption is

$$\frac{\Delta N}{N} = -\mu \Delta x. \qquad (3)$$

Consider the absorber to be separated into its n sections :

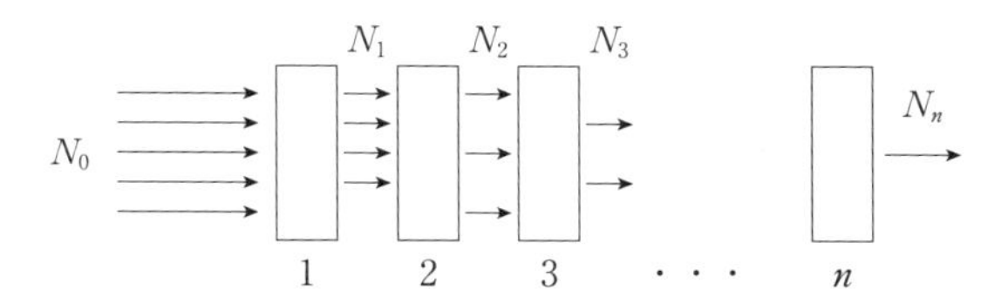

Fig. 5 Attenuation of gamma rays by separated absorbers.

The number of gamma rays remaining after each section of the absorber is traversed is given by ;

$$N_1 = N_0 - \left|\frac{\Delta N}{N}\right| N_0 = N_0\left(1 - \frac{\Delta N}{N}\right) = N_0(1 - \mu \Delta x)$$

$$N_2 = N_1 - \left|\frac{\Delta N}{N}\right| N_1 = N_1(1 - \mu \Delta x) = N_0(1 - \mu \Delta x)^2$$

and $N_n = N_0(1 - \mu \Delta x)^n$ is the number remaining after passing through the complete absorber.

Now recall that $\Delta x = x/n$.

$$N_n = N_0\left(1 - \frac{\mu x}{n}\right)^n \tag{4}$$

Note that the above analysis assumes that the number of gamma rays changes linearly over the width of each absorber section.

i.e. for N_1

$$N_1 = N_0 - N_0\mu\,\Delta x = c_1 + c_2\,\Delta x \qquad (c_1, c_2 \text{ constants}).$$

However, the proper expression is $N_1 = N_0 - N'\mu\,\Delta x$, where N' decreases continuously as the gamma rays pass through the absorber section. This problem can be overcome by taking smaller and smaller section thicknesses. Therefore, from equation (4):

$$N = \lim_{n\to\infty} N_n = \lim_{n\to\infty} N_0\left(1 - \frac{\mu x}{n}\right)^n = N_0 e^{-\mu x}. \tag{5}$$

where N_0 is the incident number of gamma rays, and N is the number transmitted through the absorber of thickness x. The above result can be obtained directly from equation (3) by integration:

$$\frac{\Delta N}{N} = -\mu\,\Delta x$$

$$\lim_{\Delta x\to 0} \text{implies} \frac{dN}{N} = -\mu\,dx$$

$$\therefore \quad \int_{N_0}^{N} \frac{dN}{N} = -\mu\int_0^x dx$$

$$\ln N - \ln N_0 = -\mu x$$

$$N = N_0 e^{-\mu x}.$$

That is, the number of transmitted gamma rays decreases exponentially as the absorber thickness is increased. Although the desired result follows rather easily by integrating equation (3), such is not always the case. In this instance, equation (3) can be written as

$$\frac{dN}{dx} = -\mu N$$

which is an easily-solved differential equation. However, for some types of problems the differential equation may be quite complicated. In that case, it is useful to use an iterative type of solution as was done initially. Also, note that the iterative calculation lends itself rather nicely to computer programming.

§3. Apparatus

3-1 Measurement of Alpha Particles

Fig. 6 shows a block diagram of the equipment used to measure the number-distance and energy-distance data for the alpha particles emitted by ^{241}Am as they pass through various pressures of air.

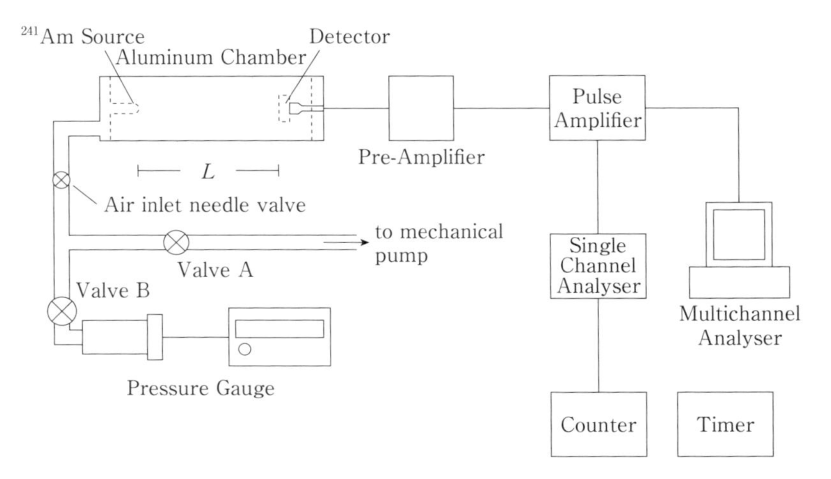

Fig. 6 Schematic diagram of equipment used to study interaction of alpha particles with air.

The physical distance between the source and detector is fixed (L=7.8 cm), the variable parameter being the air pressure in the aluminum chamber containing the source and detector. From the ideal gas law, an effective source-detector separation, d, in standard air (15 ℃, 76 cmHg) can be determined from the fixed source-detector distance, L, the actual air pressure in the chamber containing the source and detector, p, and the room temperature, T. The actual conditions in the chamber yield a certain average number of air molecules, n_{act}, between the source and detector. Let n_{eff} be the average number of air molecules between source and detector when the chamber contains standard air (15 ℃ , 76 cm Hg). The effective distance, d, is the distance in standard air for which $n_{eff} = n_{act}$. From the ideal gas law,

$$\frac{pAL}{R(T+273)} = \frac{76Ad}{R(15+273)} \tag{6}$$

where A is the cross-sectional area of the chamber and R is the Universal Gas constant. Solving for d yields:

$$d = \frac{288 \times 7.8}{76(T+273)} \cdot p$$

$$= \frac{29.56}{T+273} \cdot p$$

where d is the effective source-detector distance in cm, T is room temperature in ℃ and p is the actual chamber pressure in cm Hg. Thus data measured as a function of air pressure can be easily converted to a function of source-detector separation in standard air. i.e. The effect of increasing the chamber air pressure is equivalent to having standard air and increasing the source-detector separation. Or from yet another point of view, increasing the chamber air pressure is equivalent to increasing the "thickness" of the air absorber between the source and detector.

The detector used in this experiment is a silicon surface barrier detector— a silicon crystal which has been manufactured so that part of it is p-type and part is n-type. Thus the crystal contains a p-n junction. At a p-n junction, electrons from the n zone migrate to the p zone where they combine with holes to leave a thin layer on both sides of the junction that is depleted in charge carriers (the depletion region). The size of the depletion region is enlarged by applying an external voltage ($\approx$ 60 V) to produce a reverse bias across the crystal so that its p end is negative and its n end is positive. The depletion region is the active part of the detector. When a charged particle such as an alpha particle passes into the depletion region, new electron-hole pairs are created by the ionization which occurs as the alpha particle loses energy to the crystal atoms. These new electrons and holes are attracted to the ends of the crystal where they produce a measurable voltage pulse in a charge-sensitive pre-amplifier. The size of this voltage pulse is directly proportional to the energy deposited by the particle; if the particle stops in the crystal (as is the case in this experiment) the voltage pulse provides a measure of the particle's energy. To reduce energy loss outside the active zone, the p-type region and its electrical contact are made as thin as possible. Fig. 7 is a schematic diagram of this type of detector.

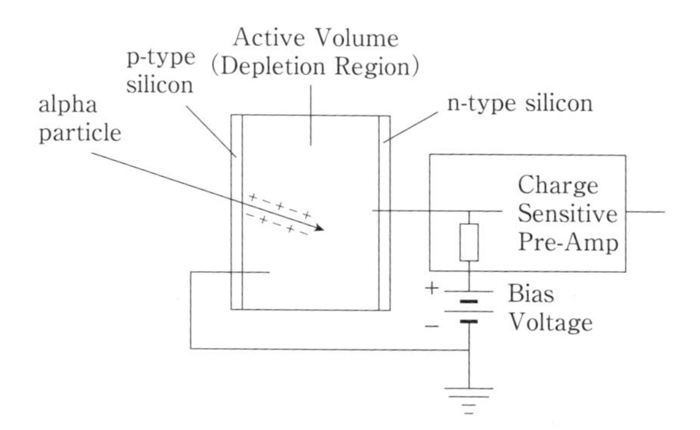

Fig. 7 Schematic diagram of silicon surface barrier detector.

The output voltage pulse from the pre-amplifier is further amplified and shaped by the pulse amplifier. The output of the pulse amplifier is split, with signals going to a counter and to a multichannel analyser.

The counter counts each alpha particle pulse. Turning the counter and adjacent timer on and off simultaneously allows measurement of the alpha particle count rate.

The multichannel analyser analyses the alpha particle voltage pulses according to magnitude. Each pulse is assigned a channel number proportional to its voltage (i.e. the analogue voltages are digitized). The number of alpha particle pulses corresponding to a specific channel number is recorded by the computer for each of the channels. The monitor displays number of alpha particle pulses versus channel number. Since the detector output is proportional to the energy of the impinging alpha particle, and the pre-amplifier, amplifier, and multichannel analyser responses are linear, the display is proportional to a plot of number of alpha particles versus energy. That is, the computer displays the energy distribution of the alpha particles after they have traversed the source-detector distance. Fig. 8 shows a typical monitor display.

Note that although the alpha particle source is reasonably monoenergetic,

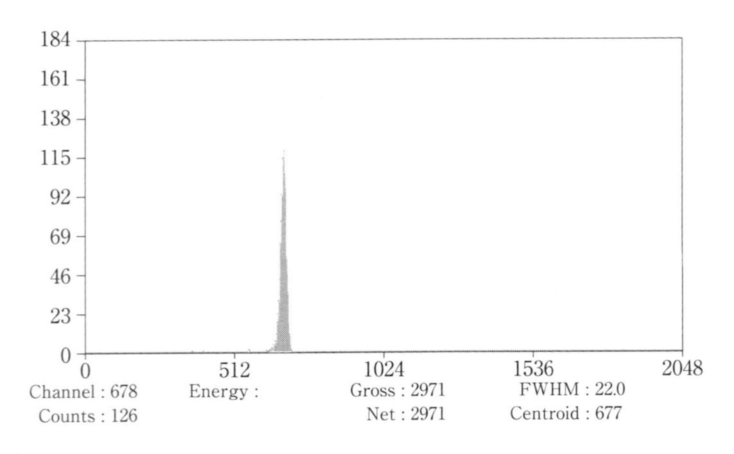

Fig. 8 Typical energy distribution for detected alpha particles.

there is a distribution of alpha particle energies around a peak value. This is due to varying energy losses in the absorber (statistical straggling), varying energy losses in the source (source straggling), departure of the beam from parallelism (angular straggling), and characteristics of the detection and recording equipment (instrument straggling). The software allows determination of the channel number corresponding to the peak energy.

3-2 Measurement of Gamma Rays

The gamma ray source used in this experiment is ^{137}Cs, which emits gamma rays with energy of 0.662 MeV. There are numerous lead, copper, and aluminum absorber sheets that can be placed between the source and detector.

The source is collimated to provide an incident beam of gamma rays, and the detector is well-shielded and collimated to reduce background counts and to detect only those gamma rays which come directly from the source.

The detection and analysis system consists of a NaI (Tl) scintillation crystal and photomultiplier tube connected to a high voltage supply and a multichannel analyser (MCA) connected to a PC.

Gamma rays passing into the NaI (Tl) crystal cause flashes of light (scintillations) inside the crystal. These flashes of light release electrons from the photocathode of the photomultiplier tube (by the photoelectric effect). The high voltage applied to the photomultiplier tube causes the electrons to be channelled through the various stages of the tube, with amplification of the number of electrons occurring at each stage. The result is a pulse at the output of the photomultiplier tube, the voltage of the pulse being proportional to the energy deposited in the crystal by the gamma ray.

After linear amplification the voltage pulse is digitized by the analogue-to-digital-converter (ADC) in the multichannel analyser, and the computer monitor displays the number of pulses versus channel number. The channel number is directly proportional to the photomultiplier tube pulse voltage and hence to deposited gamma ray energy. The monitor thus shows the energy distribution of the gamma rays being detected. A block diagram of the apparatus is shown in Fig. 9.

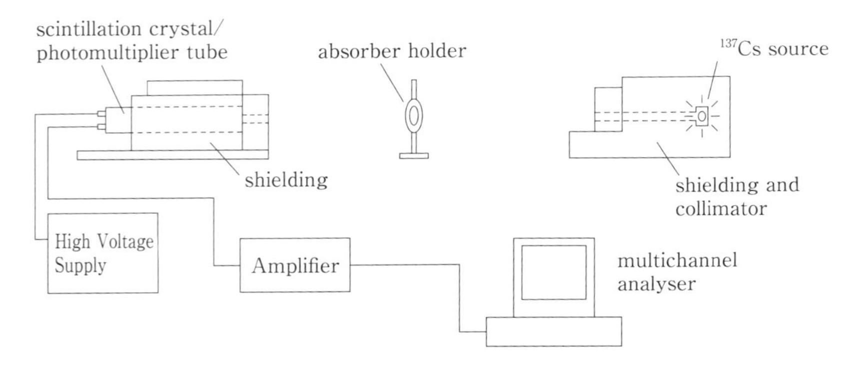

Fig. 9 Schematic diagram of equipment used to study absorption of gamma rays.

Fig. 10 shows a typical energy spectrum for a monoenergetic gamma source :

A number of features of the spectrum are worthy of mention. The large peak results from complete gamma ray absorption whether by a single photoelectric event, or by Compton scattering followed by a photoelectric event. (Because the pulse amplitude per MeV is nearly independent of the kinetic energy imparted to the electrons for NaI (Tl), the response of the detector is linear. Thus the pulse amplitude is directly proportional to the amount of gamma ray energy deposited, no matter what the process.) Although the incident gamma ray is monoenergetic, the peak has a width

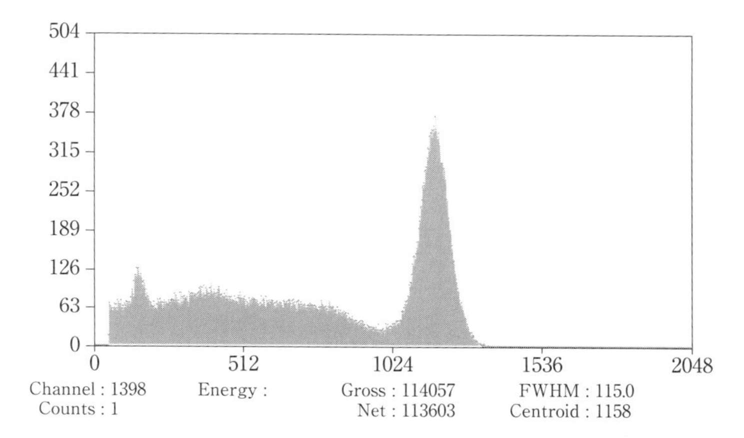

Fig. 10 Typical energy distribution for detected gamma rays.

due mainly to fluctuations in the number of electrons released at the photocathode per fluorescent photon.

The continuum of energies from zero to the start of the peak is due to the various amounts of gamma ray energy absorbed by the crystal for Compton scattering. (A gamma ray that interacts with the crystal via a single Compton event and then exits the crystal will not deposit all of its energy.)

The small low-energy peak is due to gamma rays that are backscattered from the source shielding or the photomultiplier window into the crystal.

§ 4. Procedure and Experiment

4 - 1 Measurement of Alpha Particles

(1) Using the thermometer provided, record the room temperature.

(2) Turn on the vacuum pump, open the valve that connects the system to the pump, and evacuate the system with the pump. When the pressure gauge reads a minimum (essentially zero pressure) close the valve and turn off the pump.

(3) Ensure that the power supply for the detector pre-amplifier has its voltage control at its minimum setting. Turn on the power supply and slowly increase the voltage to a value of 60 V. (At the end of the experiment, reduce the voltage to zero and then shut off the power supply.)

(4) If necessary, turn on the computer and wait for it to finish booting.

(5) Turn on the multichannel analyser.

(6) Start the software program that controls the multichannel analyser.

(7) Using an appropriate count time to reduce experimental uncertainty, measure the alpha particle count rate (using the counter and timer) and the channel number corresponding to the peak residual alpha particle energy (using the multichannel analyser and the computer) for air pressure increments of 3 cmHg, starting with $p = 0$. It may be necessary to raise the lower level discriminator of the multichannel analyser to eliminate counts due to noise.

(8) Although it is not necessary, the count versus channel number data for each run can be saved by selecting the appropriate menu items within the software controlling the multichannel analyser. If you wish to process the data in a spreadsheet program, select either Tab separated variable or Comma separated variable as the file format.

(9) The count rate should remain relatively constant, and then drop off rapidly once the air pressure is high enough so that most of the alpha particles are stopped before they reach the detector. Use smaller pressure increments in this region. Because of the lower limit threshold in the multichannel analyser, it may not be possible to determine peak channel

numbers near the air pressure at which the alpha particles have lost most of their energy.

. (10) When you are sure you have collected all the required data, turn off the equipment as follows:

- Close the multichannel analyser computer program.
- Turn off the multichannel analyser.
- Decrease the pre-amplifier power supply voltage to zero and turn off the power supply.
- Turn off all other electronic components.

4-2 Measurement of Gamma Rays

NOTE: In the theory section, the discussion involved the number of gamma rays. However, since the source emits gamma rays continuously in all directions, the terms N and N_0 should have been defined as numbers of gamma rays per unit area per unit time. This will not affect the results as long as counts are normalised to a constant time interval. (i.e. convert to counts per second, or counts per minute, or counts in 5 minutes, etc.) The area over which measurements are made is constant because the active frontal area of the scintillation crystal does not change.

Also, recall that for a random process such as absorption of radiation, the experimental uncertainty in a count measurement N is given by $\sqrt{N}$. Thus the relative uncertainty

$$\frac{\delta N}{N} = \frac{\sqrt{N}}{N} = \frac{1}{\sqrt{N}}$$

decreases as the number of counts recorded increases. Therefore, the longer the time interval over which counts are recorded, the better the experimental accuracy. For example, suppose a one minute measurement yields 100 counts and a four minute measurement yields 400 counts. Although the result in both instances is a count rate of 100 counts/min, in the first case the result is $(100 \pm \sqrt{100})/1$ min $= 100 \pm 10$ counts/min, while in the second case it is $(400 \pm \sqrt{400})/4$ min $= 100 \pm 5$ counts/min.

When performing a counting experiment a compromise must be reached between the amount of time available for the experiment and the desired accuracy. When choosing time intervals for the counts to be made in this experiment, be sure that all of the measurements can be made in the lab period, and remember that as the absorber thickness is increased the count rate will decrease, so longer time intervals will be required in order to maintain a desired degree of accuracy.

(1) Turn on the power and high voltage switches on the scintillation amplifier/high voltage power supply. Check that the settings are correct (consult your lab instructor).

(2) Allow five minutes for the high voltage power supply to warm up.

(3) Turn on the multichannel analyser.

(4) Start the software program that controls the multichannel analyser.

(5) Place sufficient additional shielding in front of the source collimator so that it can be assumed that the shielding absorbs all radiation from the source that would otherwise strike the detector. Measure the background radiation (due to other sources in the building, cosmic rays, the earth, etc.) by counting for a sufficiently long period of time (600 s for example).

Record the total number of counts obtained in all channels.

The background rate is the number of counts detected divided by the count time. This background rate must be subtracted from your measurements to obtain the rate due to the source only. Once the background measurement has been completed, remove the shielding that is covering the source collimator. (DO NOT REMOVE ANY OF THE OTHER LEAD SHIELDING THAT SURROUNDS THE SOURCE).

(6) Visually check that the absorber holder is in line with, and about midway between, the source and detector.

(7) With no absorber, measure the incident gamma ray count rate. As mentioned, the spectrum (energy distribution) of gamma rays that you observe is due to characteristics of the detector system. The incident gamma rays are monoenergetic at 0.662 MeV. As well as measuring the gamma count rate as described above, record the channel number of the gamma energy peak.

(8) For each set of the aluminum, copper, and lead absorber plates that are provided:

a) Record the thickness of each plate as it is used.

b) Set and record the count time (and remember to increase the count time as the absorber thickness is increased).

c) Measure the gamma ray count rate and peak channel number for various thicknesses of absorber plates.

§5. Analysis

5-1 Measurement of Alpha Particles

Convert air pressures to effective source-detector distances in standard air. Make plots of count rate versus effective distance, and peak channel number versus effective distance.

From each of these plots determine a value for the range of ^{241}Am alpha particles in standard air. The peak channel number curve will have to be extrapolated to the x-axis because of the lack of data near the pressure corresponding to the range in standard air.

Typical plots are shown on the following page:

Average the two range values obtained from your graphs. Using 5.486 MeV for the ^{241}Am alpha particle energy, obtain the corresponding range in standard air from interpolation of Fig. 3. Compare your average range with the accepted value from the graph.

Using the initial alpha particle energy of 5.486 MeV and the measured peak channel number corresponding to $p = 0$, calculate the conversion factor, N (MeV/channel), between channel number and energy.

Determine the alpha particle energy loss per unit distance ($-dE/dx$) at various effective source-detector distances. This is done as follows:

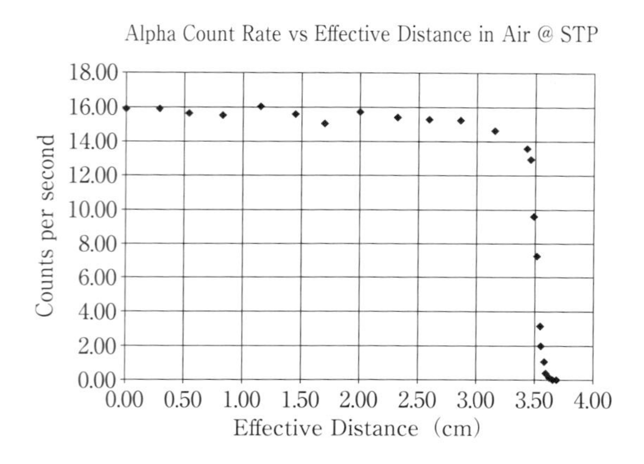

Fig. 11 Typical plot of count rate versus effective distance for alpha particles travelling in air.

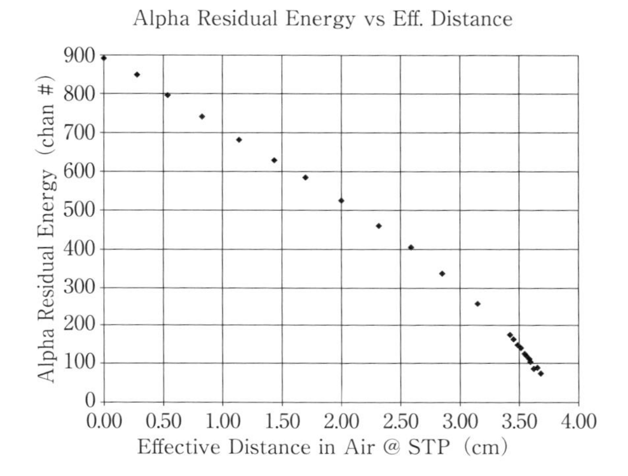

Fig. 12 Typical plot of residual energy versus effective distance for alpha particles travelling in air.

a) Let C_1 be the peak channel number at an effective distance of d_1 and let C_2 be the peak channel number at an effective distance of d_2.

b) The value of $-dE/dx$ at an effective distance of $1/2(d_1 + d_2)$ is given approximately by:

$$-\frac{dE}{dx} = \left(\frac{|C_2 - C_1|}{d_2 - d_1}\right) \cdot N$$

That is, the slope of the line between two consecutive data points is approximately equal to the instantaneous rate of change of the actual curve at the midpoint between the two data points.

Plot energy loss per unit distance ($-dE/dx$) versus effective source-detector distance. Compare the shape of the graph with the curve shown in Fig. 1 and discussed in the theory.

5 - 2 Measurement of Gamma Rays

For each set of results (lead, copper, and aluminum) plot the natural logarithm of the gamma ray count rate (corrected for background) versus absorber thickness, i.e. plot $\log_e N$ versus x.

Do your results verify the theoretically-predicted relationship between count rate of transmitted gamma rays and absorber thickness ? Explain.

Determine the experimental values of the absorption coefficients for lead, copper, and aluminum for gamma rays from ^{137}Cs. How do your values compare with the accepted values of 1.25 cm^{-1}, 0.652 cm^{-1}, and 0.202 cm^{-1} respectively ?

In your report discuss any sources of uncertainty which may be inherent in the design of the experiment. Consider the geometry of the apparatus and the processes by which gamma rays interact with matter. What assumptions were made in the theory ? Do these assumptions hold for the actual experiment ? Would you expect your μ values to be higher or lower than the accepted values ? Explain.

Which absorber type is most effective : lead, copper, or aluminum ? Try to think of a few reasons to explain why.

How does the energy (peak channel number) of the detected gamma rays vary with absorber thickness ? Discuss.

5 - 3 Comparison of Results for Alpha Particles and Gamma Rays

Based on the results of your experiment, write a paragraph comparing and contrasting the effects on alpha particles and gamma rays of passage through matter.

§6.　References

1）　D. Halliday : Introductory Nuclear Physics, New York, John Wiley & Sons, Inc., QC 173 H 18.

2）　I. Kaplan : Nuclear Physics, Cambridge, Mass., Addison-Wesley Publishing Co., Inc. QC 173 K 17.

3）　E. Segre, ed. : Experimental Nuclear Physics, vol. 1, New York, John Wiley & Sons, Inc. QC 173 S 45.

4）　R. L. Sproull : Modern Physics, New York, John Wiley & Sons, Inc. QC 173 S 77.

5）　飯田博美：「初級放射線」（通商産業研究社）

6）　大塚徳勝・西谷源展：「Q & A 放射線物理（改訂新版）」（共立出版）

31. コンピュータによる物理計測

(Physical Measurement via Computer)

The digital data recorded by an ADC (analog to digital converter) is transferred to a personal computer and saved to a hard disk as an ASCII file by a proprietary program. The resolution of the converter is measured. The Nyquist sampling theorem is checked. A signal denoising by moving average method is tested. A frequency analysis by Fast Fourier Transform is programmed and a power spectrum of a beat frequency is analyzed.

§1. はじめに

実験において計測対象となる物理量は，センサーなどを介してアナログの電気信号として検出される．コンピュータの処理能力やアナログ－デジタル（A－D）変換器等の機器性能の向上に伴い，センサー，A－D変換器，コンピュータ（PC）などから構成されるデータ集録（Data AcQuisition：DAQ）システムを構築し，デジタル信号に変換されたデータを処理することが物理計測の主流となっている．DAQシステムの構築により，計測の自動化・省力化・高精度化，データ解析の高速化・効率化などの利点が生まれ，多数のセンサーを用いた同時計測，センサー自身に刺激を与えて応答をみるアクティブフィードバック計測などのシステム構築が可能となった．

この実験では，DAQシステムで用いられるデータの集録・表示・保存・読込，さらに，データ処理を行うプログラムを作成する．作成したプログラムを用い，A－D変換器の分解能，デバイスレンジ（デジタル変換する電圧の範囲と入力信号の整合，サンプリングレート（単位時間当たりのサンプリング数）と入力信号の周波数の関係を理解する．集録あるいは保存したデータを用いて，データ処理の実践として，移動平均法による雑音除去，フーリエ変換による周波数解析を行い，データ処理の概念を理解する．

§2. 原　理

A－D 変換とは，連続的な信号（アナログ信号）$f(t)$ を間隔 Δt で標本化（サンプリング）した離散信号を，有限 n ビットの 2 進数で近似表現し，量子化した信号（デジタル信号）に変換することである（図 1）．A－D 変換器を使って入力信号を正確に A－D 変換するためには，入力信号の電圧範囲と A－D 変換器のデバイスレンジを整合させ，A－D 変換器の分解能を最大限に用いることで，量子化により発生する量子化誤差を最小にすることが必要である．また，標本化する際にアナログ信号のもっている周波数情報が失われないように，ナイキストのサンプリング定理を満足するようにサンプルレートを選択する必要がある．

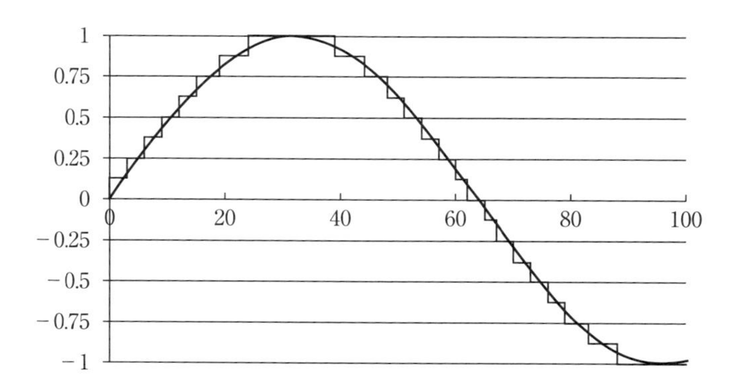

図 1　正弦波（1 V_{pp}，周期 128）のアナログ信号とデジタル信号（4 ビット，バイポーラ）．左軸の数値は，16 段階に分割した数値で分解能 q の整数倍．

（1） デバイスレンジ

デバイスレンジは，A－D 変換器がデジタル化する電圧の範囲である．A－D 変換器の種類により，バイポーラ（正負にまたがるもの）とユニポーラ（0 から正の値の範囲）のものがある．入力信号の極性および最大値，最小値を考慮して選択する必要がある．できる限り入力信号の電圧範囲に合わせてデバイスレンジの幅を整合させる必要がある．また，入力信号に直流電圧を加えてゼロレベルを調整するオフセットレベル調整機能をもった A－D 変換器では，この機能を利用することで効率良くマッチングが行える．

（2） A－D 変換器の分解能

A－D 変換器の分解能は，アナログ信号を何ビットのデジタル値（2 進数で表し，n ビットの場合 2^n）で表現するかを示す．分解能は，物差しの目盛りのようなもので，同じデバイスレンジであれば，目盛りの数が多いほど高い精度でアナログ信号の波形を表現できる．すなわち，デバイスレンジに応じて入力された電圧を，8 ビットであれば $2^8=256$ 段階（0 から 255 の整数），16 ビットであれば $2^{16}=65536$ 段階（0 から 65535 の整数）に変換する．n ビットの A－D 変換器の分解能 q は，デバイスレンジの幅 δV（デバイスレンジの最大値と最小値の差）を用いて

$$q = \frac{\delta V}{2^n} \tag{1}$$

と定義される．

（3） 量子化誤差

A－D 変換器の入力信号を $x(t)$，出力信号を $x_q(t)$ とすると，量子化誤差 $e_q(t)$ は，

$$\left.\begin{aligned} &e_q(x,t) = x(t) - x_q(t) \\ &0 \leq e_q(x,t) \leq q \end{aligned}\right\} \tag{2}$$

で与えられる．入力が直流の場合は，$|e_q| \leq q/2$ と考えてよい．q が十分に小さい場合は，量子化誤差の波形は傾き m が $\pm q/2$ 内に収まる任意の線分

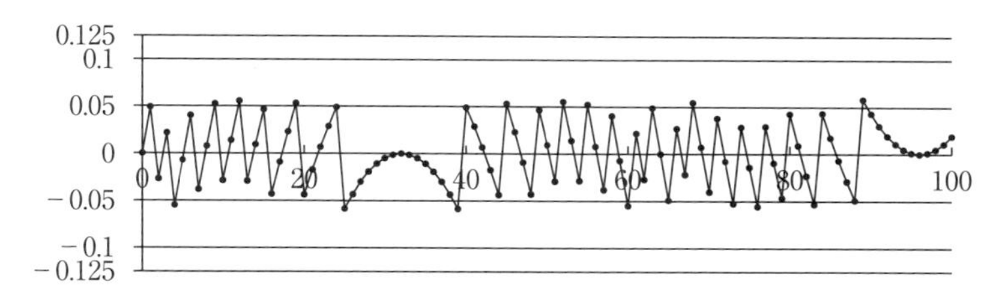

図 2　図 1 のアナログ信号をデジタル化したことによって生じる量子化誤差（4 ビット，バイポーラ）．分解能 q は 0.125.

の集まりと考えることができ，

$$e_q = mt \qquad \left(-\frac{q}{2m} < t < \frac{q}{2m}\right) \tag{3}$$

で与えられる（図 2）．この場合の 2 乗平均誤差は，

$$\overline{e_q^2} = \frac{1}{q/m}\int_{-q/2m}^{q/2m}(mt)^2\,dt = \frac{q^2}{12} \tag{4}$$

となり，分解能が高ければ，量子化誤差は小さくなることがわかる．

（4）　ナイキストのサンプリング定理

入力信号を $f(t)$ とし，これをフーリエ変換したときの角周波数 ω に対する分布を $Y(\omega)$ とする（図 3(a)）．$Y(\omega)$ が ω_C 以上の角振動数を含まないとき，$T = \pi/\omega_C$ 未満（ω_C の 2 倍を超える角振動数）の間隔でサンプリングされる値 $f_n(t) = f(nT)$ により，$f(t)$ は一意的（完全）に再現される．これをナイキスト（Nyquist）のサンプリング定理という．サンプリングされた後のデジタルデータは，

$$f_s[n] = \sum_{n=-\infty}^{+\infty} f(t)\,\delta(t - nT) = f(t)\,comb_T(t) \tag{5}$$

と書くことができる（図 3(b)）．ここで，$comb_T(t) = \sum_{n=-\infty}^{+\infty}\delta(t - nT)$ は，くし形関数で，$\delta(t)$ は，ディラックのデルタ関数である．

サンプリングされたデータ $f_s[n]$ の周波数特性をサンプリング前の周波数

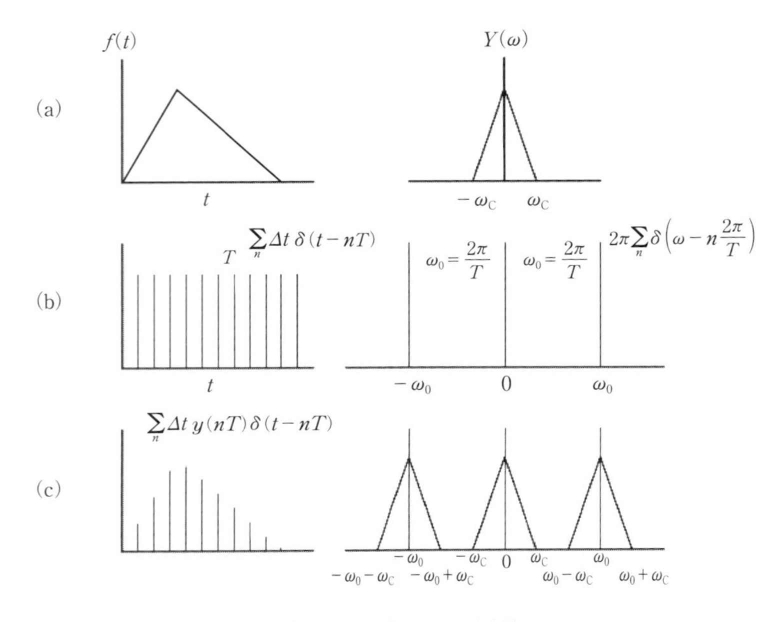

図 3　サンプリングの原理

(a)　左図：アナログ信号 $f(t)$，右図：アナログ信号 $f(t)$ の角周波数分布 $Y(\omega)$
(b)　左図：サンプリング操作を表す関数 $comb_T(t)$，右図：$comb_T(t)$ の角周波数分布
(c)　左図：$comb_T(t)$ でサンプリングしたアナログ信号，右図：$comb_T(t)$ でサンプリングしたアナログ信号の角周波数分布

特性と比較するために，(5) 式をフーリエ変換すると

$$
\begin{aligned}
FT(f_s[n]) &= FT\left(\sum_{n=-\infty}^{+\infty} f(t)\,\delta(t-nT)\right) \\
&= \sum_{n=-\infty}^{+\infty} f(\omega) * \delta\left(\omega - \frac{n}{T}\right) \\
&= comb_{1/T}(\omega)\,Y(\omega)
\end{aligned}
\tag{6}
$$

となる．ここで，$*$ は畳み込み積分 $\int_{-\infty}^{+\infty} x(\tau)\,h(t-\tau)\,dt$ を表す．また，$Y(\omega)$ は $f(t)$ の周波数振幅のスペクトルを表し，$|Y(\omega)|^2$ はパワースペクトルである．

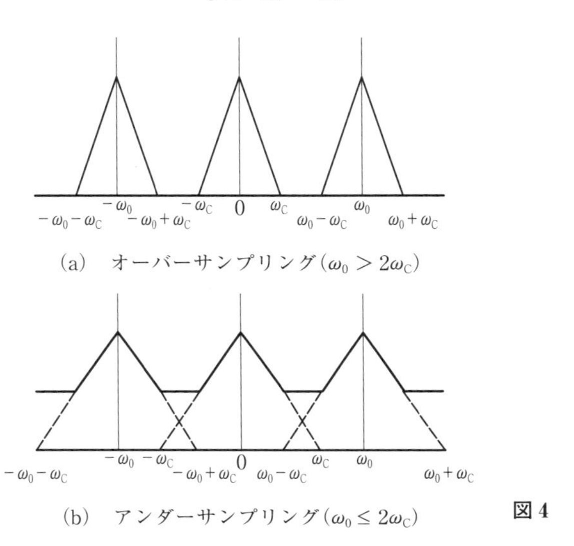

(a)　オーバーサンプリング($\omega_0 > 2\omega_C$)

(b)　アンダーサンプリング($\omega_0 \leq 2\omega_C$)

図 4

この結果から，$f(t)$ と $f_s[n]$ の周波数特性が一致するための条件（上述のナイキストのサンプリング定理）は，（6）式をもとに理解できる．（6）式から，サンプリング後の周波数特性は，$1/T$ の間隔でサンプリング前の周波数分布 $Y(\omega)$ が現れることがわかる（図 3(c)）．最大角振動数は ω_C であることから，サンプリングの周期 T に対応する角振動数 ω_0（$=2\pi/T$）が $\omega_0 > 2\omega_C$ の場合，周期的に現れる周波数分布は重ならない．この条件でサンプリングすることを，オーバーサンプリングとよぶ（図 4(a)）．逆に $2\omega_C \geq \omega_0$ の場合は，図 4(b)のように高周波部分が次の低周波部分と重なった分布に変化するため，サンプリング前の周波数分布と異なることになる．このような条件をアンダーサンプリングといい，この場合，周波数分布が保存されずエイリアス（偽信号）が生じる．

サンプリングされた信号 $f_s[n]$ からサンプリング前の信号を復元するには，（6）式の逆の演算を行えばよい．すなわち，オーバーサンプリングされた角周波数分布から，$-\omega_0$ から $+\omega_0$ の帯域窓関数 $Y^*(\omega)$でサンプリングの逆操作であるフィルタリング操作を行った後に逆フーリエ変換をすることで，元の信号に復元できる．この操作を数学的に表現すると，

$$f_T(t) = \sum_{n=-\infty}^{+\infty} f(nT)\,\mathrm{sinc}\left(\frac{t-nT}{T}\right) \tag{7}$$

となる．ここで，

$$\mathrm{sinc}(x) = \frac{\sin x}{x}$$

である．

（5） 演算処理による雑音除去（移動平均法）

移動平均法は，アナログ・フィルターによる雑音除去と類似しており，コンボリューション（畳み込み積分）演算を基本とする．入力信号を $x(t)$，出力信号を $y(t)$，フィルターのインパルス応答関数を $h(t)$ とすると，

$$y(t) = \int_{-\infty}^{+\infty} x(\tau)\,h(t-\tau)\,d\tau = \int_{-\infty}^{+\infty} h(\tau)\,x(t-\tau)\,d\tau \tag{8}$$

の関係がある．移動平均法において，フィルターのインパルス応答関数を $N = 2m+1$ 個の離散点からなる重み関数 $w(j)$（$j = -m, \cdots, -1, 0, 1, \cdots, m$）として表すと，平滑化した信号 $y(j)$ と入力信号 $x(i)$ の関係は，

$$\left.\begin{aligned} y(j) &= \frac{1}{W}\sum_{j=-m}^{+m} w(j)\,x(i+j) \qquad (i = m+1, m+2, \cdots, n-m) \\ W &= \sum_{j=-m}^{m} w(j) \end{aligned}\right\} \tag{9}$$

と書ける．ここで，W は正規化係数である．

例えば単純移動平均法では，$w(j) \equiv 1$ として，

$$y(j) = \frac{1}{W}\sum_{j=-m}^{+m} x(i+j) \qquad (i = m+1, \cdots, n-m) \tag{10}$$

と表せる．ここで，$W = 2m+1$ とする．また，サビツキー‐ゴーレイ（Savitzky‐Golay）が考案した 2 次，3 次多項式適合法の重み係数 $w_{23}(j)$ は，

$$\left.\begin{aligned} w_{23}(j) &= \frac{1}{W_{23}}\{3m(m+1)-1-5j^2\} \qquad (j=-m,\cdots,-1,0,1,\cdots,m) \\ W_{23} &= \frac{1}{3}(4m^2-1)(2m+3) \end{aligned}\right\} \tag{11}$$

と与えられる．ただし，$\sum_{j=-m}^{m} w_{23}(j) = 1$ となるように正規化する．

平滑前と平滑後の雑音は，雑音 $n(t)$ の時間平均値を $\bar{n}$ とすると，

$$\left.\begin{aligned} \sigma_n^2 &= \lim_{T\to\infty} \frac{1}{T}\int_0^T \{n(t)-\bar{n}\}^2\,dt \\ \bar{n} &= \lim_{T\to\infty} \frac{1}{T}\int_0^T n(t)\,dt \end{aligned}\right\} \tag{12}$$

と書ける．雑音が完全に無相関であれば，平滑化の前後での雑音の分散を σ_{xn}^2 および σ_{yn}^2 とすると，

$$\sigma_{yn}^2 = \sigma_{xn}^2 \sum_{j=-m}^{+m} w(j)^2$$

であり，完全にお互いの影響を受ける場合（完全相関）は

$$\sigma_{yn}^2 = \sigma_{xn}^2$$

となり，平滑化の効果は現れない．

また，単純移動平均法の場合，理想的な白色雑音に対しては，

$$\sum_{j=-m}^{+m} w(j)^2 = 2m+1$$

である．ここで $w(j)$ は，$\sum_{j=-m}^{+m} w(j) = 1$ となるように正規化されたもので，雑音の軽減度 l は

$$l = \frac{1}{\sum_{j=-m}^{+m} w(j)^2} \quad \to \quad \frac{1}{\sum_{j=-m}^{+m} w(j)^2} = N \tag{13}$$

となり，重み係数に依存する．また，平滑化点数 N が大きくなると増加する．表1に，平滑化点数と重み係数の多項式次数の雑音軽減係数を示す．

表 1　平滑化点数 N と重み係数の次数に対する雑音軽減度 σ_N

N	1次（単純）	2次·3次（Savitzky－Golay）
7	7	3.0
11	11	4.8
15	15	6.6
19	19	8.4
21	25	11.1

（6）周波数解析

周波数解析は，

$$\left.\begin{aligned} y(t) &= a\exp\{j(\omega_0 t + \phi)\} \\ y(t) &= a\cos(\omega_0 t + \phi) \end{aligned}\right\} \qquad (14)$$

のように表せる波形から角振動数 ω_0，振幅 a，位相 ϕ を決定することを意味し，音声認識，地震の発生周期，株価の変動など，時間的に変動する信号を解析するのに用いられる．この基本となるのがフーリエ変換である．信号 $y(t)$ に対するフーリエ変換は，

$$Y(\omega) = \frac{1}{L}\int_{-L/2}^{L/2} y(t)\exp(-j\omega t)\,dt \qquad (15)$$

と書ける．ここで L は信号の繰り返し周期を表し，また，$\exp(-j\omega t) = \cos\omega t - j\sin\omega t$ であり，$Y(\omega)$ は，$y(t)$ の 1 周期に含まれる周波数分布を意味する．$y(t) = a\cos(\omega_0 t + \phi)$ を (15) 式に代入して計算すると，

$$Y(\omega) = \begin{cases} a\exp(j\phi) & (\omega = \omega_0) \\ 0 & (\omega \neq \omega_0) \end{cases} \qquad (16)$$

となり，また多数の角振動数 $\sum_{k=1}^{n} a_k\cos(\omega_k t + \phi_k)$ を含む場合には，

$$Y(\omega) = \begin{cases} a_k\exp(j\phi_k) & (\omega = \omega_k) \\ 0 & (\omega \neq \omega_k) \end{cases} \qquad (17)$$

となる．

一般にフーリエ変換は,

$$Y(\omega) = \int_{-\infty}^{+\infty} y(t) \exp(-j\omega t)\, dt = \int_{-\infty}^{+\infty} \{y(t) \cos \omega t - j\, y(t) \sin \omega t\}\, dt$$
$$= |Y(\omega)| \exp\{j\, \phi(t)\} \tag{18}$$

と書け, また, 逆フーリエ変換は,

$$\left. \begin{aligned} y(t) &= \frac{1}{2\pi} \int_{-\infty}^{+\infty} Y(\omega) \exp(j\omega t)\, d\omega \\ y(-t) &= \frac{1}{2\pi} \int_{-\infty}^{+\infty} Y(\omega) \exp(-j\omega t)\, d\omega \end{aligned} \right\} \tag{19}$$

と表すことができる. デジタル化された離散的な信号列をフーリエ変換するためには, フーリエ変換の式を離散的な形に変形する必要がある. 入力信号 $y(t)$ を時間間隔 Δt ごとにサンプルしたと仮定し, k 個目のサンプル値を $y_k = y(k\Delta t)$ とすると, 離散的なフーリエ・スペクトル $Y_l = Y(l\,\Delta\omega)$ は,

$$Y_l = \sum_{k=-\infty}^{+\infty} y_k \exp(-jl\,\Delta\omega\, k\,\Delta t)\,\Delta t \qquad (l = 0, 1, \cdots, N-1) \tag{20}$$

となる. なお, データの個数は N 個とする.

ここで $\Delta t = 1$ とし, $\Delta\omega = 2\pi/N\Delta t = 2\pi/N$ とすると,

$$\left. \begin{aligned} Y_l &= \sum_{k=0}^{N-1} y_k W_N^{kl} \qquad (l = 0, 1, \cdots, N-1) \\ W_N &= \exp\left(-j\frac{2\pi}{N}\right) = \cos\frac{2\pi}{N} - j \sin\frac{2\pi}{N} \\ W_N^m &= (W_N)^m = \exp\left(-j\frac{2\pi}{N}\right)^m = \cos\frac{2m\pi}{N} - j\sin\frac{2m\pi}{N} \end{aligned} \right\} \tag{21}$$

となり, ここで W_N^m は, 位相回転因子という.

イメージをつかみやすくするために, $N = 8$ の場合について (21) 式を書き下すと,

$$\left.\begin{aligned}
Y_0 &= y_0W_8^0 + y_1W_8^0 + y_2W_8^0 + y_3W_8^0 + y_4W_8^0 + y_5W_8^0 + y_6W_8^0 + y_7W_8^0\\
Y_1 &= y_0W_8^0 + y_1W_8^1 + y_2W_8^2 + y_3W_8^3 + y_4W_8^4 + y_5W_8^5 + y_6W_8^6 + y_7W_8^7\\
Y_2 &= y_0W_8^0 + y_1W_8^2 + y_2W_8^4 + y_3W_8^6 + y_4W_8^8 + y_5W_8^{10} + y_6W_8^{12} + y_7W_8^{14}\\
Y_3 &= y_0W_8^0 + y_1W_8^3 + y_2W_8^6 + y_3W_8^9 + y_4W_8^{12} + y_5W_8^{15} + y_6W_8^{18} + y_7W_8^{21}\\
Y_4 &= y_0W_8^0 + y_1W_8^4 + y_2W_8^8 + y_3W_8^{12} + y_4W_8^{16} + y_5W_8^{20} + y_6W_8^{24} + y_7W_8^{28}\\
Y_5 &= y_0W_8^0 + y_1W_8^5 + y_2W_8^{10} + y_3W_8^{15} + y_4W_8^{20} + y_5W_8^{25} + y_6W_8^{30} + y_7W_8^{35}\\
Y_6 &= y_0W_8^0 + y_1W_8^6 + y_2W_8^{12} + y_3W_8^{18} + y_4W_8^{24} + y_5W_8^{30} + y_6W_8^{36} + y_7W_8^{42}\\
Y_7 &= y_0W_8^0 + y_1W_8^7 + y_2W_8^{14} + y_3W_8^{21} + y_4W_8^{28} + y_5W_8^{35} + y_6W_8^{42} + y_7W_8^{49}
\end{aligned}\right\} \tag{22}$$

となる．ここで，$W_8^m = \exp(-2\pi jm/8) = \cos(2\pi m/8) - j\sin(2\pi m/8)$ である．この式には，8×8 の複素数の掛算の演算が含まれる．すなわち，N 個の場合 N^2 回，1024 点のデータに対しては，1,048,576 回の演算が必要となる．この演算時間を飛躍的に短縮する方法がクーリー（Cooley）とテューキー（Tukey）によって提唱された FFT（高速フーリエ変換）アルゴリズムである．

このアルゴリズムでは，位相回転因子の指数性と周期性に注目して，

$$\left.\begin{aligned}
W_N^m &= W_N^n W_N^{m-n} \qquad (n < m)\\
W_N^m &= W_N^{m \pm nN}\\
W_N^m &= -W_N^{m-N/2}
\end{aligned}\right\} \tag{23}$$

の関係が成り立つ．(22) 式において，N を偶数と考えて，奇数列と偶数列に分割すると

$$\left.\begin{aligned}
y_1(k) &= y(2k) \qquad \left(k = 0, 1, \cdots, \frac{N}{2} - 1\right)\\
y_2(k) &= y(2k+1) \qquad \left(k = 0, 1, \cdots, \frac{N}{2} - 1\right)
\end{aligned}\right\} \tag{24}$$

となる．各信号列に対して離散フーリエ変換を行うと

$$Y(k) = \sum_{i=0}^{N-1} y(i)\, W_N^{ik} = \sum_{i=0}^{N/2-1} y_1(i)\, W_N^{2ik} + \sum_{i=0}^{N/2-1} y_2(i)\, W_N^{(2i+1)k} \tag{25}$$

であり，ここで，$W_N^2 = W_{N/2}$ の関係を用いると，

$$
\begin{aligned}
Y(k) &= \sum_{i=0}^{N/2-1} y_1(i)\, W_N^{2ik} + \sum_{i=0}^{N/2-1} y_2(i)\, W_N^{(2i+1)k} \\
&= Y_1(k) + W_N^k\, Y_2(k) \qquad (26)
\end{aligned}
$$

となる．ここで，$Y_1(k)$，$Y_2(k)$ は，それぞれ $N/2$ 点の信号列 $y_1(i)$，$y_2(i)$ の離散フーリエ変換である．また，$W_N^{k-N/2} = -W_N^k$ の関係から

$$
Y(k) = \begin{cases} Y_1(k) + W_N^k Y_2(k) & \left(0 \leq k \leq \dfrac{N}{2} - 1\right) \\ Y_1\left(k - \dfrac{N}{2}\right) - W_N^{k-N/2}\, Y_2\left(k - \dfrac{N}{2}\right) & \left(\dfrac{N}{2} \leq k \leq N - 1\right) \end{cases} \qquad (27)
$$

となる．

これらの関係は，$N/2$ 点の離散フーリエ変換を 2 回行うことを示しており，演算回数は $(N^2 + N)/2$ となり，元の演算回数の約半分になる．同様のプロセスを $y_1(i)$，$y_2(i)$ について行えば，処理が効率良く行える．サンプル数を $N = 2^r$ とすると，回転子 W_{N} の周期性によって乗算回数は $Nr/2$，加算回数は Nr となる．このような演算処理をバタフライ演算とよび，一般的には以下のように書ける．

$$
\left.\begin{aligned} C &= A + BW^s \\ D &= A + BW^t \end{aligned}\right\} \qquad (28)
$$

サンプル数が $N = 2^r$ のときは，N を分割して得られる部分列も，やはり偶数個のサンプル数で構成され，最終的には 2 個の離散フーリエ変換となる．これらを繰り返すことで，$(N/2)\log_2 N$ 回の演算で処理できるようになる．その他のバタフライ演算として，

$$
\left.\begin{aligned} C &= A + B \\ D &= AW^s + BW^t \end{aligned}\right\} \qquad \left.\begin{aligned} C &= A + B \\ D &= (A - B)W^s \end{aligned}\right\} \qquad (29)
$$

がある．

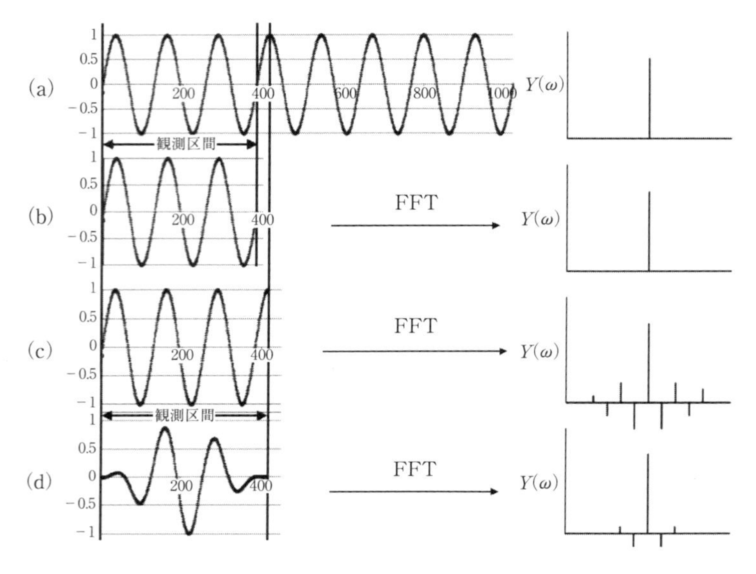

図 5 フーリエ解析の周期性(a)と窓関数による擬似周期化(d). サンプリングしたデータが周期関数とみなせるとき, 周波数解析すると周波数成分は 1 周波数(b), 接続点が不連続になる場合, エイリアスとしての周波数が現れる(c), 窓関数を掛け合わせて疑周期関数とする場合, エイリアスの発生を抑えることができる(d).

表 2 FFT に用いられる主な窓関数

窓関数	定義式
ハニング窓	$w(n) = \begin{cases} 0.5 - 0.5\cos\left(\dfrac{2\pi n}{N-1}\right) & (0 \le n < N-1) \\ 0 & (n < 0,\ n \ge N) \end{cases}$
ハミング窓	$w(n) = \begin{cases} 0.54 - 0.46\cos\left(\dfrac{2\pi n}{N-1}\right) & (0 \le n < N-1) \\ 0 & (n < 0,\ n \ge N-1) \end{cases}$
ブラックマン窓	$w(n) = \begin{cases} 0.42 - 0.50\cos\left(\dfrac{2\pi n}{N-1}\right) + 0.08\left(\dfrac{4\pi n}{N-1}\right) & (0 \le n < N-1) \\ 0 & (n < 0,\ n \ge N-1) \end{cases}$

フーリエ解析では，(19) 式のように積分範囲は $-\infty$ から $+\infty$ である．実際にデータ解析で用いる離散フーリエ解析の場合には，(22) 式のように離散化し，有限（$N=0$ から $N-1$個）のデータ列が無限に繰り返されることを仮定する．このため，有限区間の繰り返し周期ごとの接続点で必ず不連続点が生じる．この影響を軽減するために，観測された波形を1周期とする窓関数を掛けることによって擬似的な周期関数として離散フーリエ解析を行う（図5）．表2に，代表的な窓関数 $w(n)$ をまとめる．ここで，n の範囲は，$0 \leq n < N-1$ である．

§3. 実　験

3 - 1　実験装置および器具

A - D 変換器，ファンクションジェネレータ，コンピュータ，制御・解析ソフトウェア

A - D 変換器は，図6のようにデータ収集および解析に用いるコンピュータに接続する．A - D 変換器は，アナログ信号を入力するため，図6のように同軸ケーブルでファンクションジェネレータに接続する．

図6　実験装置

3 - 2　実 験 方 法

（1）　ソフトウェアの使用法をよく読んで以下のプログラムを作成する（図7は，使用するソフトウェアで作成した周波数解析を行うプログラムの例）．

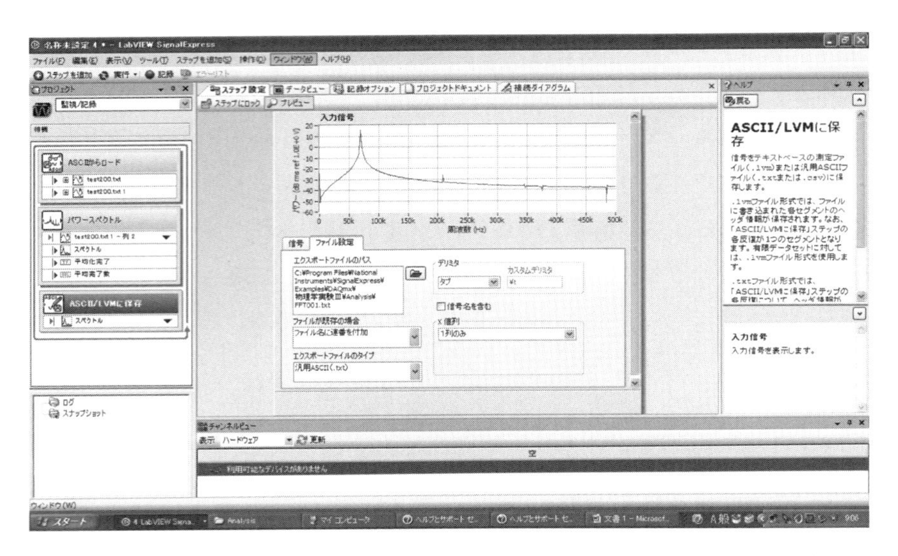

図 7　作成した周波数解析を行うプログラムの例（LabVIEW SignalExpress 2015 を用いて作成）

① A－D 変換器にファンクションジェネレータから信号を入力し，ASCII データとしてハードディスク等の記録媒体に保存するプログラムを作成する．

② 記録媒体に記録されている ASCII データファイルをコンピュータ上に読み込むプログラムを作成する．

③ 2 つの ASCII データファイルを記録媒体から読み込み，四則演算の結果を ASCII データファイルとして記録媒体に保存するプログラムを作成する．

④ ASCII データファイルを読み込み，移動平均法を使ってデータを平滑化するプログラムを作成する．

⑤ ASCII データファイルを読み込み，FFT を使ってデータの周波数解析を行うプログラムを作成する．

（2）（1）の①で作成したプログラムを用い，振幅 5 V，周波数 1 kHz

の三角波を用いてA－D変換器の分解能を求める．

（3）（1）の①で作成したプログラムを用い，振幅5V，周波数1kHzの正弦波について，サンプリング周波数を0.6kHz，0.8kHz，0.9kHz，1.1kHz，1.2kHz，1.4kHz，1.8kHz，2.2kHz，2.5kHz，3kHzと変化させてデータを取り込み，それぞれの波形をASCIIデータファイルとして保存する．

（4）（1）の①で作成したプログラムを用い，周波数がわずかに異なる2つの正弦波をASCIIデータファイルとして保存する．次に，（1）の③のプログラムを用いて正弦波の加減算を行い，うなりの波形を作成してASCIIデータファイルとして保存する．

（5）（4）で記録したうなりのデータを使って周波数解析を行う．窓関数を使用する場合としない場合の結果をASCIIデータファイルとして保存する．

§4. 課　題

（1）実験方法の（2）で保存したデータから，このA－D変換器の分解能を求めよ．また，（1）から求まる理論値と比較せよ（図8を参照）．

（2）実験方法の（3）で保存したデータを周波数解析してナイキストのサンプリング定理を説明せよ．

（3）実験方法の（4）で保存したデータと，加減算を行った2つの正弦波の振動数について，三角関数の和と積の公式を用いて求めた結果と比較せよ（図9（b）を参照）．

（4）実験方法の（5）で保存したデータからうなりの振動の周波数を求めよ（図10（b）を参照）．

（5）実験方法の（5）の窓関数を用いない場合に得られる周波数解析の結果について説明せよ．

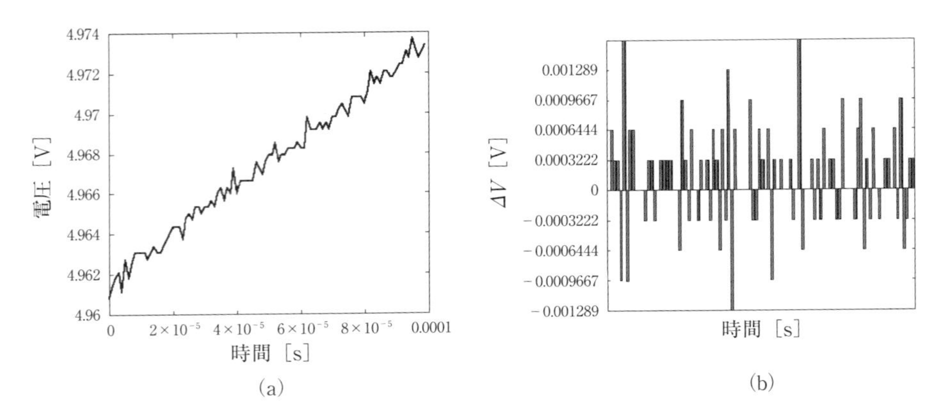

図 8　(a)　鋸波（20 V_{pp}，0.03 Hz）の入力波形
(b)　δV の時間変化図をみると 0.000322 V の整数倍になっていることがわかる．これが実験的に求めた分解能（コード幅）である．

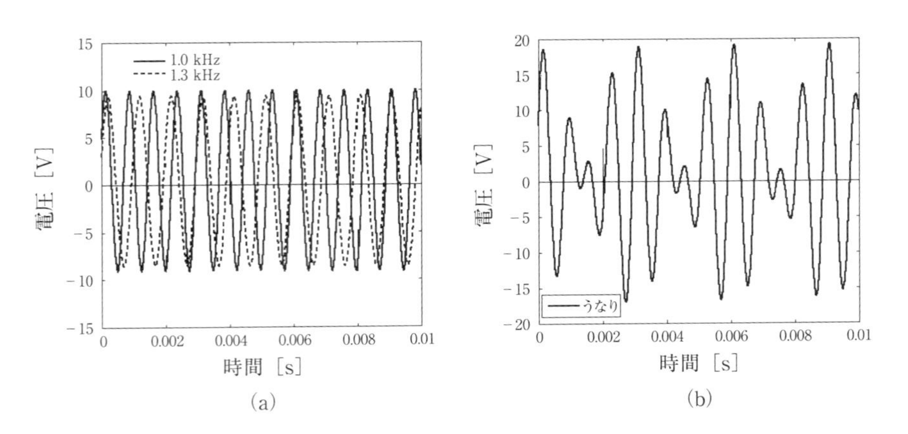

図 9　(a)　10 V_{pp} で振動数 1.0 kHz，1.3 kHz の正弦波
(b)　(a)の振動数の異なる正弦波を重ね合わせて作ったうなりの波形

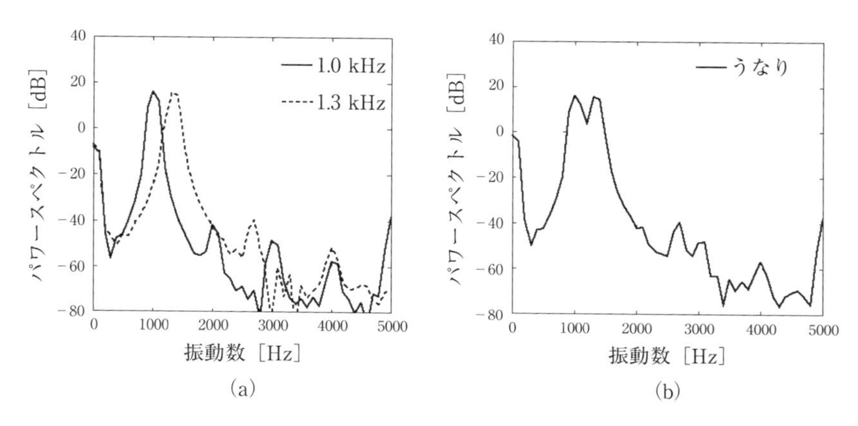

図 10 (a) 20 V_{pp}, 振動数 1.0 kHz, 1.3 kHz の正弦波の FFT の結果をパワースペクトルとして表示．それぞれ，1.0 kHz（実線），1.3 kHz（点線）で最大値が現れる．また，それぞれの整数倍の振動数に小さいピーク値が現れる．
(b) うなりの波形のパワースペクトル．加えた 2 つの正弦波の振動数 1.0 kHz と 1.3 kHz にパワースペクトルのピーク値が現れている．

（6） 周波数解析において窓関数はどのようなはたらきをしているか説明せよ．

§5. 参 考 書

1） 馬杉正男：「信号解析とデータ処理の基礎　信号解析」（森北出版）
2） 越川常治：「電子・情報基礎シリーズ　信号解析入門」（近代科学社）
3） 南 茂夫 編著：「計測システムにおけるマイコン/パソコン活用技術　科学計測のための波形データ処理」（CQ 出版）

索　　引

ク

ケ

コ

サ

シ

ス

英文索引（実験29，30）

専門課程　物理学実験（改訂版）

2018 年 9 月 20 日　　第 1 版 1 刷発行

検印省略

定価はカバーに表示してあります．

編　者　高野良紀（たかの よしき）
　　　　浅井朋彦（あさい ともひこ）
　　　　B. Zulkoskey
発行者　吉野和浩
発行所　〒102-0081 東京都千代田区四番町8-1
　　　　電 話　(03) 3262 - 9166 ～ 9
　　　　株式会社 裳華房
印刷所　三美印刷株式会社
製本所　株式会社松岳社

社団法人
自然科学書協会会員

ISBN 978 - 4 - 7853 - 2260 - 1

基礎的な物理定数

物　理　量	記号・数値・単位
真空中の光の速さ	$c = (\varepsilon_0\mu_0)^{-1/2} = 2.99792458 \times 10^8\ \mathrm{m\,s^{-1}}$
真空の誘電率	$\varepsilon_0 = 8.854187817 \times 10^{-12}\ \mathrm{F\,m^{-1}}$
真空の透磁率	$\mu_0 = 4\pi \times 10^{-7}\ \mathrm{H\,m^{-1}}$
万有引力定数	$G = 6.67428 \times 10^{-11}\ \mathrm{N\,m^2\,kg^{-2}}$
素　電　荷	$e = 1.602176487 \times 10^{-19}\ \mathrm{C}$
プランク定数	$h = 6.6260696 \times 10^{-34}\ \mathrm{J\,s}$
	$\hbar = h/2\pi = 1.054571628 \times 10^{-34}\ \mathrm{J\,s}$
アボガドロ定数	$N_\mathrm{A} = 6.022142 \times 10^{23}\ \mathrm{mol^{-1}}$
理想気体の1モルの体積	$V_\mathrm{m} = 22.41400 \times 10^{-3}\ \mathrm{m^3\,mol^{-1}}$ (0℃, 1 atm)
気体定数（1モル）	$R = 8.31447\ \mathrm{J\,mol^{-1}\,K^{-1}}$
ボルツマン定数	$k_\mathrm{B} = R/N_\mathrm{A} = 1.380650 \times 10^{-23}\ \mathrm{J\,K^{-1}}$
電子の静止質量	$m_\mathrm{e} = 9.10938215 \times 10^{-31}\ \mathrm{kg}$
陽子の静止質量	$m_\mathrm{p} = 1.672621637 \times 10^{-27}\ \mathrm{kg}$
中性子の静止質量	$m_\mathrm{n} = 1.674927211 \times 10^{-27}\ \mathrm{kg}$
ボーア半径	$a_0 = 5.2917721 \times 10^{-11}\ \mathrm{m}$
ボーア磁子	$\mu_\mathrm{B} = e\hbar/2m_\mathrm{e} = 9.27400915 \times 10^{-24}\ \mathrm{J\,T^{-1}}$
電子の磁気モーメント	$\mu_\mathrm{e} = -9.28476377 \times 10^{-24}\ \mathrm{J\,T^{-1}}$
陽子の磁気モーメント	$\mu_\mathrm{p} = 1.410606662 \times 10^{-26}\ \mathrm{J\,T^{-1}}$